# LE MONDE

## DES

# INSECTES

PAR

## S. HENRY BERTHOUD

ILLUSTRÉ D'UN GRAND NOMBRE DE VIGNETTES SUR BOIS

GRAVÉES PAR

JOLIET, É. THOMAS, LACOSTE JEUNE, DEMARLE, DEPEYRON, PISAN, DELANGLE, ÉCOSSE, JOURDHUY, ETC.

### DESSINS DE YAN DARGENT

## PARIS

GARNIER FRÈRES, LIBRAIRES-ÉDITEURS

6, RUE DES SAINTS-PÈRES, PALAIS-ROYAL, 215

# LE MONDE

# DES INSECTES

PARIS. — IMP. SIMON RAÇON ET COMP., RUE D'ERFURTH, 1.

A l'ombre d'un vieux saule... (p. 18.)

A MADEMOISELLE

# ADRIENNE-NOÉMI FORGET

LE VIEIL AMI DE SON PÈRE.

# CHAPITRE PREMIER

## COMMENT VIENT L'IDÉE D'UN LIVRE

Dans les premiers jours du mois d'octobre 1863, je visitais le jardin du Muséum avec M. Milne Edwards, à qui la ménagerie, depuis si long-temps négligée, doit enfin une sorte de résur-rection. Mon ami le professeur Émile Blanchard et l'excellent Florent Prévost, mon vieux et fidèle camarade, dont les travaux ont jeté tant de lumière sur les mystères de la science ornithologique, nous accompagnaient.

Nous finîmes par entrer dans la cour intérieure de la ménagerie de ces pauvres carnassiers qu'on nomme, je ne sais trop pourquoi, des animaux féroces : je ne pus réprimer un mouvement de sur-prise en y voyant, dans une cage à gros barreaux de fer, un tout

1

petit chien. Dès qu'il nous aperçut, il se prit à aboyer doucement
et à passer ses pattes mignonnes à travers les grilles comme pour
solliciter notre commisération.

En conscience, il méritait cette commisération, car il ne possédait
même point un peu de paille pour se coucher et pour s'abriter, quoique la froidure commençât déjà à se faire sentir assez vivement.
Quant à sa nourriture, elle ne valait guère mieux que son gîte;
elle se composait de résidus immondes, rebuts des hôtes de la porcherie, jetés négligemment dans une vieille écuelle de fer-blanc au
trois quarts rompue.

C'était pourtant un de ces charmants griffons écossais au poil
fauve mêlé de fils d'argent, à la tête moustachue, à l'œil presque
humain et pétillant d'intelligence, dont l'espèce est fort rare à
Paris, et que l'on y paye fort cher, quand on a la chance assez
peu commune de rencontrer un individu de race rigoureusement
pure.

Un des gardiens de la ménagerie répondit à la question qu'il
voyait prête à sortir de mes lèvres :

— La pauvre bête est destinée aux expérimentations physiologiques du laboratoire.

Tout ému, je proposai à M. Milne Edwards de racheter le griffon
et de gratifier, pour sa rançon, le Muséum d'une mâchoire de
palæotherium magnum qu'on venait de découvrir à Livry dans une
carrière de pierres de taille.

C'était un véritable marché d'or pour le Muséum.

Le palæotherium est un animal fossile; Cuvier en a donné une
figure avec les formes extérieures qu'il lui attribue et qui sont faciles
à concevoir. Il ne faut, pour cela, qu'imaginer un tapir grand comme
un cheval, avec quelques différences dans les dents et un doigt de
moins aux pieds de devant. Si l'on peut s'en rapporter à l'analogie,
ce palæotherium avait le poil ras, ou même il n'en avait guère plus

que le tapir et l'éléphant. Il mesurait quatre pieds et demi de hau-
teur au garrot, ce qui équivaut à la taille du rhinocéros de Java, à peu près aussi élevé qu'un grand cheval; il était moins trapu, sa tête était plus massive, et son gros corps reposait sur des jambes lourdes et courtes.

M. Milne Edwards accepta mon échange. J'ouvris la cage, et le petit chien, comme s'il eût compris à quel sort je venais de l'arracher, me combla de caresses et se mit dès lors à marcher sur mes talons. On aurait dit qu'il n'avait jamais fait autre chose de sa vie, et qu'il m'appartenait depuis dix ans.

Il me restait à éclaircir comment le chien était venu à la ménagerie, et quel maître sans pitié avait voué un si charmant animal à une mort lente et douloureuse. Personne ne put me donner sur ce point des renseignements satisfaisants et éclaircir le moins du monde le mystère qui l'entourait.

J'imposai à mon nouveau chien le nom de Flock, nom d'un pauvre

petit chien de la Havane qu'une mort subite venait de m'enlever, et je montai en voiture avec le griffon pour le ramener chez
moi.

Flock ne parut point du tout étonné de se trouver dans cette machine roulante. Comme s'il n'eût jamais fait de sa vie autre chose
que d'aller en voiture, il sauta sur les coussins de la banquette de
devant, et s'y installa carrément et en chien de bonne maison qui
n'en est pas à son début. De temps à autre, il tendait vers moi sa
tête intelligente pour solliciter une caresse, et il faisait entendre un
de ces petits murmures par lesquels les chiens expriment si bien la
tendresse et la joie.

Arrivé au logis, et quand on l'eut purifié par un bain parfumé,
on présenta Flock deuxième à mademoiselle Mine, mon maki. Le singe
madécasse regarda attentivement son nouveau compagnon, qui fré-
tillait de la queue et qui sollicitait une bonne venue. Apparemment
que la physionomie du chien revenait à mademoiselle Mine, car elle
lui allongea un coup de patte amical, et tous les deux bientôt se
prirent à jouer comme s'ils se fussent connus depuis longtemps. Ils
finirent, un peu fatigués, par se coucher tous les deux devant ma
cheminée, sur un coussin occupé déjà par mon chat angora Tonton.
Celui-ci souleva nonchalamment la tête, entr'ouvrit les yeux, regarda le chien et s'assoupit de nouveau.

Quand vint l'heure du dîner, je m'attendais à voir le petit griffon
écossais se jeter brutalement sur la nourriture qu'on allait lui donner et ressemblant si peu aux rebuts de la porcherie du Muséum
qui tout à l'heure encore composaient son ordinaire. A ma grande
surprise, il vint se placer à ma droite, sur la peau d'ours noir qui
recouvre le canapé qui me sert de siége. Un chien de grande dame
n'eût point montré plus de bonne tenue et de réserve. Il sollicitait
bien de temps en temps mon attention, en posant doucement sa
patte sur mon bras, mais il n'acceptait point le premier morceau

venu, et il faisait son choix avec une aisance tout à fait aristo-
cratique; enfin il se comportait comme l'eût fait le chien de
marquise le plus choyé et le plus habitué aux gâteries d'une jolie
femme.

J'ai l'horreur des chiens savants et qui jouent un rôle banal qu'on
leur apprend. Aussi défendis-je expressément qu'on enseignât quoi°
que ce fût à mon griffon. Je ne voulus même pas qu'on lui apprît à
rapporter.

Je fus récompensé de cette interdiction par mille traits d'intelligence naturels et spontanés de Flock.

Je n'en citerai qu'un seul.

Pendant une des matinées les plus froides et les plus rigoureuses de l'hiver, je travaillais à mon bureau; Flock se tenait fri-
leusement étendu devant la cheminée, le plus près possible du
brasier.

Absorbé par ma besogne, je ne sentais point que l'atmosphère de
mon cabinet se refroidissait sensiblement et que le foyer manquait
d'aliment.

Deux ou trois fois, Flock, qui s'en apercevait, lui, vint poser son
museau sur mes genoux. Il me tira même par un pan de ma veste
de chambre. Mais je n'y pris point garde.

Alors, voyant que je ne venais point à son aide, il se dirigea vers
le coffre à bois, sauta dedans, choisit une bûche de petite dimension,
la jeta laborieusement par-dessus les rebords de la caisse, la prit
dans sa gueule, et, avec des efforts inouïs, parvint non-seulement à
la traîner près de la cheminée, mais encore à la lancer dans le foyer
sur les charbons à demi éteints. Je n'ai pas besoin de vous dire que,
cette fois, je quittai mon fauteuil et mon bureau, et que je sonnai
mon valet de chambre pour qu'il fît un feu digne de l'ingénieux et
frileux petit chien.

Désireux de voir, le lendemain, se renouveler un pareil acte d'intelligence, je laissai, un peu à dessein, je l'avoue, s'éteindre presque complètement le feu de ma cheminée.

Cette fois, Flock ne recourut plus au coffre à bois. Il sauta sur un fauteuil; du fauteuil il se hissa sur la cheminée, prit dans sa gueule le cordon de la sonnette et le tira jusqu'à ce que le domestique vînt alimenter le foyer.

Après quoi il reprit paisiblement sa place sur son coussin.

Vous comprenez aisément que chacun, au logis, choie de son mieux maître Flock et s'efforce de lui complaire. Aussi, quoique d'une douceur exemplaire, se montre-t-il parfois un peu exigeant.

Par exemple, à moins que la pluie ne tombe abondamment, il faut que, le soir, il fasse une promenade.

D'abord il vient se placer en face de moi et me regarde d'un air suppliant. Si je feins de ne pas le comprendre, il va chercher son collier, l'apporte sur mes genoux et fait entendre une sorte de prière plaintive. A mon premier mouvement pour me lever, ce sont des aboiements joyeux et des sauts d'une pétulance sans égale. Il est avant moi à la porte de l'appartement, il est avant moi au bas de l'escalier, et il se tient sur le seuil de la maison, attendant que, par un regard, je lui indique de quel côté il doit se diriger.

Alors il part comme un trait, revient sur ses pas, repart encore, faisant vingt fois le chemin, flairant et furetant partout, et s'arrêtant pour échanger une poussée avec chaque chien de connaissance qu'il rencontre.

J'avais défendu, vous le savez, qu'on enseignât à Flock ces bana-lités que les chiens apprennent si vite et si bien, et qui les trans-forment en saltimbanques vulgaires; l'interdiction, ai-je ajouté, s'étendait même jusqu'à la science de rapporter.

Mais il semblait que Flock eût de lui-même, et tout seul, pris le parti d'apprendre ce que je ne voulais point qu'il sût, car il passait sa vie à rapporter chaque objet qui se trouvait à sa portée. Tantôt c'étaient mes pantoufles, tantôt un livre tombé, tantôt une pierre ramassée dans la rue. Il poussait cette manie si loin, qu'il ne se gênait pas pour prendre dans ma poche, ou même dans la poche de mes amis, des mouchoirs, rien que pour avoir le plaisir de les rapporter en secouant la tête et en faisant toutes sortes de petites mines charmantes et bouffonnes.

L'un des derniers jours du mois de janvier 1864, je me promenais ou plutôt je promenais Flock sur le boulevard extérieur, dans sa partie la plus solitaire.

Mon griffon marchait gaiement devant moi, le museau au vent, flairant chaque objet et l'interrogeant non-seulement du nez, mais encore de la patte. Souvent il disparaissait dans l'obscurité; mais, au moindre appel de mon sifflet, il revenait au galop, m'adressait une caresse en guise d'acte de présence, et s'en allait bien vite vagabonder de nouveau.

Au moment où je songeais à rentrer au logis, car un vent froid commençait à sévir, j'appelai Flock.

Une bonne minute s'écoula avant qu'il reparût. Je vous l'assure, rien n'est long comme une minute d'attente. J'eus le temps, pendant cette soixantième division de l'heure, en apparence si courte, non-seulement de souffler huit ou dix fois dans mon sifflet, mais encore de me forger toutes sortes d'inquiétudes. Je croyais mon chien perdu, volé, tué par quelque mauvais garnement, ou jeté au fond d'un sac comme tant d'autres de ses congénères, soit pour être reporté, soit au Muséum, soit pour être vendu à la Sorbonne, au Collége de France ou à quelque autre antre scientifique d'études pour les hommes et de tortures pour les chiens.

Tandis que je broyais ainsi du noir et que je me livrais à des inquiétudes peut-être trop justifiées, j'entendis un bruit sourd qui ne ressemblait en rien à l'allure alerte de mon chien. Ce bruit cessait par intervalle, reprenait ensuite, et évidemment se rapprochait de moi.

Je finis même par apercevoir quelque chose se remuer dans l'ombre. Enfin je distinguai peu à peu, avec une vraie joie, le griffon qui revenait vers moi. Sa marche se trouvait ralentie par un objet assez gros et assez lourd qu'il traînait avec difficulté, mais qu'il ne voulut même pas abandonner lorsque je lui criai :

— Laisse là cette vilaine trouvaille, Flock !

Au lieu de m'obéir, il fit un nouvel effort, arriva tout près de moi, déposa son fardeau à mes pieds et s'assit sur ses pattes de derrière, la tête haute et le museau en l'air.

Il n'y avait moyen ni de gronder la bonne petite bête, ni de refuser l'objet dont elle me faisait hommage.

Du bout de mon pied je tournai donc et je retournai dans tous les sens cet objet. Je finis même par le prendre de l'extrémité de mes doigts gantés.

C'était un paquet d'assez bonne dimension, enveloppé dans un épais papier et noué avec soin par un cordon qui jadis avait dû être d'un rouge vif, mais à qui le temps et la poussière donnaient à présent une teinte sombre. Ce paquet ne portait point d'adresse, et rien, à l'extérieur, ne pouvait indiquer le nom de son légitime possesseur.

Je revins chez moi avec cette trouvaille mystérieuse.

Tandis que Flock se hâtait d'aller prendre près du feu sa place favorite et de rattraper, en s'approchant du brasier le plus possible, la chaleur qu'il avait perdue dans son excursion, j'examinai avec plus d'attention le paquet, et je finis par couper le cordon qui le tenait fermé.

Il tomba aussitôt et s'éparpilla sur mon bureau une foule d'autres petits paquets. Chacun contenait un manuscrit. Certains manuscrits n'étaient pas écrits en français. Il y en avait d'allemands, d'anglais, de suédois, d'italiens, de persans, d'arabes et même de chinois.

Je parcourus des yeux ceux dont la langue ne m'était pas étrangère, et je constatai que tous traitaient de l'histoire des insectes et contenaient, parmi beaucoup de faits que je connaissais déjà, certains autres détails tout à fait ignorés de ceux qui s'occupent d'entomologie.

Quant aux manuscrits que je ne pouvais lire, faute de savoir la langue dans laquelle ils étaient écrits, je résolus d'en connaître également le contenu.

Je convoquai donc, pour le lendemain soir, le docteur Frantz, qui parle allemand comme s'il n'eût pas quitté à douze ans son pays natal, et qui, de plus, lit à livre ouvert le chinois et le sanscrit.

Je lui adjoignis Melchior, versé dans la langue espagnole en véritable Madrilène de pur sang ; Pietro, né à Florence, et le père Dominique, missionnaire, qui a passé de longues années, dans l'Amérique du Nord, à porter l'Évangile et la civilisation parmi les sauvages.

Quand ils se trouvèrent tous réunis autour de la table à thé et que la fumée de leurs cigares commença peu à peu à envahir mon cabinet de travail, je pris Flock sur mes genoux, où se trouvait déjà mademoiselle Mine ; je racontai à mes amis la trouvaille faite par mon chien, et je leur montrai les manuscrits dont le petit fureteur m'avait mis en possession.

— Il faut, leur dis-je, que nous lisions tous ces manuscrits, et que la soirée ne se passe pas sans que nous connaissions à fond ce que contient ce paquet. Je vais commencer et vous donner l'exemple en vous faisant lecture du plus important des chapitres écrits en français, et qui porte pour titre : *Histoire d'un saule.*

On se rapprocha de la table à thé, on raviva le feu des cigares, on attisa la cheminée, mademoiselle Mine et maître Flock, sans quitter mes genoux, s'endormirent dans les pattes l'un de l'autre, et je commençai ma lecture.

# CHAPITRE II

## HISTOIRE D'UN SAULE

### I

#### RETOUR AU PAYS NATAL

’amour du pays natal est un des sentiments les plus persévérants du cœur humain. Le temps et l'éloignement, « ces deux pères de l'oubli, » comme disait Sterne, ne peuvent rien même pour l'affaiblir ; les natures les moins délicates et les moins sensibles en subissent les effets avec une violence extrême. La nostalgie, ou le mal du pays, exerce des ravages fatals parmi les exilés et les fait souvent exposer leur vie pour revoir un instant, au prix de mille périls, le toit de leur mère et les lieux où s'est écoulée leur enfance. *Revoir Mitylène et mourir!* s'écriait le poëte Alcée, qui languissait dans le bannissement auquel l'avait condamné le tyran Pittacus.

Quoique, grâce à Dieu, l'exil ne m'ait jamais condamné à vivre loin de ma patrie, de longs voyages, des devoirs impérieux et sacrés m'avaient retenu pendant près de trente ans loin du village où je suis né.

Aussi, du jour où je pus conquérir un peu de liberté, je partis précipitamment pour ce petit coin de terre bien-aimé dont la pensée venait si souvent, par son souvenir, faire battre mon cœur et remplir de larmes mes yeux.

Hélas! trente ans d'absence apportent bien des changements, je vous l'assure, et de tristes changements.

A peine arrivé, je cherchai du regard la maison de ma mère, de ma mère, hélas! rappelée par Dieu longtemps avant mon départ.

La petite maison, avec son toit de chaume sur lequel se jouaient toujours des pigeons, ses volets gris, sa porte basse et son banc de pierre où nous nous asseyions le soir, ma mère et moi, avaient disparu pour faire place à une filature de lin, et s'engloutir avec cinq ou six autres habitations, dans les immenses bâtiments de cette usine. Il ne me restait même pas la consolation de retrouver la place où s'élevait autrefois cette demeure bien-aimée!

Personne ne me reconnaissait, car ceux-là qui me connaissaient en ma jeunesse avaient quitté le pays ou bien reposaient dans le cimetière, au pied de l'église. J'essayai en vain de déchiffrer leurs noms sur les croix de bois qui surmontaient leurs fosses et qui tombaient en poussière, consumées par la pluie et par les années. Le temps avait effacé ces noms.

Dans une tristesse que je ne saurais exprimer, mais que vous devez comprendre, je sortis du village et je me mis à errer à travers la campagne, jusqu'à ce que la fatigue m'obligeât à m'arrêter et à m'asseoir sur le rebord d'un fossé au fond duquel coulait un ruisseau rapide et d'une extrême limpidité. Quoique profond, on pouvait distinguer jusqu'au moindre des cailloux blancs et rouges dont se composait son lit. Les plantes aquatiques le tapissaient de leurs grandes plaques vertes ; des bandes d'épinoches allaient et venaient, affairées, turbulentes, cherchant, celles-ci une proie, celles-là un coin favorablepour construire leur nid, car ces petits poissons construisent des nids dans les herbes de l'eau comme les fauvettes dans les haies des jardins.

Le premier poisson que je pêchai dans mon enfance, moi que le sort réservait plus tard à pêcher la baleine dans les mers du Nord et l'irex dans les mers de l'Inde, le premier poisson que je pêchai, dis-je, fut une épinoche.

Je me souviens encore de cette matinée-là, comme si j'y étais.

J'avais six ans, ma sœur quatre, et mon ami Bernhard huit. Ma sœur détacha une des épingles qui attachaient son fichu, un joli fichu rose avec des fleurs blanches ! Bernhard, qui se piquait d'adresse, courba l'épingle en forme d'hameçon ; moi, je perçai un pauvre petit ver de terre qui sortait du gazon, et, avec un bout de fil ramassé à terre et une baguette cassée à un arbre voisin, nous fabriquâmes un semblant de ligne qui ne nous en fit pas moins sourire d'orgueil.

Puis je jetai l'hameçon et son appât dans l'eau. Comme nos regards, à tous les trois, suivaient les mouvements du pauvre vermisseau, qui se tordait de douleur! Comme nos cœurs battirent d'émotion quand une épinoche s'approcha de l'épingle, sembla flairer ce

qu'elle portait, et finit par happer le ver en le secouant pour l'entraîner! J'enlevai la ligne par un mouvement brusque, et l'épinoche tomba à nos pieds, sur l'herbe. Elle se débattait, elle ouvrait sa gueule mignonne avec des mouvements convulsifs. Bernhard battait des mains et jetait des cris de joie. Ma sœur, chère et excellente créature! leva sur moi ses grands yeux bleus, prit l'épinoche dans ses petits doigts, et, se penchant sur le bord du ruisseau, remit doucement dans l'eau la bestiole. Celle-ci, ranimée tout à coup par le contact de son élément vital, partit comme une flèche et se cacha dans une masse de cresson.

Bernhard et moi, nous regardâmes ma sœur d'un air mécontent, car nous ne voyions pas sans ennui nous échapper une si belle proie. Mais l'enfant me sourit, sourit à mon camarade, et tirant de sa poche une grosse pomme que ma mère lui avait donnée, elle l'approcha de mes dents, et, par une contrainte câline, m'obligea à y mordre.

Il me semble encore voir le regard limpide de ma sœur et sentir

la saveur à la fois acide et sucrée de la pomme. Après quoi Louise
fit mordre la pomme à Bernhard et la mordit elle-même à belles
dents, en plein milieu du fruit, que nous croquâmes ainsi tour à
tour, jusqu'à ce qu'il n'en restât plus qu'un petit trognon. Bernhard, le dernier qui en mangea, le jeta en plein milieu de l'eau.
Le morceau y tomba en tournoyant d'abord à la surface, qu'il sil-
lonna par des milliers de cercles, puis il descendit lentement jusqu'à ce qu'il s'arrêtât entre deux cailloux, l'un d'un gris transparent comme une agate, l'autre d'un rouge vif et rude. Pendant ce
temps-là les cercles de la surface s'étaient effacés, et l'on n'y voyait
plus une seule ride là où naguère
nous en admirions tant.

Cependant le soleil commençait à tomber d'aplomb sur nos
têtes, et il nous fallait aller chercher un abri contre ses ardeurs
à l'ombre d'un vieux saule semblable à celui qui me protége de
son ombre. Nous nous assîmes
tous les trois sur ses grosses racines déchaussées, le dos tourné
au ruisseau.

En fouillant avec la baguette,
débris de ma ligne, dans le sable sur lequel reposaient nos
pieds, Bernhard trouva un grand
clou à tête large et bizarrement
découpée. Il me le montra, et,
après avoir discuté longtemps de
l'usage que nous en ferions, nous
finîmes par décider qu'il fallait l'enfoncer dans le tronc du saule. Ce

qui fut dit fut fait. Aussitôt, m'armant d'une grosse pierre en guise
de marteau, je me mis à frapper sur ce morceau de fer, non sans
m'émerveiller de ma force à le faire pénétrer toujours de plus en
plus avant, jusqu'à ce qu'il n'en restât rien en dehors que la tête.
Louise applaudissait à mes efforts, battait des mains à chaque coup
de pierre, et me regardait avec un sentiment d'admiration dont s'ac-
commodait fort ma vanité d'enfant. Bernhard eût bien voulu aussi
frapper avec la pierre, mais j'eus la cruauté de ne pas lui en donner
le plaisir. — Et pourtant, répétait-il à chaque instant, c'est moi qui
ai trouvé le clou!

Malgré cette trop juste protestation, je continuai à taper, même
plus qu'il n'était nécessaire. Bernhard suivait de ses yeux pleins de
larmes chacun de mes mouvements. Ma sœur, qui avait cessé ses
applaudissements, me dit de sa douce petite voix : «Ta conduite à
l'égard de Bernhard n'est vraiment pas d'un bon cœur !» A ces mots
le remords me prit, et je tendis mon caillou à Bernhard : «Il faut
encore un ou deux bons coups pour que ce clou tienne bien, murmurai-je; frappe-les!»

En évoquant ces souvenirs, je regardai le saule dans ses moindres parties. Tout à coup je jetai un cri de surprise, et mes yeux
se mouillèrent d'attendrissement. Un clou! Oui, c'était bien le clou
que j'avais enfoncé trente ans auparavant dans le saule. En dépit de
la rouille, qui donnait un ton rougeâtre à sa tête triangulaire, je le
reconnaissais à l'ébréchure du côté droit que lui avait faite un coup
de pierre mal asséné.

Comme les années ont changé le pauvre arbre! A peine lui reste-
t-il un peu de bois à demi consommé dans ses flancs entr'ouverts. Il
ne vit plus, il ne tient plus à ses racines que par son écorce épaisse
et rugueuse, qui, elle-même, s'en va par écailles quand on la touche
un peu rudement. Cependant de gros rameaux couronnent encore sa
tête, s'étendant çà et là comme des bras qui tiendraient des poignées

Comme les années ont changé le pauvre arbre !... (p. 16.)

de baguettes vertes, souples et ornées de feuilles étroites! O cher
saule! combien je me sens heureux de te retrouver après tant d'années d'absence! Je te reconnais! Tu es le seul souvenir vivant et
debout de mon enfance! Quand les tombes se montrent muettes
pour moi, toi, tu me parles et tu évoques les vrais souvenirs des
jours heureux et à jamais perdus! Eh bien, jusque-là, tu es le seul
ami que je retrouve; je ne te quitterai point de la journée! Je res-
terai près de toi jusqu'à la dernière heure de mon séjour au pays
natal!

Et, en parlant ainsi, je m'adossai à un autre saule, en face de
celui-ci, comme autrefois Bernhard, ma sœur et moi nous l'avions
fait, et je me mis à prier Dieu et à le remercier d'avoir changé mon
amertume en joie et d'avoir fait disparaître l'isolement qui me poi-
gnait si douloureusement.

## II

**A**insi placé en face de ce saule qui évoquait, pour moi, vieillard, les souvenirs de mon enfance, je me laissai aller peu à peu à une profonde rèverie dont me tira un léger bruit dans l'eau.

Au pied des racines tortueuses de l'arbre, une petite tête futée, avec deux grands yeux noirs pleins de vivacité, regarda autour d'elle, s'assura que nul péril ne pouvait la menacer, et un joli animal s'élança sur la rive herbue.

C'était un rat d'eau.

Il s'assit, fit une toilette minutieuse, peigna de ses pattes de devant ses longues moustaches, et se mit ensuite à fourrager çà et là des brins de foin et des débris de roseaux, dont il forma une petite botte qu'il emporta ensuite dans un terrier dont l'entrée se trouvait cachée par une touffe d'herbes aquatiques.

Il revint de nouveaux, rassembla d'autres matériaux plus souples

et plus secs, sans doute pour garnir l'intérieur de son nid, quand
tout à coup je le vis qui laissait échapper de sa gueule le fardeau
qu'il y tenait. Ses yeux se fixèrent avec terreur sur les souches
noueuses qui formaient, au pied du saule, la naissance des robustes
racines de cet arbre. Soudain une grande couleuvre s'élança comme
un trait sur la pauvre bête, la saisit de sa bouche armée de dents
aiguës et l'enlaça des replis de son corps souple et nerveux.

Le rat d'eau jeta un cri si désespéré que je me levai précipitamment ; la couleuvre effrayée lâcha sa proie, rampa avec rapidité
vers le trou d'où elle était sortie et se perdit parmi le gazon et les
pierres.

Quant au rat, il resta encore là pendant une seconde, haletant,
éperdu; puis, d'un bond, il s'élança dans le ruisseau, plongea et disparut.

Je repris ma place, et bientôt, les yeux fixés sur les plus hautes
branches du saule, j'aperçus une chenille à tête plate en forme de
cœur, avec deux longues cornes. Cinq bandes obliques se dessinaient
sur chaque partie de son corps bleuâtre. Tandis que je cherchais à
quelle espèce elle pouvait appartenir, deux papillons qui vinrent
tout à coup tournoyer au-dessus de l'arbre résolurent mes hésita-

tions. L'extrémité de leurs antennes était fauve; des tons bleus et violets chatoyaient sur leurs premières ailes d'un gris brun, et au milieu de ces ailes se dessinaient des espèces d'yeux. C'étaient des papillons Mars, charmante espèce appartenant à la famille des nymphéales et baptisée du nom barbare d'*ilia apatura*.

Il fallait que ces beaux insectes eussent été chassés de leur retraite par quelque accident, car ils sont crépusculaires et, d'habitude, ne se montrent qu'à la tombée du jour.

Sur les branches inférieures du saule, et les plus rapprochées de l'eau, picorait une autre chenille plus grosse, le dos chagriné et d'un vert tendre, le ventre et les flancs bleuâtres. Ces flancs portaient sept lignes blanches obliques; les pattes de la chenille étaient vertes et rosées; enfin une sorte de corne verdâtre se dressait sur l'extrémité de sa queue et donnait à l'animal quelque chose de bizarre.

Cette chenille est d'une grande beauté, mais elle produit un papillon plus beau encore.

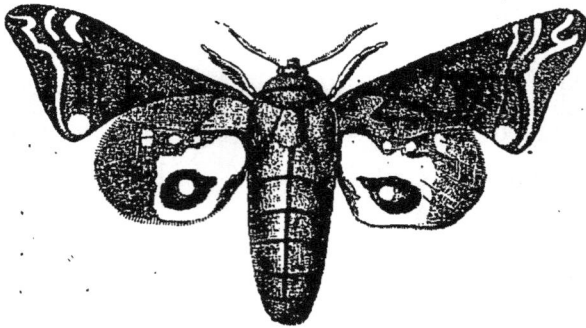

En effet, la smérinthe ou demi-paon mesure une envergure qui atteint jusqu'à quarante lignes; le dessus de ses premières ailes est d'un gris tantôt rougeâtre, tantôt violâtre, avec des ondes légèrement obscures et trois espaces bruns irréguliers, dont deux sur le milieu. Le troisième occupe le bord, à partir du sommet; à son extrémité se détachent deux pointes noires.

Sur le dessus des secondes ailes, d'un rouge carmin taché de brun, apparaissent deux grands yeux bleus à prunelles et à iris noires ; quant au corselet, ses formes se recouvrent d'une sorte de pourpoint gris avec une figure brune représentant un T renversé. L'abdomen accuse une nuance plus foncée.

Autour d'elle, dans les airs, volaient et tournoyaient la *piéride*

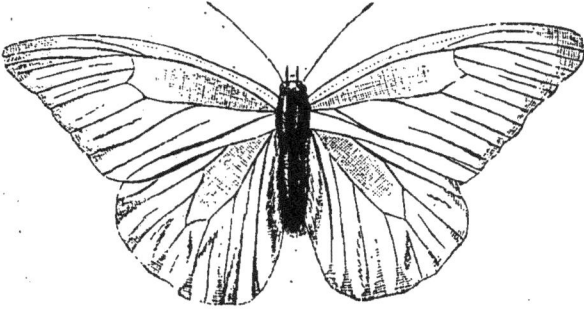

thiria, que Linné nommait *danaïde blanche*, et le *machaon*, dont la

chenille verte picorait sur une branche de fenouil. Sans doute, le

vent avait amené là la graine de cette plante. Une chrysalide de machaon pendait plus loin à un brin de carotte sauvage.

Je suivais les mouvements de la grande et belle chenille du *smé-rinthe*, et je réfléchissais aux métamorphoses mystérieuses qu'elle avait déjà subies et qui l'attendaient encore, depuis l'œuf microsco-pique d'où elle était sortie, elle géante parmi ses sœurs, jusqu'à sa transformation d'être rampant en momie vivante, puis en papillon, quand tout à coup un de ces rapides coups de vent si fréquents au bord des ruisseaux que ne protégent point de hautes berges se rua sur le saule, l'enveloppa d'un tourbillon impétueux, le secoua comme s'il eût voulu l'arracher, et fit trembler et s'agiter toutes les branches du pauvre arbre. Le choc invisible le heurta si violem-ment que plusieurs de ses feuilles, brusquement arrachées, vinrent me frapper au visage; je portai machinalement la main à mon front et je sentis qu'un insecte, apporté avec les feuilles, s'était attaché à mes cheveux.

Dès que j'effleurai cet insecte de mes doigts, il s'exhala de son corps une odeur de rose pro-noncée, et je vis que j'avais touché un capricorne (*aromia moschata*), joli insecte d'un vert bronzé et le front orné de longues antennes qui ressem-blent à des bambous infini-ment petits.

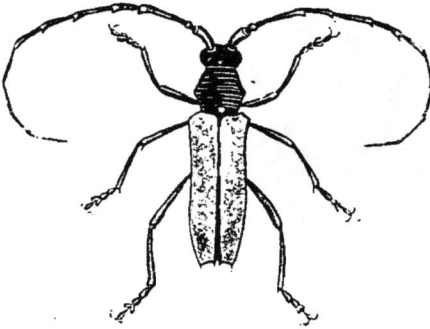

Je posai délicatement sur le revers de ma main l'insecte parfumé, et, dans le mouvement que je fis pour me rasseoir commodément et contempler à mon aise cette bestiole, qui vit de la séve du saule et qui rivalise d'émanations ex-quises avec la rose, le bout de ma chaussure heurta une pierre qui se dérangea et laissa à découvert trois ou quatre insectes noirâtres. Alors un parfum de pomme de reinette s'unit au parfum du capri-corne. Je reconnus du premier coup d'œil que j'avais affaire au *sta-*

*phylin odorant (velleius odorans)*. Comme ses congénères, ce *staphylin* est un carnassier qui ne se nourrit que de proies vivantes et de
chenilles surtout. On le
reconnaît à sa couleur
d'un noir mat, à ses courtes élytres, recouvertes
de petits points serrés, à
la finesse de son abdo-
men, qui se dresse en
l'air à la moindre alarme, et à ses pattes légèrement épineuses.

Tandis que je jouissais réellement d'un de ces repas de parfums
inventés par Swift dans son *Gulliver*, une odeur odieuse les absorba
brusquement et leur substitua une puanteur cadavéreuse.

Hélas! ma main s'était appuyée sur des insectes de la même famille
que le *staphylin odorant*, sur des *staphylins dilatés (velleius dilatatus)*.

Ceux-ci hantent les végétaux en décomposition; la bande que
j'avais si malencontreusement dérangée se tenait cachée sous un
champignon pourri qui lui donnait à la fois le vivre et le couvert.

Les *staphylins* sont des insectes brutaux, féroces, qui se dévorent
entre eux, comme je pus bientôt le voir, car ils s'en prirent mutuellement l'un à l'autre du bouleversement de leur champignon et s'attaquèrent avec une extrême furie.

Ils cherchaient à se saisir, non par le corps ou par les pattes, mais
à la jonction de la tête et du premier anneau de leur corselet, de
manière à ce que le malheureux qui se trouvait ainsi pris ne pût
faire usage de ses mandibules acérées et tranchantes. Malheur à celui
qui se trouvait dans cette position fatale! En quelques secondes sa
tête tombait tranchée, et le vainqueur dévorait son corps palpitant.

De huit staphylins qui combattaient, il n'en resta bientôt plus que
quatre; ces quatre, leur repas sacrilège terminé, s'attaquèrent ensuite entre eux, si bien qu'une minute après il n'en survivait que

deux acharnés l'un contre l'autre et que ne put même séparer une pincée de sable que je leur jetai.

Tout à coup un gros carabe bleu sortit du gazon. En deux coups de ses redoutables mâchoires, il eut raison des staphylins, dont il fit sa proie; puis il retourna paisiblement dans les hautes herbes, comme un sauvage peau-rouge revient au fond de ses prairies après avoir insoucieusement porté le pillage et la mort dans un établissement européen.

À ce drame ne tarda point à succéder, grâce à Dieu, une scène plus gaie, car la nature a ses clowns comme elle a ses tragiques.

Un second coup de vent, en secouant de nouveau les branches du saule, jeta sur le sable un taupin noir qui tomba malheureusement sur le dos.

Or les pattes de cet insecte, courtes, comprimées, en partie contractées, unies sans épine avec les tarses (extrémités terminales des pattes) filiformes, ne lui permettent pas de se relever lorsqu'il gît sur le dos.

Le taupin se mit donc à faire ce que les saltimbanques appellent des *sauts de carpe*, jusqu'à ce qu'il pût enfin retomber sur ses pattes, regagner la tige du saule et y reprendre sur une feuille son festin de pucerons interrompu.

Pour parvenir à exécuter ces sauts qui s'élèvent à quatre ou cinq centimètres, je vis le taupin contracter ses pattes en les serrant contre le dessous du corps, baisser intérieurement la tête, et son corselet, très-mobile et se rapprocher ensuite de cette dernière partie

de l'arrière-poitrine. Le corselet, la tête et le dos se heurtant avec
force, contre le sol, contribuent, par leur élasticité, à faire élever
perpendiculairement le corps de l'insecte.

Les jongleries du taupin terminées, tout redevint calme et immobile autour de moi, et mon attention se porta sur l'intérieur du tronc
du saule, intérieur rempli de bois en décomposition et ressemblant
à une sorte de poudre à gros grains.

En remuant un peu du bout de ma canne ces débris végétaux, je

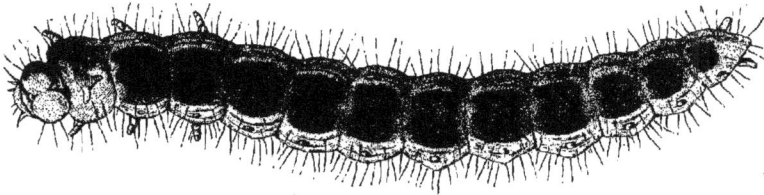

mis à découvert une dizaine de *cossus-perd-bois* (*cossus ligniperda*),
grandes chenilles nues qui possèdent la faculté de dégorger une
liqueur âcre, nauséabonde, et à la-
quelle, à tort ou à raison, on attribue la propriété de ramollir les
fibres du bois.

Je pris deux ou trois de ces chenilles que j'étendis sur l'herbe. Dès
l'instant qu'elles eurent constaté
que j'étais bien résolu à ne pas les
laisser se replonger dans le saule,
elles se mirent immédiatement à
filer une sorte de toile pour s'abriter
contre l'air, dont elles redoutent
singulièrement le contact.

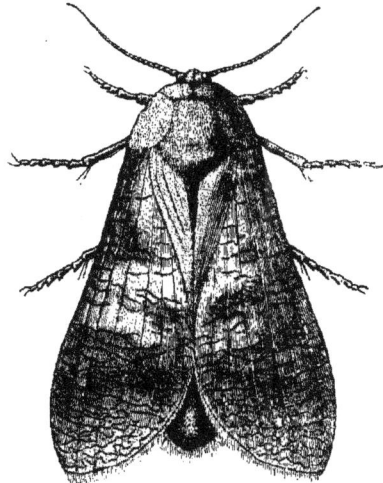

Elles s'habillèrent littéralement de ce costume improvisé et devan-
cèrent ainsi l'époque où elles revêtent un semblable vêtement, car

les habiles fileuses, si semblables à des vers, après avoir tissé, pour s'y transformer en chrysalide, une coque revêtue de poussière de bois, se transforment en un grand papillon noirâtre, sombre, les ailes recouvertes de dessins étranges qui ressemblent à des caractères mystérieux.

Côte à côte avec les chenilles de cossus se trouvaient les larves du cerf-volant (*lucanus cervus*).

Le *cerf-volant* est le plus gros des coléoptères (qui ont des ailes-gaine) de France. Son nom de *lucanus* lui vient des anciens et signifie *bœuf*; ceux-ci trouvaient qu'il ressemblait à un bœuf; les modernes, de leur côté, ont trouvé plus juste de le comparer à un cerf.

En effet, chez le mâle, on remarque une grosse et forte tête ornée de mandibules non moins fortes, arquées comme les cornes d'un bœuf et dentelées comme les bois d'un cerf.

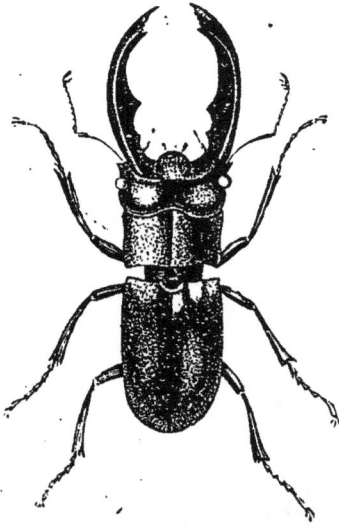

A l'état de larve, le cerf-volant est une sorte de gros ver blanc qui se nourrit de la séve extravasée par les arbres malades; il devient un agent très-actif de destruction forestière. Devenu insecte parfait, c'est un gros lourdaud, volant mal, grimpant mal, marchant plus mal encore et n'apparaissant que le soir. On ignore à quel usage peut servir le développement, formidable en apparence et inoffensif en réalité, des mandibules du mâle. Elles ne scient point, elles ne coupent point, elles ne brisent point et ne forment qu'un moyen fort incomplet de défense.

Dans la partie la plus sèche et la plus solide de l'écorce du saule, une bande de *fourmis fuligineuses* avait fondé son petit royaume.

Elles y avaient formé une série d'habitations composées d'un grand nombre d'étages de cinq à six lignes de haut, séparés par des planchers qui avaient tout au plus l'épaisseur d'une carte à jouer, et divisés en une grande quantité de loges, soit par des cloisons, soit par des colonnettes très-rapprochées.

Les insectes avaient taillé les cloisons dans le sens des fibres ligneuses, de sorte qu'elles offraient au regard des portiques concentriques irréguliers.

Je ne savais assez admirer l'intelligence qui présidait à la construction des pilastres, qui, larges de la base et du sommet, s'amincissaient et s'arrondissaient au milieu.

Tandis que j'étais en contemplation devant ces merveilleuses constructions, je sentis une main qui se posait sur mon épaule ; je tournai vivement la tête, et je reconnus le docteur Bernhard, mon plus ancien ami, le camarade inséparable de ma jeunesse,

## III

### LE SAULE

la voix de mon ami Bernhard, je ressentis quelque chose de la joie qu'Adam dut éprouver, dans la solitude du paradis terrestre, lorsqu'il entendit le premier accent d'Ève que Dieu venait de créer. Je sentis s'évanouir l'isolement douloureux que j'éprouvais dans mon pays natal, si longtemps perdu pour moi, retrouvé si tristement après tant d'efforts et d'aspirations pour le revoir ! Des larmes s'échappèrent de mes yeux, coulèrent en abondance et soulagèrent enfin ma poitrine du pénible poids qui l'oppressait.

Après les premiers instants donnés à l'émotion, nous pûmes enfin échanger quelques paroles, et tous deux, assis en face du saule, nous nous apprîmes mutuellement quelle avait été notre destinée réciproque pendant près d'un demi-siècle de séparation.

Comme moi, Bernhard n'avait point revu le lieu de sa naissance depuis de longues années. Entraîné par le goût des voyages et par la nécessité de se conquérir une petite fortune, il avait erré dans toutes les parties du monde, heureux quand il avait pu, comme moi, consacrer à l'étude de l'histoire naturelle quelques heures dérobées aux devoirs et aux affaires.

Ce goût lui avait porté bonheur.

A force de travail, de persévérance et d'études, à force surtout d'avoir vu, la science lui devait la publication d'un livre plein de faits curieux sur la flore et sur la faune de l'Amérique, de l'Océanie, et même de l'Afrique centrale. Sans négliger ses affaires commerciales, il avait toujours trouvé moyen de former des collections, de prendre des notes et d'écrire le volume dont je vous parle; volume fort prisé des savants et des gens du monde; car il intéresse vivement ces derniers, et il résoud pour les autres plus d'une question scientifique restée jusqu'à lui sans solution.

Tandis que nous devisions ainsi, tour à tour riant et nous attendrissant, mes yeux, malgré moi, et sans que j'y prisse garde, se dirigeaient machinalement vers la fourmilière que j'observais à l'arrivée de mon ami.

— Ah! me dit ce dernier en interrompant son récit, ces fourmis bâtissant, picorant et amassant de la provende pour l'hiver, te semblent aussi intéressantes que moi parcourant les deux mondes pour assurer un peu d'aisance à ma vieillesse. Franchement, tu as raison. D'ailleurs, me voici arrivé au dénoûment de mon récit, et tu vois que ce dénoûment est heureux, puisqu'il me réunit à un ami d'enfance !

Je souris à ces paroles et lui tendis une main qu'il serra d'une étreinte affectueuse.

— Tu étudies les fourmis, reprit-il, et moi je les ai étudiées partout. Puisque la Providence nous réunit, eh bien! réunissons aussi le résultat de nos observations, et faisons comme au temps de notre enfance, où nous échangions les pommes de notre goûter et nos instruments de pêche.

## IV

### LES FOURMIS

n disant ces mots, il regarda autour de lui, s'é-
lança sur la berge et en revint son chapeau
rempli d'un nid de *fourmis grosse-tête*, qui se
distinguent des autres espèces par le volume
de leur tête, la noirceur luisante de leur peau
et la grandeur de leur taille.

Après avoir constaté que les fourmis qui habitaient le tronc d'arbre
s'étaient toutes dirigées à quelques vingtaines
de pas pour y ramasser les graines d'un tilleul
qui jonchaient la terre, — la récolte était abondante, et tout le monde travaillait, — il vida son
chapeau à l'entrée du tronc creux.

Une fois rendues à la liberté, les *grosses-têtes*
se hâtèrent de prendre possession de la fourmi-
lière qui se trouvait en ce moment déserte, et elles s'y installèrent

avec leurs cocons, et même avec quelques pucerons enlevés en même temps qu'elles.

On sait que les pucerons sont les bestiaux des fourmis qui les font prisonniers, et qui les élèvent dans leurs habitations pour traire et boire la liqueur sucrée que sécrètent ces insectes hérissés de mamelons.

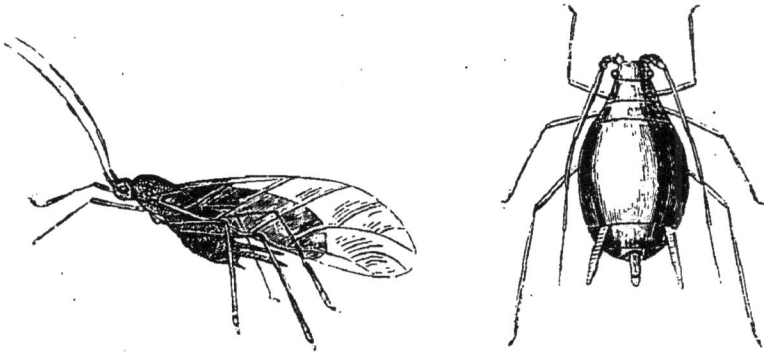

· L'installation à peine terminée, survinrent quelques-unes des autres fourmis chargées de butin. Elles voulurent rentrer, mais les *grosses-têtes* les repoussèrent brutalement. Renversées par les envahisseuses, les deux premières qui s'approchèrent de leur habitation s'empressèrent de rebrousser chemin, toutefois sans quitter leur fardeau. Elles ne s'arrêtèrent qu'après s'être éloignées d'un demi-mètre environ.

Là, elles retinrent celles de leurs compagnes qui suivaient la même route qu'elles, et il ne tarda pas à se former en ce lieu un rassemblement nombreux. L'agitation était grande parmi tout ce petit monde, mais on discutait sur place et sans prendre de détermination. Enfin il survint deux fourmis beaucoup plus grosses; on s'empressa autour d'elles, on leur rendit probablement compte de l'état des choses, puis la scène changea. Les fourmis se massèrent, les deux plus grosses au centre, et toute la bande, précédée par deux éclaireurs, c'est-à-dire par deux fourmis marchant de front à quatre ou cinq centimètres en avant, s'ébranla et s'avança en bon ordre vers la fourmilière.

Les deux éclaireurs formant l'avant-garde s'arrêtèrent à l'entrée de la forteresse. Averties de leur approche, les grosses-têtes sortirent et s'élancèrent au-devant de leurs ennemies, la tête élevée et les mandibules entr'ouvertes ; les deux éclaireuses ne les attendirent pas, et rejoignirent précipitamment et prudemment le gros de la troupe, qui, prenant peur, s'enfuit également en toute hâte jusqu'au lieu de la première station.

Une fourmi très-volumineuse vint les rejoindre. Elle circula de groupe en groupe, échangea çà et là des attouchements d'antennes, puis, s'étant entourée d'une dizaine de fourmis, elle s'éloigna. Je la vis se diriger du côté de la fourmilière, mais elle la contourna prudemment à distance, passa à droite, puis en arrière ; enfin elle s'arrêta à une vingtaine de centimètres sur la gauche.

Là elle creusa l'intérieur du saule avec ses mandibules ; une ouverture parut presque aussitôt ; elle y pénétra tranquillement, et nous ne la revîmes plus.

Aussitôt celles qui la suivaient se divisèrent en deux troupes : les unes se mirent à agrandir l'ouverture dans laquelle leur grosse compagne avait disparu ; les autres allèrent chercher le reste de la bande ; celle-ci s'ébranla tout entière, arriva en ligne droite sur la nouvelle entrée et gagna les cellules souterraines.

Une heure après, l'entrée improvisée n'existait plus, et la fourmilière était débarrassée des *grosses-têtes* qui l'avaient envahie. Celles-ci, attaquées sur leurs derrières par les *mineuses* et poussées dehors, avaient pris honteusement la fuite.

Une fois la citadelle conquise, un certain nombre de fourmis mineuses se placèrent en sentinelles à l'entrée de la fourmilière et veillèrent à sa sûreté.

— Tu le vois, me dit Bernhard, il résulte de ce que nous venons d'observer, d'abord que les fourmis possèdent la faculté de se communiquer leurs idées, et qu'elles obéissent à des chefs ou des doyens d'âge. Je te ferai remarquer aussi le fait de la grosse fourmi qui connaissait seule la partie du terrain correspondant aux cellules les plus élevées de la fourmilière. N'en conclus-tu pas comme moi que les fourmis connaissent le moyen de communiquer, et même de causer entre elles?

— Tu as raison, lui dis-je. En effet, supposons un moment que les fourmis n'aient aucun moyen de se faire comprendre de leurs compagnes; comment les deux premières mineuses, après avoir été battues par les grosses-têtes, seraient-elles parvenues à empêcher d'avancer celles qui les suivaient? Pourquoi la plus grosse fourmi, si elle n'avait été avertie de l'obstacle qui se trouvait à l'orifice de la fourmilière et du danger que l'on courait à s'en approcher, serait-elle allée ouvrir une autre entrée, et cela en se tenant prudemment à distance de la première? Comment encore aurait-elle rassemblé autour d'elle d'autres fourmis? Comment enfin, un passage étant pratiqué, ces dernières auraient-elles pu en donner avis au reste de la bande et l'y amener?

— Quant à leur obéissance à des chefs ou doyens d'âge, la conduite de cette grosse mineuse qui choisit une douzaine de fourmis sans fardeau, et qui, suivie par elles, prend l'initiative de démasquer une entrée probablement inconnue de ses compagnes, n'est-elle pas l'action d'un chef?

— Donc non-seulement les fourmis devisent entre elles, mais encore elles obéissent aux ordres que leur transmettent ces chefs. J'ai vu l'autre jour sortir de sa demeure commune une fourmi fauve femelle, par conséquent ailée, plus volumineuse que ses sœurs. Elle marchait du pas lent de la vieillesse, ou bien avec la démarche grave d'un chef; elle ne s'avançait pas très-loin, ne

travaillait pas et semblait se trouver là seulement pour respirer
l'air au dehors.

« En la pressant entre les doigts, je reconnus que son corps était
couvert de poils nombreux, longs et
de couleur fauve, et, lorsque je la
replaçai près de sa demeure, les autres fourmis s'approchèrent d'elle, la
caressèrent avec les antennes et avec
les pattes de devant, lui léchèrent
tout le corps pendant plusieurs mi-
nutes, et lui firent une espèce de toilette, égards et soins excep-
tionnels que n'échangent jamais entre elles des fourmis d'un volume ordinaire.

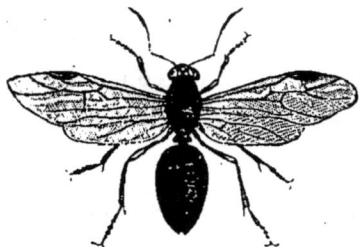

« Un jour, ayant enlevé une centaine de fourmis avec un petit
nombre de cocons, j'allai les placer dans un lieu découvert; l'une
des fourmis resta près des cocons et se promena paisiblement et
sans s'éloigner. C'était la plus grosse. Les autres allèrent à la découverte, prolongeant plus ou moins leurs excursions. De temps en
temps elles revenaient au point central, et chacune, s'approchant de
la grosse fourmi, conversait longuement avec elle, en échangeant
des attouchements d'antennes. Elles lui parlaient sans doute du
résultat de leurs recherches et prenaient ses ordres. Elles abordaient rarement, au contraire, leurs autres compagnes, et elles les
quittaient presque aussitôt. Là encore, qu'est donc cette grosse
fourmi, sinon un chef, un doyen d'âge?

— L'obéissance des fourmis à des chefs, reprit Bernhard, ne
saurait paraître invraisemblable, alors qu'il est certain que les fourmis noires cendrées obéissent parfois à des maîtres d'une autre
espèce, aux fourmis amazones, par exemple, et leur servent d'esclaves.

— En effet, continuai-je, P. Huber a raconté le premier les mœurs de fourmis amazones ou légionnaires qui ne creusent jamais la terre, ne portent jamais de fardeaux, et laissent ces soins à des fourmis noires cendrées ou à des mineuses enlevées à leur mère-patrie, alors qu'elles sont encore à l'état de chrysalides, et renfermées dans des cocons. Ces noires cendrées et ces mineuses, ainsi transportées dans la demeure des fourmis amazones, deviennent leurs esclaves; elles les nourrissent, soignent leurs larves et creusent les cellules. Les amazones ne remplissent d'autre tâche que d'aller de temps en temps enlever de nouveaux esclaves aux fourmilières des noires-cendrées et des mineuses les plus proches.

« On voit souvent, près de l'entrée d'une fourmilière, quelques fourmis d'un jaune rougeâtre se chauffant au soleil, se promenant oisives tout à l'entour de leur demeure, ou se faisant porter par des fourmis noires ou brunâtres. Dans le même lieu, des fourmis, pareillement noires ou brunes, s'occupent à introduire des substances alimentaires à l'intérieur dans l'habitation souterraine, ou bien à en extraire de la terre.

« C'est une fourmilière mixte, composée de fourmis amazones et de fourmis noires cendrées ou de mineuses.

« Les premières ne font rien, les secondes exécutent tous les travaux. Enlevées tandis qu'elles étaient encore à l'état de chrysalides, elles s'habituent facilement à une domesticité dans laquelle elles sont nées; c'est dans les fourmilières de leurs maîtres qu'elles sortent en effet de leur enveloppe, et qu'elles s'initient à la vie réelle. L'exemple des fourmis de leur espèce qui les ont précédées les porte naturellement à subir la même servitude.

« Lorsqu'on met à découvert les cellules profondes de ces fourmilières mixtes, on n'y rencontre, en fait de mâles ou de femelles, que des fourmis de l'espèce des amazones.

« Les fourmis amazones, en effet, se gardent bien d'enlever aux noires-cendrées ou aux mineuses des cocons de mâles ou de femelles.

Ces insectes exigeraient de grands soins, et les larves qui en naî-
traient devraient être longtemps nourries avant de devenir des
ouvrières utiles. Par suite du même calcul, tout en laissant de côté
les fourmis adultes, les amazones n'enlèvent les larves qu'à l'état
de chrysalides, c'est-à-dire lorsqu'elles doivent ne plus avoir besoin
d'aliment jusqu'au moment où elles seront capables de se les procurer elles-mêmes.

« Les amazones commencent au mois de juin à exécuter leurs razzias; elles se mettent d'abord en marche vers les quatre heures de
l'après-midi, mais elles avancent chaque jour ce moment d'un espace
de temps approximativement égal à la diminution que subit la durée
du jour à partir du mois de juin. Enfin elles ne sortent que pendant
les grandes chaleurs.

— Ce que tu m'apprends là, est vraiment merveilleux!

— Une demie-heure, une heure avant le moment d'une expédition,
les fourmis amazones quittent déjà la fourmilière et se préparent
à la marche en se léchant les pattes, et en se brossant les antennes
et les mandibules; elles vont, elles viennent, elles sortent, elles rentrent, évidemment impatientes de partir. Tout à coup l'ouverture
de l'habitation vomit des fourmis à flots pressés. Elles s'élancent en
avant, ardentes à la marche; chacune d'elles semble vouloir dépasser celle qui la précède. Elles s'arrêtent quand elles rencontrent
sur leur passage une fourmilière de noires-cendrées ou de mineuses.
Alors elles s'éparpillent pour examiner un peu le terrain; si elles
parviennent à découvrir l'entrée de la fourmilière, elles y pénètrent
avec une impétuosité sans égale, puis on voit celles qui continuent
à entrer se croiser avec celles qui sortent, et qui portent un cocon
dans leurs mandibules. Le pillage et le rapt terminés, toutes re-
gagnent leur demeure; elles y portent les cocons enlevés, ou bien,
si elles savent que la fourmilière envahie en contient encore un grand
nombre, elles le jettent devant les fourmis leurs esclaves, qui les

attendent pour les emporter, et elles se hâtent de retourner dans la fourmilière.

« En revenant chez elles, les amazones s'arrêtent d'ordinaire une ou plusieurs fois. Huber suppose que ces haltes ont pour but de donner aux retardataires le temps de rejoindre le gros de la bande; quant à moi, je pense qu'elles s'arrêtent ainsi lorsqu'elles arrivent sur une fourmilière de noires-cendrées ou de mineuses dont les habitantes, pillées lors des premières excursions, prennent la précaution de fermer hermétiquement les portes de leur demeure, pendant les jours et aux heures que celles-ci choisissent de préférence pour leurs razzias. Les amazones font halte pour chercher quelque entrée mal close.

« En expédition, elles forment une bande très-longue. Cette bande n'est pas conduite par des chefs, car elle n'a jamais en tête de grosses fourmis. Celles qui se trouvent en avant n'y restent que peu de temps; elles reviennent bientôt en arrière, et opèrent ce mouvement en parcourant une ligne courbe sur les côtés de la cohorte. Huber a cherché en vain quel est le but de ce mode de faire; voici l'explication qu'en trouve un naturaliste genevois.

« Les entrées des fourmilières des noires-cendrées ou des mineuses ne sont parfois découvertes ou forcées que par les amazones qui se trouvent au milieu ou même aux derniers rangs du corps d'expédition. Celles qui marchent en tête, et qui sont souvent en avance d'un quart d'heure de marche sur le gros de la troupe, ne seraient donc pas averties de la découverte sans le mouvement de retraite qui les ramène les unes vers les autres; elles marcheraient indéfiniment en avant. Aussi les amazones, une fois qu'elles sont chargées, regagnent-elles directement et au plus vite leur habitation.

« Même lorsqu'elles ne sont pas conduites par des chefs, elles ne marchent pas au hasard; elles tendent à un point déterminé, et savent d'avance le chemin qu'elles auront à suivre.

« Un jour, dit un observateur genevois, M. Ebrard, j'avais apporté, dans une maison que j'habitais, un nid de fourmis ronge-bois renfermant beaucoup de cocons destinés à la nourriture des fauvettes et des rossignols de ma volière. Ce nid était contenu dans un mouchoir fermé avec soin, et je l'avais déposé dans une chambre du deuxième étage.

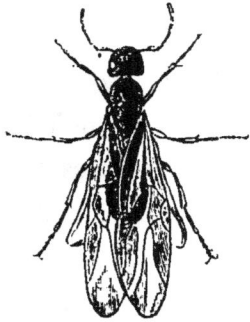

« Dans l'après-midi, au retour d'une promenade, je trouvai jardiniers et domestiques en grand émoi; la maison se trouvait envahie par toute une armée de fourmis amazones venues du jardin, et qui, montées au deuxième étage, pillaient le contenu de mon mouchoir. Comment l'existence de ces cocons leur avait-elle été révélée? Aucune trace habituelle de fourmis n'ayant pu les mettre sur la voie, elles avaient probablement été instruites du chemin à suivre par quelqu'une des leurs, qui était allée à la découverte, ou bien par des fourmis noires cendrées, leurs esclaves. Je soupçonnerais plutôt ces dernières, car elles sortent beaucoup, et ne craignent pas d'aller au loin butiner, tandis que les amazones ne s'éloignent guère de leur demeure, si ce n'est lors de leurs expéditions belliqueuses. Je voyais souvent dans la maison des fourmis noires cendrées; il n'en était pas de même des autres espèces que je ne rencontrais jamais.

« Huber, qui est, en général, si exact, émet l'opinion que les fourmis amazones se bornent à enlever les cocons dans les fourmilières et ne font aucun mal à leurs habitants. Cela est peut-être vrai quand elles attaquent les fourmis noires cendrées Celles-ci, beaucoup moins fortes, ne peuvent pas se défendre et s'empressent de fuir; mais elles font un carnage horrible des mineuses qui, un peu plus vigoureuses et plus grosses, se défendent vaillamment. En arrivant près d'une fourmilière de cette espèce qui venait d'être assaillie par une bande d'amazones, j'eus un jour à contempler un véritable champ de bataille. Le sentier sur le bord duquel était placée cette fourmilière se trouvait couvert de blessées, de cadavres de mineuses, de têtes et de membres séparés du tronc. Des amazones se retiraient en marchant péniblement; les unes avaient le corps couvert de blessures; les autres, emportant un cocon, traînaient après elles des fourmis mineuses qui s'étaient attachées à leurs antennes, à leurs pattes, et s'efforçaient de suppléer par le nombre à l'infériorité de leurs forces. La marche d'un grand nombre d'amazones était ralentie par l'adhérence à leurs pattes de têtes de fourmis mineuses qui, ayant été séparées du tronc, avaient conservé assez de vitalité pour ne point lâcher prise. Plusieurs amazones, ayant déposé leur cocon pour se débarrasser des ennemies qui rendaient leur marche difficile, le cherchaient ensuite inutilement; il avait été emporté par une des mineuses qui rôdaient çà et là sur le champ de bataille.

« La fourmilière de ces mineuses avait ses cellules placées sous des mottes de gazon avec lesquelles on avait construit une chaussée; j'en soulevai plusieurs : les cellules étaient remplies de cadavres qu'on aurait pu compter par milliers, et à peine y apercevait-on ceux de quelques fourmis amazones.

« Ces expéditions exigent des amazones de la vigueur et de la force. Elles n'y prennent part qu'arrivés à un certain âge. Au départ, lorsque les fourmis d'une nuance plus pâle se mêlaient à la cohorte belliqueuse, quelques-unes des autres amazones s'approchaient d'elles et leur conseillaient de rentrer en les flattant avec les antennes. Leur avis n'était-il pas suivi, elles les saisissaient par les mandibules et les réintégraient au bercail..

« Encore un épisode sur les fourmis amazones. Une après-dinée, je rencontrai une bande de ces fourmis; j'étais pressé, je les laissai à regret, en me promettant de les revoir. Le lendemain, je revins à peu près à la même heure; elles étaient en marche; seulement il se présentait devant elle un obstacle imprévu : un fossé que, la veille, elles avaient traversé à pied sec, avait été rempli d'eau pour l'irrigation d'un pré. Imaginez une armée arrêtée devant un fleuve inattendu, devant un torrent roulant des flots impétueux. Les amazones ne se découragèrent pas et entreprirent hardiment de traverser le fossé en s'avançant sur les feuilles d'une plante de fétuque (*fetuca fluitans*), lesquelles s'allongeaient sur l'eau en s'entre-croisant. Les premières arrivées sur la rive opposée, au lieu de marcher en avant, attendaient paisiblement d'être rejointes par leurs compagnes. Mais le trajet n'était pas facile ; une demi-heure s'était écoulée, et à peine une centaine étaient parvenues à passer ; le découragement se répandit parmi celles qui se trouvaient encore au milieu de l'eau, éparses sur les feuilles de fétuque ; elles revinrent sur leurs pas, se réunirent aux retardataires restées sur le rivage, et toutes ensemble commencèrent à se diriger vers la fourmilière. Averties de ce mouvement, celles qui étaient parvenues à franchir le fossé se résignèrent, bien à contre-cœur sans doute, à le traverser de nouveau. J'eus pitié d'elles, et je plaçai ma canne en travers de l'eau ; mais aussitôt qu'elles eurent, grâce à ce pont, atteint l'autre bord,

elles revinrent en avant, et bientôt le gros de l'armée, qui était déjà
à un mètre du rivage, fit volte-face et s'engagea lui-même le long
de ma canne.

« Obligé de me retirer, j'eus soin d'assurer leur retraite en pla-
çant une branche d'arbre allant de l'un des bords du fossé à l'autre.

« Le hasard m'a permis de constater que les fourmis noires cendrées, esclaves des amazones, sont quelquefois ramenées à leur
mère-patrie par leurs congénères indépendantes. J'étais assis près
d'une fourmilière mixte, attendant l'heure ordinaire des expéditions;
la chaleur étant très-grande, on ne voyait au dehors aucune mineuse.
Une d'elle étant sortie, j'eus la curiosité de la suivre. A une dizaine de
pas, ce qui équivalait à un millier des siens. Je la vis faire la rencontre d'une autre mineuse venant du côté opposé. Elles s'approchèrent, elles échangèrent des touchers d'antennes et, se saisissant
mutuellement par les mandibules, elles luttèrent à plusieurs reprises,
chacune faisant des efforts pour entraîner l'autre. Enfin la fourmi
esclave, se faisant petite en repliant son corps, se laissa enlever par
son adversaire qui la porta dans une autre fourmilière. »


# V

### LES PUCERONS

A Huber revient encore l'honneur d'avoir le premier parlé du parti
que les fourmis savent tirer des pucerons. Il est rare de rencontrer
une réunion de pucerons sans observer parmi eux des fourmis. Elles
circulent au milieu d'eux, sans que leur présence les inquiète ; de
temps en temps elles s'approchent de ceux qui ont l'abdomen gonflé ;
elles promènent leurs antennes sur cette partie ; deux cornes qui
la terminent en arrière donnent alors issue à une gouttelette d'un
liquide transparent que recueillent les fourmis. Cette liqueur, dite

miellée par Huber, a une saveur sucrée; elle sert à leur nourriture, ainsi qu'à celle de leurs petits ou larves.

En retour de ces services, les fourmis protégent les pucerons. Lorsqu'on approche le doigt de ces derniers insectes, elles lèvent la tête, ce qu'elles ne feraient pas ailleurs en dehors de la fourmilière, elles ouvrent leurs mandibules et elles s'apprêtent à mordre. Elles font la chasse aux insectes ennemis des pucerons et elles empêchent d'approcher les fourmis appartenant à une autre colonie que la leur. Quelquefois même, au premier rameau de la plante qu'habitent de nombreux pucérons, elles construisent avec de la terre une chambre, espèce de corps-de-garde où plusieurs fourmis veillent continuellement, ou bien elles réunissent les pucerons dans des galeries en terre disposées le long des tiges. Les pucerons du plantin vulgaire se retrouvent au mois d'août sous les feuilles radicales de la plante, les fourmis les y suivent, et murent avec de la terre humide tous les vides qui se trouvent entre le sol et le bord de ces feuilles ; elles forment ainsi des parcs couverts où leurs bestiaux sont à l'abri des intempéries des saisons et de leurs ennemis. Peut-être même les fourmis y portent-elles les pucerons.

Un jardinier intelligent m'a certifié qu'il avait vu plusieurs fois, après la transplantation de jeunes pêchers, les fourmis transporter sur ces arbustes des pucerons qui, plus tard, y déterminèrent la cloque. Empêcher les fourmis d'approcher des pêchers, c'est, selon ce jardinier, le meilleur moyen de préserver ces arbres de la maladie.

L'utilité des pucerons pour les fourmis est surtout évidente chez plusieurs espèces de mineuses, qui vivent continuellement sous terre et ne sortent jamais pour aller chercher des aliments. Les pucerons, qui piquent et sucent les racines des graminées et autres plantes, sont pour elles des vaches à lait. C'est un véritable bétail. Lorsque l'on ouvre les fourmilières, ces fourmis emportent leurs pucerons dans les profondeurs de leur demeure avec autant de soin qu'elles en montreraient pour leurs larves. Pendant l'hiver de 1849, j'ai constaté qu'elles tenaient leurs pucerons dans les cellules profondes ou superficielles, selon que la température était froide ou douce.

Les fourmis mineuses sont les seules qui ne restent pas engourdies pendant les froids rigoureux, les seules chez lesquelles on trouve encore des larves. C'est sans doute parce qu'une partie des pucerons qui leur servaient de vaches à lait durant la belle saison, alors qu'ils suçaient la séve des végétaux, sont mangés par elles durant la gelée. N'est-ce pas le sort de notre bétail? En été et au printemps, les pucerons se meuvent et résident dans des galeries circulant à travers les racines des plantes; mais lorsqu'il fait froid, ils sont sans mouvement et adhérents à la voûte des cellules; ils ne peuvent, par conséquent, contribuer autrement que par leur chair à la nourriture des fourmis et de leurs larves.

Dans les cellules de diverses espèces de fourmis, et là seulement, on rencontre constamment un insecte appartenant au genre des mites. Il circule librement autour des fourmis, en marchant très-vite, et passe sans entrave d'une cellule à l'autre. Les chambres qu'habitent les femelles en renferment presque toujours. Dans l'hiver de 1849, un entomologiste ayant voulu examiner à fond la demeure des fourmis fauves, il trouva à un mètre de profondeur, dans une racine de chêne qui avait été convertie par l'enlèvement du bois intérieur en une chambre spacieuse et moins froide, un groupe de plusieurs milliers de fourmis engourdies et enlacées les unes avec les autres. Au milieu d'elles il observa l'existence de trois femelles (car plus prudentes que les abeilles, les fourmis conservent plusieurs femelles vivant en parfaite intelligence) et une douzaine de mites qui n'avaient rien perdu de leur vivacité.

Ces mites étaient d'un volume proportionné à celui de l'espèce des fourmis parmi lesquelles elles vivent; très-petites dans les cellules de fourmis mineuses jaunes, dont la taille est elle-même petite, elles sont cinq ou six fois plus grosses dans celles des fourmis fauves, dont le volume est également cinq ou si fois plus considérable. Blanches chez les premières, elles sont jaunes chez les secondes.

L'existence spéciale de ces mites dans les fourmilières, la liberté dont elles y jouissent, le rapport existant entre leur taille et celle des fourmis chez lesquelles on les rencontre, donnent peut-être le droit de regarder cet insecte comme un animal domestique. Quelles sont ses fonctions? Le parti le plus sage est de taire mes diverses suppositions et de reconnaître mon ignorance.

Ce fait n'est pas sans analogue. Depuis que je l'ai observé, j'ai lu que, selon un naturaliste danois, Schiodte, des staphylins sont nourris par les termites ou fourmis blanches.

## VI

### ASSOCIATIONS DE FOURMIS

Les fourmis s'aident mutuellement dans leurs travaux. Qui n'a vu des fourmis se réunir pour transporter un brin de paille ou de bois? Il semble, au premier abord, que la coopération de chacune est peu intelligente, mais le plus souvent le défaut d'entente, de coordination dans leurs efforts n'est qu'apparent. Deux fourmis sont-elles occupées à transporter un morceau de bois, celle qui se trouve du côté de la fourmilière le tire à elle, tandis que l'autre le pousse dans le même sens ou se borne à le soulever. En effet, celle qui est en arrière lâche-t-elle prise brusquement, on voit que son corps subit une impulsion en avant, dans la direction imprimée à la pièce de bois par l'autre fourmi. Le contraire aurait lieu si chacune tirait à soi.

Les fourmis se partagent souvent les différentes parties d'un travail selon leur force ou leur aptitude spéciale ; chacune remplit alors une tâche particulière, toujours la même. Des fourmis d'Hyères, des fourmis grosse-tête, agrandissaient les cellules souterraines de leur demeure ; elles apportaient au dehors les débris résultant de de ces excavations. Les ouvrières de la plus grande taille apportaient de l'intérieur les morceaux de la terre et les déposaient sur le bord de l'ouverture de la fourmilière ; les plus petites, qui probablement n'auraient pas eu la force de les porter en montant, les prenaient là pour les charrier à distance.

J'avais fait un creux dans une fourmilière de fourmis fauves ; un grand nombre d'entre elles accoururent menaçantes ; mais, après quelques moments d'agitation, elles se retirèrent toutes, moins une quarantaine qui portaient des morceaux de bois et de paille ou les faisaient tomber au fond du trou. Là, une seule fourmi, toujours la même, les mettait en place de la manière la plus propre à former des galeries.

Je pris plusieurs fourmis qui venaient des champs chargées d'insectes morts ; je les débarrassai de leur fardeau et les plaçai au milieu des travailleuses. Elles cherchèrent un moment la charge que je leur avais enlevée, et ne la retrouvant pas, elles rentrèrent paisiblement dans la fourmilière. Bâtir, il paraît, n'était pas leur affaire.

Les fourmis sont douées d'une grande mémoire. Les habitantes d'une fourmilière se connaissent toutes entre elles, ou bien elles ont des signes particuliers, des mouvements d'antennes pour se reconnaître.

J'avais enlevé à une habitation de fourmis fauves, dit encore M. Ébrard, une centaine de ces insectes ; je les gardai pendant quarante-sept jours dans un local où je les nourrissais avec de l'eau miellée. Ce laps de temps écoulé, je les emportai avec moi lors d'une promenade à la campagne, et m'arrêtant devant chaque fourmilière de même espèce que je rencontrai, j'y déposai une ou deux de mes captives.

Elles paraissaient tout de suite très-inquiètes et s'empressaient de s'éloigner de la fourmilière en se dirigeant vers ses parties les plus déclives. Rencontraient-elles quelques-unes de ses habitantes, il y avait échange d'attouchements avec les antennes, et cet échange redoublait leur agitation, leur empressement à fuir ; les habitantes de la fourmilière les poursuivaient, et lorsqu'elles parvenaient à les atteindre, elles les saisissaient aux pattes, par les antennes, et les entraînaient de force dans l'intérieur de leur demeure.

Arrivé à la fourmilière où j'avais pris ces fourmis, j'y plaçai également plusieurs d'entre elles. Les choses se passèrent différemment. D'abord, elles ne reconnurent pas leur demeure, dont la surface avait été changée par l'accumulation de matériaux nouveaux et elles errèrent çà et là inquiètes et cherchant à fuir. Mais, à partir du moment où elles eurent échangé quelques attouchements d'antennes avec les fourmis qu'elles abordèrent, leur agitation se calma, leur marche devint paisible et elles entrèrent d'elles-mêmes dans la fourmilière, sans rencontrer la moindre opposition. Elles avaient été accueillies comme des sœurs et, de leur côté, elles avaient reconnu qu'elles étaient au milieu de leurs anciennes compagnes.

Lorsqu'un accident amène une fourmi sur le terrain d'une fourmilière à laquelle elle est étrangère, aussitôt ses habitantes la saisissent par ses antennes, par ses pattes et l'entraînent de force dans l'intérieur, mais elles n'ont pas, quand elle appartient à la même espèce, l'intention de la mettre à mort. Je ne doute pas que la captive ne fasse, après quelques heures, partie de la peuplade. J'avais renfermé une fourmilière de fourmis fauves, enlevée en masse, dans une cloche à melon renversée, et j'avais placé l'appareil dans ma chambre afin de voir mes captives à mon aise et à toute heure. Un demi-canal rempli d'eau, qui entourait la cloche, empêchait les fourmis de fuir. Beaucoup s'y noyèrent. Afin de combler les vides, je versai sur cette fourmilière une certaine quantité de fourmis enlevées à une autre fourmilière. Des luttes acharnées eurent lieu, puis, au bout de deux heures, des explications ayant probablement été échangées, l'accord se fit et toutes travaillèrent de concert.

Reçues d'abord en ennemis, les fourmis qui se trouvent sur le terrain d'une fourmilière de même espèce, sont ensuite, on le voit, traitées amicalement. Les fourmis font plus encore; elles donnent généralement l'hospitalité à celles qui se sont égarées. Elles vont la leur offrir et les portent à leur demeure. Une nombreuse famille de rossignols, queues-rouges, rouges-gorges, fauvettes, mésanges et autres oiseaux insectivores que j'élevais dans une volière, était friande de cocons de fourmis.

Ayant à cœur d'alléger la captivité de mes oiseaux et de gagner leurs bonnes grâces, je leur apportais chaque jour le tiers ou le

quart d'une fourmilière, enlevé du côté où elle renfermait le plus
de larves. Les oiseaux s'emparaient d'abord des cocons et des

larves, manger plus tendre et plus savoureux, et dans les premiers moments ils ne faisaient nulle attention aux fourmis, qui
allaient se cacher sous les abreuvoirs ou les touffes de mousse,
tapis de verdure dont je recouvrais le plancher de ma volière.
Le lendemain elles avaient disparu.

Je pensai qu'elles avaient été mangées pendant mon absence; il
n'en était rien. Ayant eu occasion de sortir le soir à dix heures, par
un beau clair de lune, je surpris une longue file de fourmis qui s'é-
chappaient de ma volière par une fissure du mur. Chacune portaient
suspendue aux mandibules une autre fourmi. Je les suivis; elles
se rendaient à une fourmilière, jusque-là inaperçue, et pratiquée
dans un monceau de terre que j'avais formé au printemps pour y
semer des melons.

Je compris que les premières fourmis qui avaient échappé à la
voracité des hôtes de la volière, avaient créé cette fourmilière, et

que chaque nuit, pendant le sommeil de mes oiseaux, elles venaient chercher, pour leur donner l'hospitalité, les fourmis étrangères, mais appartenant à leur espèce, éparses dans la volière. Je respectai cette fourmilière : en peu de temps elle se recruta chaque jour, car chaque jour j'apportais à mes oiseaux de nouveaux débris de fourmilières : aussi devint-elle énorme. Elle changea de place à la fin de juillet, et alla, à mon insu, s'installer au pied d'un mur ombragé par un figuier.

Un jour je disposai à l'entrée d'une fourmilière de fourmis hercules deux fourmis de la même espèce, prises à une demi-lieue de là. La plus petite, dès la première rencontre de l'une des habitantes du logis, s'enfuit avec rapidité. L'autre, qui était très-grosse et marchait lentement, entra dans l'habitation; deux minutes après parut une fourmi la tenant suspendue à ses mandibules; elle la porta à quelques centimètres de distance, la déposa à terre et retourna à son poste. C'était probablement là une manière de lui dire : Ici vous n'êtes pas chez vous. La grosse fourmi ne tint aucun compte de l'avis; elle rentra et fut rapportée de même. Ce nouvel insuccès ne la découragea pas, et elle reprit une troisième fois le chemin de la fourmilière; sa dernière tentative fut couronnée de succès, car je ne la revis plus.

Les abeilles qui reviennent à la ruche donnent souvent à celles de leurs compagnes qui se trouvent près de l'entrée et à celles qui travaillent à l'intérieur, une partie des aliments contenus dans leur estomac. Les fourmis en agissent sans doute de même avec celles d'entre elles qui restent pour garder la fourmilière et pour y soigner les larves et les cocons.

J'avais, depuis trois jours, apporté chez moi un nid de fourmis fauves. Il pleuvait; ne pouvant sortir, je les répandis au milieu de ma chambre. Les pauvres affamées trouvèrent par terre un morceau de fromage blanc et en mangèrent avec avidité. Puis ayant

4

ensuite rencontré d'autres fourmis, en bonnes et charitables bêtes elles leur dégorgèrent dans la bouche une partie de la substance nutritive qu'elles avaient absorbée.

A l'exception de cette assistance alimentaire que nous retrouvons chez les abeilles et de l'aide que le mâle chez les mammifères et les oiseaux porte à sa femelle; à l'exception des soins maternels pour les petits et les œufs, les animaux sont d'un égoïsme complet. Si quelques oiseaux mâles tenus en captivité donnent de la nourriture à d'autres mâles, si des femelles de mammifères et d'oiseaux allaitent ou nourrissent des petits qui ne leur appartiennent pas, ces actes sont les effets d'une perversion de l'instinct de reproduction; ils n'ont lieu qu'à l'époque où cet instinct est le plus développé. Un rouge-gorge mâle de la volière, chaque fois que j'y versais des cocons de fourmis, en portait quelques-uns à un autre mâle très-sauvage qui avait l'habitude de se tenir caché en ma présence; mais cette bienveillante attention pour son compagnon de réclusion ne durait pas au delà du printemps. Il en était de même des caresses qu'échangeaient entre eux des mâles de verdiers et de pinsons. Les fourmis, supérieures en cela, ainsi que sur bien d'autres points, à tous les animaux, se prodiguent mutuellement, entre habitantes de la même fourmilière ou même de fourmilières différentes, aide et assistance.

A Hyères, je prenais plaisir à observer une habitation de fourmis hercules, la plus volumineuse de nos fourmis indigènes, qui, dans le Midi, se loge dans la terre sous les rochers, et en Bresse, pays humide, se creuse une demeure dans les troncs d'arbres, dans les poutres qui couronnent les barrières des prairies. Un jour, je pris une de ces fourmis et, lui enfonçant une épingle à travers le corps, cruauté dont je rougis en ce moment, je la fixai dans le sol aux alentours de la fourmilière, en un endroit très-passager. Plusieurs fourmis passèrent auprès d'elle sans y faire attention, mais une autre s'en approcha, échangea avec elle des mouvements d'antennes, la saisit par les mandibules, et chercha à l'entraîner. Ses efforts restant sans effet, elle lâcha prise; tournant autour de la captive, elle en examina tout le corps avec ses antennes, reconnut la nature de l'obstacle, saisit l'épingle, et la prenant successivement de diverses manières, fit des efforts pour l'arracher. Ne pouvant y réussir, elle alla caresser la tête de la pauvre fourmi et se retira. J'eus pitié de cette dernière, et je mis fin à son supplice.

Lyonel, qui consacra dix ans de sa vie à l'étude anatomique de la chenille du saule, se félicite d'avoir pu accomplir son travail sans avoir tué plus de trois individus de cette espèce. Admirant dans les insectes une conformation aussi merveilleuse que dans les espèces les plus élevées, il avait pris le respect de toute existence. Longtemps insensible à la douleur muette des fourmis, je les ai sacrifiées sans pitié et par milliers à mes expériences et surtout à l'alimentation des oiseaux de ma volière; mais les observations que je vais rapporter m'ayant mis à même de reconnaître chez les fourmis de la commisération et une assistance charitable pour leurs compagnes, j'appréciai tout à coup leur intelligence. Je me suis dès lors fait scrupule de n'en tuer aucune sans nécessité, et lorsque l'un de leurs nids se trouve sur mon passage, je me détourne plutôt que de le fouler aux pieds.

## VII

### DÉVOUEMENT DES FOURMIS

Les fourmis n'ont pas une bonne vue; elles se servent de leurs antennes pour se conduire, comme les escargots de leurs tentacules inférieurs, comme les aveugles de leurs bâtons, toutefois avec plus d'habileté. Dans l'intention de constater ce genre d'utilité des antennes, un jour, je coupai ces organes à une fourmi fauve, et je la replaçai ensuite sur la fourmilière où je l'avais prise, dans une partie bien découverte. Elle allait à gauche et à droite, errant à l'aventure. Des fourmis s'approchèrent d'elle, lui touchèrent la tête avec leurs antennes et léchèrent ses plaies, petite opération à laquelle la blessée se prêta en se tenant immobile. Enfin, l'une d'elles la saisit par l'extrémité de l'une de ses pattes de devant et la conduisit ainsi et avec douceur jusqu'à l'une des entrées.

Sur la même fourmilière, je pris, un moment après, une fourmi à laquelle je coupai une patte de devant, et que je déposai à l'endroit où j'avais mis la première fourmi. Celles de ces compagnes qui la rencontrèrent, s'approchèrent d'elles, échangèrent des attouchements d'antennes, léchèrent également la plaie, puis l'une d'elles la saisit par ses mandibules et l'emporta dans l'intérieur de la fourmilière, la blessée ayant replié son corps de manière à rendre le fardeau moins embarrassant.

Les actes que je viens de décrire sont certainement des manifestations du dévouement de ces insectes les uns à l'égard des autres. La manière intelligente, différente selon le siège de la blessure, dont les fourmis ont agi envers leurs deux compagnes blessées, la tranquillité de celles-ci, montrent assez qu'elles n'ont été conduites ou portées dans la fourmilière que pour y prendre du repos, pour y guérir et non pas pour y être dévorées. Le fait suivant vient à l'appui de cette assertion.

A la suite de ces deux expériences, et toujours dans la même fourmilière, je m'emparai encore d'une fourmi et d'un coup de ciseaux je lui retranchai l'abdomen; je la déposai ensuite sur la fourmilière. Ainsi mutilée, elle se mit à courir extrêmement vite; les fourmis qui la rencontraient fuyaient comme épouvantées à son approche, sans entrer en contact avec elle. Une des fugitives cependant revint sur ses pas, l'aborda, la toucha de ses antennes, puis la prit par ses mandibules et la porta en dehors de la fourmilière, dans un petit enfoncement ombragé par un débris de feuilles, où elle la laissa. La victime de cette cruelle expérience y resta paisible; elle savait qu'elle devait mourir et était résignée à son sort. Or, si les fourmis, en suçant les plaies de celles auxquelles j'avais coupé les antennes ou une patte, avaient été déterminées à cet acte par la voracité qui porte tant d'animaux à boire le sang de leurs ennemis blessés; si, en les portant dans l'intérieur de leur habitation, elles avaient eu pour but de les dévorer, à plus forte raison auraient-elles eu cette cruauté pour celle-ci dont la blessure était mortelle. A mon avis, elles ramenèrent les deux premières dans la fourmilière, parce qu'elles avaient reconnu qu'elles pouvaient guérir; elles transportèrent la dernière au dehors, parce que leurs soins auraient été inutiles.

Voici encore un fait d'assistance mutuelle dont j'ai eu plusieurs exemples sous les yeux. Une fourmi éloignée de sa demeure et chez laquelle la lenteur de la marche dénotait la fatigue, rencontrait-elle une autre fourmi, une de ses concitoyennes, venant de la fourmilière et dont l'agilité prouvait la vigueur, elle s'en approchait et lui touchait la tête avec ses antennes; la seconde fourmi saisissait alors par les mandibules sa compagne fatiguée et, retournant sur ses pas, l'emportait à un point rapproché de la fourmilière, où elle la laissait, et reprenait ensuite son excursion interrompue.

## VIII

### LES FOURMIS-BAROMÈTRE

La faculté que possèdent les fourmis de prévoir la pluie n'est point purement instinctive; elle résulte de l'expérience. Une semblable assertion ne doit point s'émettre sans preuve. Dans les der-

niers jours du mois d'avril, j'étais éloigné de mon logis, lorsque
j'ape çus un grand nuage noir s'avançant rapidement au-dessus de
ma tête, poussé par le vent d'ouest? Devais-je me hâter de rentrer?
J'allai consulter à ce sujet une peuplade de fourmis fauves mes voisines. La réponse fut d'abord très-incertaine. Un petit nombre de
fourmis sortaient par les ouvertures inférieures, mais de plus
nombreuses se dépêchaient de revenir; d'autres fourmis, prenaient
des brins d'herbe à la surface de la fourmilière, et les plaçaient
à la hâte sur les orifices supérieurs et latéraux. J'allais m'en tenir
à la décision la plus prudente, celle conseillée par les insectes qui
fermaient les entrées, lorsque par ces mêmes portes sortirent
d'autres fourmis qui houspillèrent les peureuses qui portaient des
brins de paille, les leur firent poser et déblayèrent bien vite les
ouvertures.

Les allées et venues reprirent leur train habituel, et je continuai
ma promenade sans m'inquiéter de la couleur noire des nuages.

Cependant j'avais fait à peine quelques pas, lorsque je sentis tomber
de larges gouttes de pluie. Je me repentais déjà d'avoir eu trop de

confiance en mes fourmis; mais j'avais tort, car ce ne fut qu'une averse, une de ces giboulées, qui sont surtout fréquentes au mois d'avril.

N'est-il pas évident que, si la prévision du temps était chez les fourmis purement instinctive, cette faculté appartiendrait de même à tous les membres d'une peuplade, tandis qu'elle a été, en cette circonstance, le propre de quelques fourmis isolées, lesquelles étaient sans doute plus âgées et, par suite, avaient plus d'expérience.

Souvent, je pourrais dire chaque année, à l'approche de l'hiver, n'avez-vous pas lu dans les journaux que la saison sera rigoureuse parce que les œufs de fourmis sont enterrés très-profond. Ce pronostic est fondé sur une erreur.

Les cocons de fourmis, désignés vulgairement sous le nom d'œufs, n'existent au commencement de la mauvaise saison que chez quelques fourmis mineuses, espèces qui trouvent dans les pucerons une ressource contre la faim. Eh bien, ces fourmis changent de place leurs larves et leurs œufs selon les variations de la température. Au mois de novembre 1849, le thermomètre était descendu pendant la nuit à trois ou quatre degrés au-dessous de zéro. Je creusai une chaussée, exposée au midi et qui renfermait plusieurs nids de fourmis mineuses jaunes. La terre était gelée jusqu'à la profondeur de dix à onze centimètres. Je trouvai des fourmis parfaitement actives dans les cellules situées à trois centimètres plus bas. Le lendemain, le thermomètre ayant encore baissé, la congélation du terrain avait gagné de trois centimètres en profondeur; les larves avaient été descendues dans des cellules plus basses de trois centimètres que celles occupées par elles le jour précédent. Le lendemain, malgré la continuation de la froidure pendant la nuit, j'observai que les fourmis, remontées, se réunissaient au fond de cellules dont la voûte se trouvait entièrement gelée. Elles avaient transporté leurs larves dans celles situées immédiatement au-dessous. J'augurai que le dégel s'approchait, et en effet le dégel arriva.

Les fourmis avaient prévu chaque fois le changement de la température, gel ou dégel; seulement cette prévision avait eu lieu non pas d'avance pour toute une saison, mais au jour le jour.

Les larves de fourmis, ou les fourmis encore à l'état de vers ou de chenilles, exigent de très-grands soins. Pour les loger et pour les soumettre à l'influence de la chaleur solaire, plusieurs espèces de mineuses élèvent des monticules à plusieurs étages. Avec une rare sollicitude, elles changent leurs larves continuellement de place, selon le moment de la journée et les variations météorologiques. Ainsi, elles les déposent le matin au levant, dans le milieu de la journée au midi, et le soir, à l'ouest de leur habitation, afin qu'elles ressentent davantage l'action bienfaisante des rayons du soleil. Elles les tiennent dans des cellules superficielles ou profondes, suivant que la température se montre humide ou sèche, chaude ou froide. Elles leur donnent souvent à manger. Les soins nécessaires pour le développement des larves suffiraient à prouver l'inexactitude de l'opinion d'Huber sur la formation des fourmilières naissantes.

A des époques différentes pour les diverses espèces, on voit apparaître dans les fourmilières des fourmis ailées; ce sont les mâles et les femelles. Sortant presque toutes ensembles, un jour de soleil, elles s'élèvent dans les hautes régions de l'air. Les femelles y sont fécondées et reviennent sur la surface de la terre où elles perdent ou s'arrachent elles-mêmes leurs ailes. Selon Huber, chaque femelle se creuserait ensuite une retraite, y déposerait des œufs et soignerait les larves qui en proviendraient. Plus tard, ces larves se métamorphoseraient en fourmis, et ces fourmis aideraient leur mère à creuser de nouvelles cellules, à soigner et à nourrir sa progéniture croissant chaque jour. Huber, en adoptant cette opinion sur l'origine des fourmilières, n'a pas tenu assez compte de la nourriture abondante et des soins de toute nature que les larves doivent recevoir pendant bien des jours avant de devenir des fourmis et d'être des ouvrières. Une femelle isolée ne saurait suffire à cette tâche laborieuse. J'ai observé plusieurs fois des fourmis femelles dans une cavité du sol, sous un morceau de bois, avec ou sans larves, mais je n'en ai vu aucune portant des substances alimentaires, ou trayant des pucerons.

C'est pourquoi je pensais que, si les fourmis femelles, une fois fécondées, parviennent à trouver un abri dans une racine, à se creuser un refuge dans la terre, elles périssent de faim, ainsi que leur progéniture, toutes les fois qu'elles restent abandonnées à leurs propres forces. J'étais porté à croire qu'elles réussissent à former une fourmilière dans le cas seulement où elles rencontrent une fourmi ouvrière de leur espèce, laquelle s'attache à elles et va chercher d'autres fourmis.

Les résultats d'une expérience toute récente viennent à l'appui de cette manière de voir.

En 1860, à la fin de juillet, je recueillis le même jour vingt femelles de noires-cendrées ayant perdu leurs ailes. Je les renfermai une à une, ou deux ensemble, dans de grands verres au fond desquels j'avais placé de la terre.

Le lendemain, elles avaient déjà creusé des galeries et des cellules.

Au bout d'une semaine, je soulevai une partie de la terre de deux verres; je reconnus dans les cellules l'existence d'un, de deux ou de trois corps de couleur blanche, formés, ainsi que je le constatai en les examinant à la loupe, par une agglomération de larves. Je plaçai alors dans ces verres, à la surface de la terre, de l'eau miellée, du jaune d'œuf durci et de sauterelles tuées, puis je renfermai dans trois d'entre eux deux ouvrières de noires-cendrées.

Huit jours s'étant encore écoulés, j'observai que dans les verres

ne renfermant pas d'ouvrières, quelques larves avaient grossi aux
dépens de la plus grande partie de leurs congénères, qui avaient disparu. Dans les trois autres verres, au contraire, les larves étaient en
même temps beaucoup plus grosses et très-nombreuses.

Enfin, cinquante jours environ après le commencement de cette
expérience, toutes les femelles et les larves avaient péri dans les
verres sans ouvrières, tandis que les autres contenaient un grand
nombre de cocons.

La formation d'une nouvelle fourmilière peut encore s'opérer d'une
autre façon. Souvent une partie des habitantes d'un nid de fourmis
quitte la mère patrie, se logent à une distance de quarante, de
soixante, de cent pas et vont sans cesse, pendant quelque temps, à
leur ancienne demeure recruter d'autres compagnes. Elles s'approchent de la première qu'elles rencontrent, la flattent de leurs antennes, et l'ayant décidée, la saisissent par ses mandibules et l'emportent. Elles se chargent également de cocons.

La création des fourmilières par la colonie diffère grandement de
la formation des ruches par un essaim. Les fourmis ne quittent leur
ancienne demeure que peu à peu et en plusieurs jours; elles emportent des cocons; enfin, et c'est là un trait distinctif, des relations
continuent pendant longtemps à exister entre les deux peuplades;
un chemin battu va de l'une à l'autre; de nombreuses fourmis
le parcourent. Souvent même ces colonies sont temporaires; la
nouvelle fourmilière n'est qu'une habitation d'été, fondée pour
donner plus de soleil aux larves lorsque l'ancienne demeure est
devenue trop ombragée. Avant le retour de l'hiver, les émigrantes
reviennent toutes aux lieux qui les ont vu naître ou dont elles sont
originaires.

Si une habitation est très-ancienne, il arrive un moment où ses
habitants l'abandonnent subitement et vont ailleurs. Les fourmis
changent encore de place lorsqu'on leur enlève plusieurs fois leurs

cocons. Une habitation énorme de fourmis fauves, large de près d'un mètre, où j'avais fait des expériences pendant plusieurs jours, fut évacuée tout à coup. Cette même cité que j'avais laissée, deux jours auparavant, animée et florissante, dont les constructions étaient l'œuvre de trente générations, qui comptait des habitants innombrables, je la retrouvai dépeuplée, sans vie, devant tôt ou tard disparaître sous l'herbe, semblable à ces anciennes villes de l'Amérique dont on a découvert les ruines au milieu d'une forêt[1].

J'ai emprunté à tous mes souvenirs, à toutes mes lectures, les détails que je viens de te raconter. Je pourrais t'en dire encore bien d'autres, car l'œuvre de Dieu est infinie. Elle s'est complue à déconcerter les idées de la science sur les insectes en donnant à certains d'entre eux une intelligence qui semble rivaliser avec l'intelligence de l'homme, ou du moins avec l'intelligence des animaux les plus élevés de l'échelle des mammifères.

_____

[1] *Nouvelles observations sur les Insectes,* par le docteur E. Ébrard. (*Bibliothèque universelle de Genève*).

### NOUVELLE SÉPARATION

u ne m'écoutes plus. Que regardes-tu là avec tant d'attention au pied du saule?

— Ce sont ces Iules des sables (*Iulus subulosus*). En voici un avec ses deux cents pattes et son corps semblable à un ruban froncé et de couleur brune, en arrêt devant une philoscie des mousses qu'il attaque et qu'il dévore.

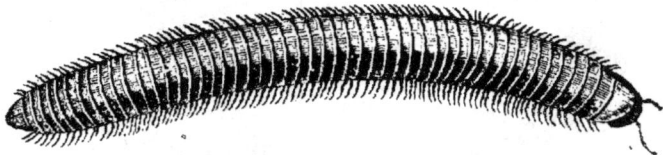

— Quel caractère distingue cette philoscie des cloportes, des porcellions et des armadilles?

— Les antennes des premiers ont sept articles, et la philoscie en compte huit; du reste, elle présente à peu près la même physionomie que le cloporte vulgaire, et partage, ou peu s'en faut, son organisation et ses habitudes, c'est-à-dire qu'elle affectionne les lieux humides, qu'elle fuit la lumière, qu'elle se nourrit de substance végétale en décomposition, et qu'elle ne sort guère de sa retraite que par la pluie.

« A moins qu'un danger ne la menace, la philoscie porte ses œufs renfermés dans une poche placée sur sa poitrine; quelques naturalistes prétendent qu'elle veille sur ses petits comme une poule sur ses poussins.

— Et comme une forficule ou perce-oreille sur ses jeunes petits. Regarde, en voici une qui mène sa couvée à la picorée; tandis que les petits gourmands mangent les débris d'un limaçon écrasé gisant là-bas près du nid des fourmis, elle se tient aux aguets, et relève au moindre péril, en signe de menace, les deux pointes recourbées et aiguës qui terminent son corps.

— Un staphylin s'approche de la couvée. Lui aussi, il relève sa queue noire, et comme un ogre, il saisit de ses mandibules un des enfants de la forficule. Celle-ci accourt, tient tête au staphylin qui, grâce à Dieu, est de petite espèce et l'oblige à lâcher sa proie et à reculer. Elle lui prend le corps dans ses pinces, elle se cramponne à lui, elle le mord avec ses mandibules, elle le terrasse, il tombe, il se débat expirant dans la poussière, il meurt; la forficule est blessée au corps, car le staphylin l'a mordu profondément; mais n'importe, elle court à ses petits, elle les amène près du cadavre de l'ogre, elle invite tous ces petits-poucets à dévorer le staphylin, et ceux-ci ne se le font point dire deux fois.

Voyez comment ils expédient cette curée. En vain des fourmis veulent venir en prendre leur part, la mère est là qui tient les pillardes en respect; elle les repousse, à l'aide de ses antennes et

de ses pattes, à la manière d'un taureau faisant tête à une bande
de chiens.

— Encore un insecte chasseur. C'est cette araignée qui a tendu
sa toile au-dessus de ce ruisseau large de plus de trois mètres,
quatre câbles retiennent sa toile à chacune des rives.

« Comment un insecte, de la grosseur d'un pois, qui ne sait point
nager, qui a horreur de l'eau, a-t-il pu fixer les extrémités d'un si
long fil à des distances immenses pour lui?

— J'ai souvent observé le manége d'une araignée de cette espèce
qu'on reconnaît à une belle croix blanche dessinée sur son dos replet. Elle commence par se hisser le long d'une branche élevée du
saule, puis elle fixe un câble qui effleure l'eau. Après quoi, suspendue à l'extrémité de ce câble, elle lui donne un mouvement
d'oscillation progressif, et peu à peu elle atteint la rive opposée.

« La hardie acrobate se cramponne alors à un brin d'herbe,
grimpe, sans lâcher sa corde, sur un arbuste, et l'amarre solide-
ment; bientôt dix fils nouveaux convergent au milieu du premier, et
tu peux les distinguer sur la toile de l'araignée que voici, en regar-
dant attentivement. Il ne reste plus qu'à enlacer ces fils les uns
aux autres par de larges mailles, et c'est ce que l'insecte fait.

« Veux-tu te donner une preuve de l'intelligence des araignées?
fais comme j'ai fait un jour dans des circonstances tout à fait pareilles, coupe la branche qui sert de principal point d'appui à l'un
des bouts du grand câble.

« Après quoi, observe en silence.

« La toile, quand on fait cette expérience, se détend aussitôt et
flotte au gré des vents. L'araignée, dans les premiers moments, paraît
déconcertée et même effrayée. Elle se blottit en boule, et garde une
minute environ la plus profonde immobilité; mais le courage ne
tarde point à lui revenir. N'entendant aucun bruit dans les alentours, elle s'avance d'abord lentement et avec précaution, puis peu

à peu avec hardiesse et vivacité, elle constate la nature des dégâts, et s'assure si ces derniers sont réparables.

« Quand elle a bien examiné et parcouru dans toute sa longueur la branche coupée, elle se met à construire sur-le-champ un nouveau système d'amarrage qui rend à sa toile une solidité complète. Peu à peu les fils détendus se retendent, et la toile reprend sa force, son étendue et son élasticité ; car cette longue toile, composée de quelques fils longs de trois mètres, doit résister aux chocs du vent. Tu jugeras de leur force en posant le doigt dessus. Avant qu'ils ne se brisent, il faut que ce doigt appuie lourdement, sans cela ils restent intacts.

— Tandis que cette araignée chasse au filet, voici d'autres araignées qui chassent à courre, interrompit Bernhard. On nomme, je crois, ces Nemrods à la petite patte des araignées-loups ; les meilleurs chiens ne sauraient lutter avec elles de ruse et d'instinct. Vois, elles se sont associées au nombre de six ; quatre poursuivent et relancent un petit carabe qui ne paraît point disposé à se laisser prendre, qui court de son mieux, qui fait des détours ; elles le suivent, elles s'acharnent à sa poursuite, elles le rabattent vers leurs complices qui se tiennent à l'affût. Pauvre petit carabe, les traîtresses, cachées derrière une motte de terre, le saisissent, l'égorgent, et attendent leurs quatre complices pour commencer la curée.

— Mais quelle est donc cette espèce de petit sac que porte sur son dos une des chasseresses ? Aurait-elle une gibecière ? »

En parlant ainsi je pris l'insecte que je désignais et le plaçai avec précaution sur le bout de mon doigt ; je l'examinai avec la loupe, que je porte toujours avec moi ; juge de ma surprise, cette poche contenait environ soixante œufs.

« Des œufs ! m'écriai-je, des œufs !

— Oui, repartit Bernhard en examinant à son tour l'insecte. Maintenant que voici cette araignée bien repue, dépose-la sur l'herbe, et tu la verras se diriger vers un endroit des racines du saule à la fois tiède et humide, où le vent et les insectes ne puissent nuire à

sa couvée. Elle demeurera là un jour ou deux, et le moment favorable venu, elle tirera un à un de son sac les œufs qu'il contient, et elle les ouvrira délicatement avec ses mandibules, afin de faciliter aux nouveau-nés la sortie de leurs coques.

« Une fois cette nichée venue à point, elle se mettra immédiatement, comme la forficule, à les mener à la picorée, et, de plus qu'elle, à leur enseigner les ruses de la chasse. A la moindre alerte, elle les rassemblera et les replacera sur son dos, et dans la poche qu'elle a pris soin d'agrandir. Quand ils pourront se suffire à eux-mêmes, elle les congédiera et cessera de s'en occuper. »

Tandis que nous devisions ainsi, le jour commençait à baisser, les

insectes disparaissaient, les oiseaux qui nichaient parmi les rameaux
du saule ou dans ses racines, un torcol et un pic entre autres, rentrèrent dans leur nid ; les papillons nocturnes commencèrent à tournoyer et à voleter autour de l'arbre et au-dessus du ruisseau, puis
au loin les cloches de la ville sonnèrent huit heures.

. Je tendis la main à Bernhard.

« Mon ami, lui dis-je, voici le moment de regagner le chemin de
fer, toi pour t'en retourner vers le Nord, et moi pour rejoindre le
Midi. Remercions Dieu, qui nous a réunis un moment dans notre
doux pays natal, au pied de ce saule encore tout parfumé des souvenirs de notre enfance.

« Nous avons pu admirer pendant quelques heures les œuvres de
Dieu rassemblées au pied de cet arbre ; espérons que sa bonté divine nous accordera encore une fois cette faveur. »

Nous nous serrâmes la main, et nous nous éloignâmes en silence.

# VI

## DERNIER RETOUR AU PAYS NATAL

A deux années de là, j'écrivis à Bernhard :

Mon ami, mon vieux camarade, j'ai été bien ému en recevant ta lettre, qui contient de si curieux détails sur la Nouvelle-Zélande, où ton amour des voyages t'a fait arriver un beau matin. La peinture que tu me fais de ces régions encore si peu connues et les mœurs des sauvages, tes hôtes et tes compagnons de chasse, me font relire à chaque instant ta lettre, et me poursuivent jusque dans mes rêves.

Je sais par cœur la description que tu me fais de ces îles, et je t'y accompagne sans cesse en imagination. Je crois avoir sous les yeux Tawaï-Pounaman avec la longue chaîne de montagnes couvertes de neige qui la traverse, et Kana-Mawi, formé de triangles, bosselé, hérissé de collines et de volcans. Je vois sa belle cascade de deux cents mètres de hauteur qui se jette à pic dans la baie Duskey, et près de laquelle tu campais tandis que tu m'écrivais. Je te vois en-

core, assis non loin de l'endroit d'où tombe cette colonne d'eau qui
mesure cinquante mètres environ de largeur au départ de sa chute,
se brise sur une gigantesque
saillie du roc, se transforme
en une nappe large, diaphane
et vaporeuse; celle-ci, déchirée
de nouveau par d'autres aspérités, s'éparpille, bouillonne,
vole en écume, produit mille
jets étincelants, puis s'engloutit avec un fracas épouvantable
dans un immense bassin où
elle arrive en grondant pour
gagner de là, enveloppée d'un
brouillard épais et incessant,
à travers un canal de rochers,
la mer où elle disparaît.

Et moi, sais-tu en quels lieux
je te réponds et j'écris ma lettre?... Dans notre pays natal,
mon cher Bernhard, au bord
de l'Escaut, et en face de notre
cher saule... ou du moins, hélas! en face de la place qu'occupait ce saule près duquel
nous passâmes une si bonne
après-midi, il y a deux ans.

Le pauvre arbre a bien changé de physionomie depuis cette
journée bénie. Je l'ai trouvé vieilli encore plus que moi, qui me
tiens là assis auprès de son tronc. Je devrais plutôt dire au pied des

débris de son tronc, car une grande partie de l'écorce à demi ron-
gée qui lui donnait naguère encore l'apparence d'un arbre, est
tombée, détachée par l'action du temps ou par la main d'un passant, et gît, transformée en une sorte de grosse poussière grise
et humide, sur l'herbe dont les brins verts commencent déjà à la
recouvrir.

Les fourmis, qui, dans sa souche, ne se trouvaient plus préser-
vées du vent et de la pluie, l'ont désertée pour fonder leur colonie
au pied d'un aulne moins en ruines. Des mulots ont creusé leur
petit terrier tortueux au plus profond des racines qu'ils rongent si
bien, qu'avant peu il n'en restera plus de trace; une couleuvre à
collier, dans laquelle j'ai cru reconnaître celle qui chassait si bien,
il y a deux ans, les rats d'eau, cherche maintenant à surprendre les
mulots, et quand elle en saisit un, l'emporte bien vite dans son repaire, sous un peuplier voisin; enfin pas un seul papillon n'erre plus
autour de la souche informe de notre vieil ami; ils réservent leurs
caresses pour des arbres qui possèdent de beaux rameaux verts et
des feuilles.

Tandis que je contemplais avec une véritable tristesse, tu dois le
comprendre, le spectacle d'une décadence si complète, un gros
homme en blouse, à face réjouie, la tête coiffée d'un bonnet
de coton à bandes multicolores, et tenant à la main une pioche,
se dirigea vers moi, et m'accosta en me saluant de mon nom,
que je croyais oublié de tous dans cette chère et ingrate terre
natale.

« Vous ne me reconnaissez point? me dit-il. Cependant nous
sommes des camarades d'école : tout petits enfants, notre panier au
bras, bien des fois nous avons ensemble, chemin faisant, fait tourner
des toupies et lancé des billes avant que d'entrer chez le maître,
chez qui nous n'étions jamais pressés d'arriver. Depuis lors vous
êtes devenu un faiseur de livres; j'ai tous les vôtres chez moi en sou-

venir de notre enfance passée, l'un à côté de l'autre, sur les bancs
de l'école.

Après cela, tandis que vous appreniez à manier la plume, j'ap-
prenais, moi, à conduire une charrue, à tracer un sillon, à semer, à
faucher, à remplir mes greniers et mes granges de foin et de blé. A
chacun son lot et son métier. Vous nourrissez l'esprit, moi, je nourris
le corps.

— Et vous n'avez pas la plus mauvaise part, mon cher Norbert,
répliquai-je en lui tendant la
main; car tandis qu'il parlait,
je parvenais à retrouver dans ses
traits accentués, que le travail
et l'âge bronzaient largement, le
souvenir des yeux bleus, du
teint rose et blanc d'un petit
camarade d'école que j'affection-
nais beaucoup à cause de sa
belle humeur, et, faut-il l'a-
vouer? un peu à cause des pom-
mes exquises qui composaient presque toujours son déjeuner,
et qu'il échangeait généreusement pour les tartines de confitures
que j'apportais de mon côté.

— Je ne saurais vous exprimer ma surprise et ma joie quand je
vous ai vu là, sur le bord de ma prairie, continua-t-il. Je suis bien
content d'y être venu pour achever d'arracher de terre ce qu'il reste
des racines de cette mauvaise souche de saule. »

Et il se mit à l'œuvre, frappant de sa pioche la souche morte, et
en éparpillant autour de lui les débris. Vingt fois je me sentis près
de lui demander de n'en rien faire, et de ne point continuer son
œuvre de destruction, mais je ne sais quelle fausse honte m'arrêta,
et fit expirer les paroles sur mes lèvres. Cependant chaque coup de

la pioche retentissait douloureusement dans mon pauvre cœur.

Hélas! quelques minutes suffirent pour qu'il accomplît sa besogne dans toute sa rigueur.

Bientôt, au lieu de la souche, d'où, à la première sommation de la pioche, s'était sauvée une nichée de mulots, je vis dans la terre molle et sans résistance de la berge s'ouvrir un grand trou béant, où ne restait plus trace du saule et de ses racines.

« Voilà qui est fait, dit-il en souriant. Vous le voyez, le travail n'a pas été bien rude. Maintenant, à la place de cette vieille souche morte et si triste à voir, je vais planter un jeune saule qui, au printemps prochain, se couvrira de belles feuilles, et qui ne tardera point, pour peu que le bon Dieu m'accorde encore une dizaine d'années, à me fournir d'excellent osier avec lequel je fabriquerai des paniers et des corbeilles.

— Je ne vois pas le saule que vous comptez planter? lui dis-je. Vous aller donc retourner à la ferme pour l'y prendre?

— Il n'y a pas tant de façon à faire avec les saules, répliqua-t-il en riant; regardez, voici comme on s'y prend. »

Il tira de sa poche une grande serpette, s'approcha d'un saule voisin, y choisit une branche déjà assez forte, droite et de belle venue, la coupa en biseau, l'enfonça dans le trou d'où il avait enlevé les restes de la souche, et, sans autres soins, rassembla et entassa autour de la branche, avec ses gros souliers, la terre qui se trouvait amoncelée sur le bord.

« Il n'y a plus désormais à s'en occuper, dit-il. Des racines vont sortir du bout enfoncé en terre, et je ne m'y prends jamais d'autre façon pour planter des saules. Tous ceux que vous voyez sur cette berge y sont venus par les mêmes procédés.

— Vraiment?

— Ah! ce sont des gaillards qui ne demandent qu'à pousser. Le vieux saule qui est mort là, et dont j'ai arraché les restes, était âgé de plus d'un siècle. Il y a deux ans, le cœur tombait en poussière, l'écorce survivait seule, et cependant il y poussait encore de belles branches. Il a fallu un accident qui l'a brisé pour qu'il se décidât à mourir tout à fait. Les saules ont la vie si dure qu'ils croissent partout et dans toutes les conditions; à preuve que l'année dernière, j'ai lu dans un livre et j'ai répété une expérience singulière.

« Regardez ce saule jeune encore et pas bien fort, mais déjà d'une belle venue, vous l'avouerez. Eh bien, ses branches que vous voyez parées de feuilles si nombreuses et d'un si beau vert velouté, étaient, l'année dernière, des racines. »

Je crus que Norbert se moquait de moi, et voulait s'égayer aux dépens de son ami le Parisien.

« Il n'y a pas à me regarder d'un air de doute et à hocher la tête! C'est comme je vous le dis à la lettre, et sans en rabattre un iota. Au printemps dernier, à l'aide de mon *louchet*, j'ai tiré de terre ce saule sans en endommager les racines, et j'ai replacé sa tête et ses branches dans le même trou bien refermé.

Quinze jours s'étaient à peine écoulés que je remarquais sur les racines lavées par les pluies tièdes du printemps, un changement de couleur bien caractérisé. De blanches qu'elles étaient elles devenaient verdâtres, et leur peau extérieure s'épaississait en même temps, et se transformait en une écorce lisse et ferme. Bientôt sur cette écorce apparurent de petits bourgeons à peine visibles d'abord. Ils se développèrent si bien à la fin, qu'il en sortit des espèces de rouleaux velus qui n'étaient autre chose que des feuilles naissantes; elles se déroulèrent, verdirent, et finirent par devenir les vrais rameaux que vous voyez. Vous doutez encore? Parbleu! je veux en avoir le cœur net. »

En quatre coups de pioche il dégagea le pied de l'arbre de la terre qui l'enveloppait, et de ses fortes mains saisissant le tronc, l'arracha de la terre humide.

« Tenez, regardez! s'écria-t-il d'un air triomphant, il reste encore
des feuilles attachées à ces rameaux transformés en racines. Vous
ai-je dit vrai? et me croirez-vous maintenant que vous avez vu de vos
yeux et touché de vos doigts? »

Et il replanta l'arbre aussi vite qu'il l'avait déplanté.

« Ce saule n'est point le seul sur lequel j'aie vérifié la singulière
expérience dont je vous parle; toute cette petite allée qui mène à ma
ferme a subi la même opération.

— Leçon pour leçon! interrompis-je en riant : vous m'avez appris
à planter des arbres à l'envers, les racines en l'air, je vais vous
apprendre, moi, à guérir la fièvre avec l'écorce du saule.

« D'abord l'écorce moyenne des rameaux de cet arbre contient
du *tannin*, avec lequel on tanne fort bien surtout les peaux délicates, et ensuite une substance qu'en extrait la chimie, et que l'on
nomme *salicine*. Elle est, comme je viens de vous le dire, un
puissant fébrifuge.

« D'un kilogramme d'écorce on retire vingt-deux grammes de
salicine, c'est-à-dire d'une substance blanche et très-amère. Un
demi-gramme suffit d'ordinaire pour couper la fièvre.

— Diantre! je ne savais pas cela.

— Si vous avez besoin d'une magnifique couleur rouge, vous la
trouverez encore dans le saule, et vous l'obtiendrez avec de l'acide
sulfurique concentré à froid.

— Un remède contre la fièvre et des échalas, une belle couleur
rouge et de l'osier jaune, blanc, brun, vert, selon la variété qui le
produit, d'excellent bois donnant un charbon très-léger, peu de
flamme, et par cela même propre à la cuisson du plâtre et de la
chaux, un feuillage que les bestiaux aiment soit sec, soit vert; il y
a donc de tout dans un saule!

— Ajoutez que les chevaux en préfèrent les feuilles à toute autre
nourriture, et que leur saveur amère leur rend l'appétit et la santé.

« Sous le dernier règne, le pacha d'Égypte envoya au roi de magnifiques chevaux du sang le plus pur et provenant du Nedj, contrée célèbre par les admirables coursiers qu'elle produit.

« La traversée, la fatigue, les épouvantes des chemins de fer, l'écurie substituée à la liberté dont ils jouissaient dans leur pays natal, ne tardèrent point à faire tomber dans une sorte de marasme la plupart de ces chevaux, et surtout le plus beau d'entre eux, nommé El-Moukir. Son œil ne gardait plus rien de sa sauvage flamme d'autrefois. Il allait maintenant la tête baissée; sa maigreur devenait extrême; chaque jour ses forces diminuaient, et des accès intermittents de fièvre brûlaient son sang. Un esclave, du nom de Mohassen, qui avait amené d'Égypte El-Moukir, et qui aimait passionnément le noble animal élevé par lui, ne savait pas un mot de français, et avait beau chercher à dire ce qu'il fallait pour guérir son cheval, il ne parvenait à se faire comprendre de personne.

« Un matin qu'El-Moukir semblait encore plus malade, Mohassen ouvrit furtivement les portes des écuries, fit sortir le cheval, et le conduisit, ou plutôt le traîna dans la campagne. Ils ne tardèrent point à arriver près d'une oseraie. A mesure qu'il s'en approchait, El-Moukir relevait la tête, ouvrait les narines, et faisait des efforts pour donner un peu plus de vitesse à son pas chancelant. Quand il eut atteint le premier saule, il se mit aussitôt à en dévorer avidement les pousses tendres et les feuilles; bref, après un repas de plus d'une heure, il revint au haras tout différent de ce qu'il en était parti.

« On remarqua ce changement aussi rapide qu'imprévu, et dès le lendemain, on donna aux chevaux plus ou moins languissants une abondante provende de feuilles de saule. Un mois après, tous les enfants du Nedj, y compris El-Moukir, avaient retrouvé leur ardeur et leur beauté.

« El-Moukir ne tarda point cependant à mourir, et voici comment.

« Les esclaves envoyés par le pacha avec les chevaux ne se piquaient pas d'une conduite des plus exemplaires. En dépit des prescriptions du Coran, ils trouvaient au vin un goût tellement exquis, qu'ils ne sortaient plus du cabaret, ce qui les rendait querelleurs, paresseux, et surtout indisciplinés.

« Il en résulta qu'un matin ils reçurent l'ordre de partir immédiatement pour Marseille, où les attendait un bâtiment destiné à les ramener en Égypte.

« El-Moukir, à l'heure où son palefrenier arabe venait le panser, entendit la porte s'ouvrir. Comme d'habitude, il hennit joyeusement, se tourna pour caresser l'Arabe, et recula vivement à la vue d'un étranger qui entrait dans le box et s'approchait de lui. Il leva la tête, promena partout un regard effaré et devint si menaçant, que le successeur de Mohassen se vit forcé de s'éloigner avec précipitation.

« Dès ce moment, l'humeur douce d'El-Moukir se changea en une sorte de fureur sourde qui éclatait dès qu'on approchait de lui. Il ne cessait de piétiner, de regarder de droite, de gauche, de ruer, de chercher à mordre, et de pousser de temps à autre des hennissements étranges qui ressemblaient à des appels douloureux.

« On eut beau essayer de le calmer, on eut beau lui procurer la nourriture qu'il aimait le mieux, et surtout des feuilles de saule, El-Moukir refusait constamment de manger, et se laissait mourir de faim.

« Comme on tenait beaucoup à conserver un cheval d'un si grand prix, on envoya à Marseille une dépêche télégraphique pour donner ordre de faire revenir Mohassen à Paris immédiatement et en malle-poste.

« Il fallait alors près de trois jours pour faire ce voyage, et depuis près de huit jours El-Moukir refusait de prendre la moindre nourriture, et gisait agonisant sur sa litière.

« Un matin, tout à coup il se releva brusquement, hennit avec force, rompit sa longe par une saccade violente, et franchissant, brisant tous les obstacles, s'élança au-devant de Mohassen de retour. L'homme le plus dur n'eût pu retenir ses larmes au spectacle des transports de tendresse et de joie que prodiguait El-Moukir à Mohassen.

« Celui-ci, après avoir rendu au cheval caresse pour caresse, lui fit signe de le suivre à l'écurie; le cheval essaya docilement d'obéir, mais tout à coup il s'abattit, étendit sa tête vers Mohassen, attacha sur lui son regard à demi éteint, et mourut. »

Norbert, en écoutant ce récit, ne put retenir une larme qu'il essuya du revers de sa grosse main brûlée par le soleil.

« Voilà une brave bête, et que j'apprécie d'autant plus, dit-il, que j'ai un cheval de labour qui m'aime, moi et mes enfants, autant qu'El-Moukir aimait son Mohassen !

« Il y a un an ou peu s'en faut, le jour où je plantai mes saules à l'envers et plusieurs autres arbres, j'avais attelé à ma charrette Bidon — c'est le nom de mon cheval — et amené avec moi mon petit garçon Georges, âgé de six ans. Georges n'aurait pas donné pour un empire sa place sur la voiture, au milieu des branchages des arbres. Arrivé à peu près à l'endroit où nous nous trouvons, je dételai Bidon pour le laisser paître en liberté; l'enfant descendit et se mit à courir après des papillons.

« Tout à coup j'entendis des cris, et je vis de loin le garde-champêtre et quelques personnes qui accouraient vers moi en me faisant des signes de détresse. En même temps un gros bouledogue,

la queue dans les jambes, le poil hérissé, l'œil en feu, la gueule
écumante, débusqua d'un petit bosquet qui l'avait jusque-là dérobé
à ma vue, et s'élança vers l'enfant. Je jetai un cri de terreur, car
je n'avais même pas un bâton pour défendre le pauvret, qui se mit
à fuir épouvanté vers moi.

« Tout à coup Bidon fit un bond, se plaça entre le dogue et
Georges, asséna au chien une si violente ruade qu'il lui brisa la tête
et le jeta mort à dix pas de là, puis il vint flairer mon garçon, et
le voyant rassuré, il se remit à paître son herbe.

« Le chien était enragé, comme le vétérinaire ne tarda point à
le constater.

— Nous voici bien loin des saules, mon cher Norbert. La nuit
commence à venir, il faut que je vous serre la main, et que je retourne à la ville.

— Vous ne le ferez point, interrompit l'excellent homme, vous ne
le ferez point sans avoir vu Bidon, mon Georges, ses quatres frères
et sœurs, ma femme et ma ferme. On ne retrouve point tous les
jours un camarade d'école, surtout quand on approche de la soixantaine.

« Allons! allons! point d'hésitation ou je me fâche. Vous dinerez
avec moi, et sur une belle table de bois de saule, récolté dans mes
cultures, et que j'ai fait fabriquer par le menuisier de la ville. Je ne
sais pas pourquoi l'ébénisterie dédaigne le saule; son tronc, comme
vous le verrez, donne un bois d'un blanc rougeâtre mêlé d'un peu de
jaune, d'un grain qui devient charmant au vernis, et qui se travaille,
même avec succès, au tour. Ce bois pèse quatorze kilogrammes par
trente-deux décimètres cubes, et, à la dessiccation, ne perd qu'un
peu plus du dixième de son volume. On recherche, du reste, dans la
marine, le cœur bien sain du saule pour en fabriquer des cabestans,
qui demandent avant tout, vous le savez, de la légèreté.

Non, vous dis-je, nous ne nous quitterons pas ainsi! Nous nous

sommes tant aimés autrefois, que je serais triste à la mort de nous
séparer, peut-être pour toujours, froidement comme vous le vou-
driez. Vous n'avez plus que moi d'amis en ce pays, et demain et
toute votre vie, car je sais votre bon cœur, vous regretteriez amè-
rement de ne point vous être assis à la table de votre vieux camarade et de ne point avoir passé une nuit sous son toit. »

Il fallait bien céder, et je cédai; cependant, avant d'accompagner
Norbert à sa ferme, je ramassai quelques débris de notre cher saule;
je conserve précieusement ces reliques de notre enfance, et je vous
en donnerai votre part quand je vous reverrai, — si jamais nous
nous revoyons, mon cher Bernhard.

# CHAPITRE III

## OU LES AMIS DISSERTENT

e *cossus*, dit Melchior, dont l'*Histoire d'un saule* vient d'évoquer tout à l'heure le nom, joue un rôle important dans l'histoire culinaire des Romains, qui avaient parfois de singuliers goûts.

— Ce goût est-il plus étrange que le goût de certains sauvages pour des aliments que l'on ne songe guère à manger en Europe? demanda le Père Dominique.

Dans le haut Orénoque, le Cassiquiare, la Méta et le Rio-Negro, les naturels recherchent avidement une argile mêlée d'oxyde de fer et d'un jaune rougeâtre; on la pétrit en boulettes ou en galettes que l'on met sécher, puis qu'on fait cuire quand on veut les manger : c'est un lest pour l'estomac, sinon une nourriture. Bien qu'elle ne contienne pas d'aliments nutritifs, cette argile a une action telle sur le principal organe de la digestion, que l'on voit des Indiens vivre des mois entiers sans autre ressource: ils la font frire quelquefois dans l'huile de *séjé*, et alors cette sorte de friture offre quelques parties réellement substantielles.

L'aliment en question, quelque singulier qu'il paraisse, n'affecte pas d'une manière fàcheuse la santé de ceux qui en contractent l'habitude.

Le goût des sauvages pour cette glaise devient même si prononcé, qu'on les voit détacher des habitations faites en argile ferrugineuse, des morceaux qu'ils portent avidement à leur bouche; ils se montrent connaisseurs et gourmets en terre; toutes les espèces n'ont pas le même agrément pour leur palais; ils les dégustent et les distinguent en qualités très-diverses.

Les naturels de la Nouvelle-Hollande témoignent le même goût pour la terre glaise.

Melchior reprit :

Après tout, les sauvages américains et de la Nouvelle-Hollande ont été amenés à manger de cette terre faute d'aliments plus substantiels.

Mais que penser quand on voit les Chinois croquer des vers et surtout lorsqu'on retrouve ce goût chez les Romains de l'antiquité?

Un naturaliste de beaucoup de valeur, M. Mulsant, de Lyon, a consacré un long travail à rechercher quelle espèce de ver pouvaient priser si fort les descendants dégénérés du vieux Brutus et les contemporains de Lucullus.

Et laissez-moi vous dire, à ce sujet, qu'on ne peut s'empêcher parfois de sourire en présence du sérieux que certains savants attachent à s'occuper de certaines questions.

Elles n'intéressent, à vrai dire, ni la science, ni l'agriculture, ni l'industrie; leur solution ne peut produire d'autre avantage que la vulgaire satisfaction d'un bourgeois parvenu à déchiffrer le mot d'un rébus, placé au bas d'un journal à images. N'importe? Ils feuillettent des centaines de volumes ; consultent, traduisent, commentent, les auteurs grecs, latins, français, hébraïques, se disputent avec acharnement entre eux, se disent de gros mots et ne sont jamais d'accord.

« Une discussion entre savants, disait un soir Cuvier, ressemble au nœud d'une corde que deux personnes voudraient dénouer en tirant chacune un des bouts de cette corde. Quand elles se séparent, de guerre lasse, le nœud n'en est que plus indissolublement serré. »

J'ai lu sept ou huit dissertations imprimées et signées de noms connus honorablement, farcies de citations, avec notes marginales et notes au bas de la page ; bref, un déploiement d'érudition à faire reculer et bâiller les plus intrépides.

Savez-vous de quoi il s'agit?

De la vieille question rajeunie par M. Mulsant.

Il s'agit de connaître quels vers les Romains faisaient servir sur leur table, prônaient à l'égal des mets les plus exquis et nommaient *cossus*.

En supposant qu'on finisse par constater quels étaient ces *cossus*, je ne pense pas que la mode survienne jamais de les substituer, dans nos menus, aux truffes et aux huîtres. Qu'importe? Linné, Geoffroy, Fabricius, Olivier, Swammerdam, Frisch, Rœsel, Latreille, et M. Mulsant, s'en sont donné et s'en donnent à cœur joie sur le *cossus*. Ils se contredisent, s'épluchent, se démentent les uns les autres, et produisent une sorte de chaos au fond duquel je défie le plus habile de voir clair et de distinguer la vérité, — si toutefois il y a une vérité.

La faute en est, il faut bien l'avouer, à saint Jérôme et à Pline.

Pline a dit, livre XVII, chapitre XXXVII de son *Histoire naturelle* :

« Les vers ne s'attachent pas également à tous les arbres, mais presque tous y sont sujets. Les oiseaux reconnaissent leur présence au son creux que rend l'écorce becquetée ; et voici que les gros vers du chêne figurent sous le nom de *cossus* parmi les mets les plus délicats ; on les engraisse en les nourrissant de farine. »

Voici, d'autre part, le texte de saint Jérôme dans son traité *Contre Jovinien* :

« Dans le Pont et dans la Phrygie, les pères de famille regardent comme un de leurs grands revenus certains vers à tête noirâtre, au corps replet, prenant naissance dans le bois. Manger ces xylophages est chez ces peuples une aussi grande preuve de luxe que chez nous de servir le ganga, le bec-figue, le rouget ou le scare, dont nous faisons nos délices ;... mais engagez un Syrien, un Arabe, un Africain, à se régaler de ces sortes de vers, il les dédaignera comme si on lui présentait des mouches, des mille-pieds ou des lézards. ».

Linné croyait avoir reconnu le *cossus* dans la larve d'un papillon nocturne, Olivier dans celle d'un longicorne, Rœsel dans celle d'un cerf-volant, Latreille dans celle du hanneton, que, soit dit en passant, les entomologistes ont affublé du nom de *Melolontha*.

Ces discussions durent depuis près d'un siècle et tendraient à établir, d'après l'opinion de Geoffroy, que les fameux *cossus* seraient le *ver planiste* dont Élien disait déjà de son temps : « Au dessert, le roi des Indiens ne se régale pas comme les Grecs du fruit des palmiers, mais il se fait servir un ver qui naît dans l'intérieur de l'arbre. Ce petit animal rôti est, dit-on, un mets délicieux. »

On mange encore ces vers en Afrique et dans les diverses parties de l'Amérique, où ils sont très-recherchés, au dire de Loyer, de Sybille-Mérian, du P. Labat, de Firmin, de Leblond et d'autres voyageurs.

Mais hélas! le *cossus*, d'après Pline, vivait sur les chênes, et le ver palmiste vit dans les palmiers!

Ajoutons, pour nous consoler un peu, que c'est du nom de cette larve, aussi mystérieuse que grosse et trapue, que, selon M. Duméril, proviennent le mot latin *cossus*, qui signifiait *obèse*, et le mot français *cossu*, qui signifie *large*, ample, luxuriant.

— La véritable héroïne de l'*Histoire d'une saule*, dit à son tour Pietro, est la fourmi. Il est à regretter que cette histoire ne parle que de la fourmi européenne.

— Les fourmis étrangères ont des mœurs, sinon plus curieuses, du moins plus étranges encore que les nôtres.

Au Sénégal, elles ravagent tout sur leur passage, s'emparent d'une maison, en démolissent les poutres, la toiture et tout ce qui n'est pas pierre, sans y laisser une parcelle du linge, des livres et des meubles. On n'a d'autre ressource que de démolir la maison envahie pour la reconstruire ensuite, ou de l'abandonner tout à fait.

— Ces fourmis étrangères, reprit le père Dominique, viennent souvent à s'importer en Europe, où elles s'acclimatent d'une façon qui tient du prodige. Si vous voulez en avoir une preuve, vous n'avez qu'à venir avec moi au Jardin des Plantes, où vous aurez sous les yeux une preuve irrécusable de ce que je vous dis. Il vous suffira d'entrer dans la serre chaude.

Il y a au Jardin des Plantes trois sortes de souverains : les professeurs, qui gouvernent officiellement; les moineaux, qui règnent despotiquement, et les insectes, qui exercent leur pouvoir occulte.

Quand fut construite la serre chaude dont il s'agit, les insectes ne tardèrent point à s'emparer de cette vaste salle, constamment chauffée à haute température par un air humide, et remplie de plantes de toutes natures. Comme les pots leur offraient mille asiles divers, plus commodes, plus sûrs les uns que les autres, et parfaitement appropriés à leurs habitudes et à leurs besoins, le cloporte y pullulait, le perce-oreille y couvait et y menait à la picorée ses petits; on y trouvait des chenilles sur chaque feuille; le grillon y chantait de sa voix aiguë; la courtilière y creusait ses souterrains; le *lucanus servus* y étalait ses formes bizarres, et y fouillait les en-

grais, à côté du capricorne; les fourmis de diverses sortes y foisonnaient littéralement, depuis la grosse espèce des bois jusqu'à la
petite espèce qui se creuse des souterrains; le grillon lui-même y
traçait ses mines souterraines.

Les jardiniers avaient beau lutter et combattre, la victoire restait
toujours à leurs ennemis. On en détruisait des milliers, il en reparaissait des millions.

Un jour, il arriva de la Guyane je ne sais quelle plante, dont les
racines se trouvaient entourées de la terre natale et soigneusement
empotées dans une petite caisse de bois.

On la plaça dans la serre de l'aquarium.

Un mois après, il ne restait plus un seul des innombrables insectes impatronisés dans cette serre. Ils étaient remplacés par une
armée de fourmis rouges à peine visibles à l'œil nu, dont les dernières pattes étaient plus longues que celles de leurs congénères
d'Europe, et que les naturalistes nomment, je crois, *formica graci-
lescens*.

Aujourd'hui, ces fourmis de la Guyane sont tellement multipliées,
qu'on ne peut lever un pot de fleurs sans y voir des milliers de
ces insectes, semblables à une poussière vivante, qui s'agite et
tourbillonne.

Malheur à ceux que ces fourmis blessent, car leur piqûre cause
presque autant de douleur que l'aiguillon d'une abeille. En vain on
a souvent recours à des fumigations de feuilles de tabac; on étouffe
des peuplades de fourmis, mais on ne peut détruire leur race sans
cesse renaissante.

Du reste, il est curieux de voir ces petits êtres exercer leur sou-
veraineté dans la serre qu'ils ont conquise. Les unes creusent, sous
les racines même les plus inaccessibles, leurs galeries souterraines
et y élèvent leurs larves; les autres vont à la chasse, et j'en ai remarqué qui, de feuille en feuille, gagnaient jusqu'au milieu de

l'aquarium et y cherchaient des aliments qu'elles rapportaient au logis commun.

En moins d'un quart d'heure, ces fourmis, grandes d'un milli-mètre, menaient à fin un voyage de douze à treize mètres ; encore revenaient-elles souvent en portant dans leurs mandibules un far-deau deux ou trois fois plus lourd qu'elles.

Les seuls insectes que souffrent et que ne mettent pas à mort les fourmis de la Guyane sont les pucerons. On sait que le puceron, hérissé de sortes de mamelles qui sécrètent une matière sucrée, sert à la fois de vache et de brebis aux fourmis.

Celles-ci les soignent, les parquent, les mènent aux pâturages et veillent, non-seulement à ce qu'elles ne manquent pas de nourriture, mais encore à ce que cette nourriture soit abondante et de nature à produire le plus possible de matière sucrée. A chaque instant, des fourmis transportent leurs pucerons à des hauteurs prodigieuses, placent chacun de leurs bestiaux à l'endroit le plus sain, le plus frais et le plus succulent d'une feuille, et veillent sur le troupeau comme des pâtres attentifs et intelligents.

Quand les fourmis se trouvent en trop grand nombre dans la serre de l'aquarium, elles émigrent. Le soir, après le départ des jardiniers, elles se forment en colonnes larges d'un demi-pied et longues souvent de sept ou huit.

Puis elles se glissent sous les portes, gagnent une autre serre, livrent bataille aux insectes de toute nature qui s'y trouvent et n'é-pargnent rien, excepté les pucerons.

Si la température extérieure des jardins du Muséum n'était pas trop rigoureuse pour ces conquérants, avant peu d'années elles en-vahiraient en entier l'immense parc et elles en feraient disparaître toute autre espèce d'insecte.

Tandis que le père Dominique s'exprimait ainsi, Frantz feuilletait la farde des papiers rapportés par le petit Flock.

Le chien, semblait comprendre l'importance de la découverte : il suivait de ses yeux intelligents chacune des pages que retournait mon ami.

Voici, dit Frantz, un manuscrit allemand daté de Vienne, et dont le titre est alléchant : *La Ménagerie du Curé*. Voulez-vous que je vous le lise, en le traduisant, bien entendu ?

— Volontiers ! répondimes-nous en chœur.

— Ce manuscrit, reprit Frantz, comme le manuscrit que nous a lu Sam, traite d'entomologie. Écoutez, je commence.

On raviva le feu qui brûlait dans la cheminée. Flock et mademoiselle Mine quittèrent les genoux de Frantz pour venir s'étaler devant le feu, car la bise sifflait aigrement au dehors et secouait de temps à autre avec violence les volets de mon cabinet, et Frantz commença sa lecture avec l'accent légèrement tudesque qu'un séjour de trente ans en France n'a point encore su tout à fait effacer.

# CHAPITRE IV

## LA MÉNAGERIE DU CURÉ

**D**ans un coin de l'Autriche, au fond d'un pauvre village, j'ai connu un curé qui, depuis quarante ans, y exerçait les devoirs de son ministère.

Le vieillard ne possédait d'autre revenu que son traitement de huit cents kreutzers, d'autre propriété que le mobilier du presbytère. Avec ce revenu, inférieur aux gages que touche un garçon de bureau, le digne prêtre suffisait aux soins de son ménage, réunissait quatre fois l'an à sa table quelques fermiers, et soulageait bien des misères. Grâce à lui, les plus besoigneux, pendant la rude saison, ne manquaient ni de pain, ni de vêtements, ni de feu. Quand il avait donné tout ce qu'il avait, il s'adressait aux moins pauvres en faveur de ceux

qui l'étaient tout à fait. Personne ne reufsait, car chacun savait
que l'abbé D... ne demandait l'aide d'autrui qu'après avoir vidé sa
bourse et son grenier.

Quant au mobilier, composé d'épaves patiemment ramassées çà
et là, parfois achetées à d'humbles prix, plus souvent offertes, et
réparées avec une science d'antiquaire et une habileté d'artiste, il
eût fait pâlir d'envie M. Dussommerard en personne. Heureusement,
jamais le hasard n'avait amené le fondateur du musée de Cluny
dans le presbytère dont je vous parle : il eût montré tant d'or au
digne prêtre, que celui-ci eût jeté un regard ému sur son beau crucifix d'ivoire, pensé à l'hiver et aux pauvres, et tout vendu jusqu'au crucifix lui-même !

Cependant Dieu seul connaît le prix que l'abbé D... attachait à
ces bahuts, qu'il avait pour ainsi dire ressuscités ; qui, jadis boi-
teux, se tenaient fièrement debout sur leurs pieds contournés et
dont les panneaux ciselés et brillants reflétaient de mille glo-
rieuses façons la lumière que tamisaient des vitraux, chefs-
d'œuvre eux-mêmes de savante restauration et de patience sur-
humaine.

Notre curé avait pour intendante et pour auxiliaire une sœur
presque aussi vieille que lui et qui, depuis le jour où son frère
avait pris possession de son église, était venue partager avec lui
ses bonnes œuvres, sa vie d'abnégation et sa monomanie artistique.

A vingt lieues à la ronde, pas une ménagère n'aurait su lutter
avec elle pour prolonger, au delà de son existence naturelle, un
vêtement suranné. Cependant la ragoûtante propreté des deux vieillards réjouissait la vue, et le plus expert n'aurait su soupçonner
les merveilles de ravaudage et les miraculeuses combinaisons
de pièces que recélaient la soutane du curé, ses bas de laine et le
bavolet si frais et si éblouissant de mademoiselle Maxellende.

Il fallait la voir, l'aiguille à la main, ses lunettes d'argent sur le nez, ses beaux cheveux blancs lissés sous un béguin noir, coudre, tailler, combiner, s'ingénier pour son frère et plus souvent pour les pauvres! De déplorables chiffons devenaient en ses mains des vêtements avouables.

De temps à autre, elle jetait un regard vers la haute cheminée, dans laquelle, sous un brasier, bouillait et écumait, attachée à la crémaillère, une marmite de cuivre qu'on eût été tenté de croire d'or, tant elle reluisait. Mademoiselle Maxellende ne se dérangeait que juste au moment nécessaire et ne perdait pas une seconde. Toujours sereine, toujours avenante, toujours préoccupée, surtout de prévenir les moindres désirs de son frère, elle ne riait presque jamais, mais elle souriait souvent, et la moindre émotion mouillait de larmes ses grands yeux bleus, qui semblaient constamment interroger les pensées du curé.

Celui-ci, la messe dite, ses pauvres et ses malades visités, son bréviaire au courant, allait et venait dans la maison, astiquait un coin de meuble qui paraissait disposé à se ternir, s'asseyait pour feuilleter un livre, se levait pour arracher une mauvaise herbe dans son jardinet et rentrait avec une fleur ou un insecte à la main. Avant qu'il eût franchi le seuil, sa sœur lui présentait déjà, selon qu'il en avait besoin, une loupe ou un microscope dont, lors de sa dernière visite épiscopale, l'archevêque avait gratifié le doyen de ses desservants. Elle prêtait une attention intelligente au vieillard et accueillait religieusement les cris d'admiration que lui arrachaient les miracles de l'œuvre de Dieu. Car, chaque fois qu'il ouvrait le livre de la nature, chaque fois qu'il lui était donné de déchiffrer une ligne de ses pages mystérieuses, le bonhomme, d'ordinaire si calme, devenait enthousiaste, ses yeux étincelaient et ses lèvres tremblantes murmuraient d'éloquentes paroles.

Un matin un étranger entra à l'improviste chez l'abbé D... Il s'était quelque peu perdu en herborisant dans les campagnes voisines du presbytère. Mourant de soif et de faim, il venait demander à l'hospitalité du curé un morceau de pain et son chemin.

Les deux vieillards, assis devant une table sur laquelle se trouvait un grand bocal qu'ils contemplaient, n'entendirent point, dans leur préoccupation, les pas de l'hôte que leur amenait le hasard.

Il fallut que le promeneur égaré formulât à haute voix sa requête pour que mademoiselle Maxellende se levât précipitamment, et, ses joues vénérables couvertes d'une légère rougeur, vînt gracieusement s'excuser de sa distraction. Puis elle courut à l'armoire, et, en moins de temps que je n'en mets à le dire, elle déploya sur une seconde table une nappe grossière, mais parfumée et d'une blancheur éblouissante. Elle la couvrit de fruits, de laitage, de viandes froides et d'un large tronçon de pain un peu bis; toutes les provisions de l'humble ménage y passèrent.

L'abbé D... s'était cordialement associé à la bienvenue donnée par sa sœur à l'étranger. Pour adresser des questions affectueuses à son hôte et se consacrer exclusivement à lui, il avait même quitté la table devant laquelle il se tenait ; cependant un attrait invincible le ramenait involontairement vers cette table.

Il souriait au furieux appétit du voyageur, et, avec l'envie bien-

veillante d'un vieillard qui ne mange guère, rendait en soi-même
une éclatante justice à chaque vigoureux coup de dents du jeune
homme; mais le bocal le préoccupait plus encore. Il suivait de
l'œil, sans rien en perdre, ce qui se passait dans l'eau et parmi les
herbes aquatiques que contenait le vase transparent; si bien que le
convive, enfin rassasié, regarda à son tour, et dit :

« Je ne m'attendais pas à trouver une argyronète en ce pays.

— Je ne sais point le nom scientifique de cet insecte, répondit le
curé. Ma bourse, hélas! ne me permet pas d'acheter les livres qui
traitent de ces matières; j'étudie de mon mieux les manœuvres de
ce que j'appelle tout bonnement une araignée d'eau. »

Il ajouta en souriant avec une douce malice :

« Vous savez le nom entomologique de l'insecte, mais l'avez-vous
jamais vu travailler?

— Hélas! non. Comme les naturalistes de Vienne, je pourrais
vous dire : Cette aranéide forme un genre de l'ordre des pulmo-
naires, appartient à la famille des fileuses et à la première section
des tubitèles, établie par Linné, aux dépens du genre *aranea*. Je
saurais vous décrire les merveilles anatomiques de ce petit être, les
branchies qui lui servent de poumons et que la nature a placées
sous son ventre, ses innombrables muscles, ses appareils nerveux ;
mais c'est une bonne fortune, tout à fait nouvelle pour moi, que la
chance de la voir à l'œuvre. »

Et, prenant une chaise, il s'assit à côté du vieillard.

L'argyronète avait déjà commencé, au fond de l'eau, la construction de son nid. Plusieurs fils, fortement amarrés à de solides brins
d'herbe, suspendaient et maintenaient une petite coque formée d'un
tissu soyeux, souple, serré et imperméable. Cette coque ressemblait
à un ballon vide et détendu. Quelques grains de sable, attachés à
son extrémité inférieure, lui donnaient le lest nécessaire pour
qu'elle ne flottât pas.

Quand les observateurs commencèrent à regarder l'argyronète, ·
elle achevait de fixer un de ces grains de sable. Ensuite, par un
mouvement brusque, elle remonta couchée sur le dos. Arrivée à la
surface du petit lac, elle souleva, au-dessus du niveau, son gros
ventre noir hérissé de poils roides, qui brillait comme une goutte
de mercure. L'araignée agita l'eau et remua ces poils, autour desquels ne tardèrent point à se former et à s'attacher de nombreuses
bulles d'air. Ce résultat obtenu, elle replia ses pattes, se laissa
aller au fond du vase, se glissa sous sa cloche et secoua les poils de
son ventre pour en détacher les bulles apportées. L'air, plus léger
que l'eau, se dégagea et occupa le sommet intérieur du ballon.

Si bien qu'après une dizaine de voyages, ce ballon, de flasque et
d'étroit, devint tendu, large et en forme de tonneau... L'argyronète

avait un gîte commode et rempli d'une atmosphère qui la dispensait,
pendant quelque temps, de remonter à la surface pour respirer.

Établie commodément chez elle, elle rattacha aux tapisseries blanches de sa demeure quelques fils mal collés, s'assit, de ses huit yeux regarda autour d'elle avec complaisance et se félicita évidemment de son adresse et de son bien-être.... Tout à coup elle aperçut une mouche qui venait de tomber dans le bocal et qui s'y débattait. Prompte comme un vautour, elle s'élança, nagea entre deux eaux, saisit sa proie par les pattes à la manière des crocodiles, et l'entraîna dans son repaire, où elle la dévora.

Cinq ou six autres insectes jetés à l'argyronète subirent le même sort. Après quoi l'ogresse replia ses pattes sous elle, cacha sa tête sous son corps et s'endormit d'un profond sommeil, sans autre remords des meurtres qu'elle venait de commettre.

Le curé releva ses lunettes sur son front, et triomphant, regarda le jeune homme :

« Dieu, dit-il, en créant cet insecte, lui a enseigné l'art de construire la cloche à plongeur, dont la parodie par les hommes date d'un si petit nombre d'années. Ce n'est pas la seule science qu'il ait daigné apprendre aux araignées. Depuis huit jours, dans mon jardin, je propose à une bête de cette espèce des problèmes de mathématiques qu'elle résout aussi bien, sinon mieux qu'un savant de profession. Tenez, venez la visiter ! »

Il prit la main du jeune homme et l'entraîna dans le jardin, pittoresque et délicieux fouillis de plantes sauvages, qu'entourait un ruisseau d'eau vive.

« Tenez, dit-il, une araignée a tendu sa toile au-dessus de ce ruisseau, large de plus de deux mètres. Quatre câbles retiennent la toile à chacune des rives. Comment un insecte, de la grosseur d'une noisette, qui ne sait point nager, qui a horreur de l'eau, a-t-il pu fixer les deux extrémités d'un si long fil, à des distances immenses pour lui ? Il a commencé par grimper sur une branche élevée, puis il a filé un câble qui effleurait l'eau, puis, pendu à l'extrémité de ce câble, il lui a donné un mouvement d'oscillation progressif, et peu à peu il a pu atteindre la rive opposée.

« La hardie ouvrière s'est alors cramponnée à un brin d'herbe, a grimpé, sans lâcher sa corde, le long d'un arbuste, et l'amarre a été fixée. Bientôt dix fils nouveaux ont convergé au milieu du premier ; il ne restait plus qu'à les enlacer les uns aux autres par de larges mailles, et, suivant l'expression de la Bible, « le « chasseur avait tendu « ses toiles. »

« La place, habilement choisie, procure une grande quantité de gibier à l'insecte ; il en trouverait difficilement une seconde aussi favorable. Je résolus de profiter de ces conditions pour juger à fond de l'ingéniosité de l'araignée, et je coupai la branche qui servait de principal point d'appui à l'un des bouts du grand câble.

« La toile se détendit et flotta au gré du vent. L'araignée, avec

l'audace d'un acrobate, vint étudier les dégâts et constata l'impossibilité de rétablir les choses dans leur premier état ; sans une hésitation, elle construisit sur-le-champ un nouveau système d'amarrage
qui rendit à son *drap mortuaire*, comme disent les chasseurs au
filet, une solidité complète. Sept fois je lui ai imposé de pareils problèmes !... Tandis que je cherchais laborieusement par quelles combinaisons j'arriverais à les résoudre, elle les avait déjà trouvés et
réalisés !

— Pendant que vous louez la science de l'araignée des jardins,
interrompit mademoiselle Maxellende, regardez ce que fait l'araignée
des eaux. En se réveillant, elle a trouvé lourde et malsaine à respirer l'atmosphère de sa demeure ; elle a soulevé sa cloche, l'a re-
tournée et forcé l'air vicié à sortir ; maintenant elle remet la cloche
en place, elle remonte à la surface de l'eau, fait une nouvelle provision d'air et l'apporte chez elle.

— Quelle merveilleuse intelligence! s'écria le jeune homme.

— Ah ! dit le curé en se frottant les mains, nous ne sommes pas
encore au bout de nos miracles. Vous venez de voir une araignée
mathématicienne et une autre qui se construit une cloche à plongeur ; je vais vous en montrer d'autres qui cousent des feuilles, qui
chassent à courre, qui creusent des mines et qui fabriquent des
portes.

« Au lieu de piquer les pauvres bêtes avec des épingles et de les
placer mortes et défigurées dans des boîtes de carton, moi, je les
collectionne vivantes ! Je les place en des milieux favorables, et je
les étudie, libres, avec leur intelligence et leurs industries. Penchez-
vous, regardez dans ces herbes ! Les araignées-loups y chassent.
Aucun chien ne saurait lutter avec elles de ruse et d'instinct. Elles
s'associent quatre ou cinq ; les unes poursuivent et forcent le gibier,
qui consiste en quelque petit carabe alerte, et le rabattent vers leurs
complices : ceux-ci se tiennent à l'affût, s'élancent sur l'insecte fati-

gué, l'égorgent, et attendent avec loyauté, pour commencer la curée, le retour de leurs compagnons.

« La probité n'est pas la seule vertu de ces bestioles ; elles poussent la maternité jusqu'au plus grand dévouement. Les araignées-loups renferment dans un sac et attachent sur leur dos le produit de leur ponte, puis se nichent dans un lieu à la fois tiède et humide, favorable à l'éclosion de la couvée. Le moment venu, la mère tire les œufs du sac, ouvre délicatement avec ses mandibules chacun d'eux et aide les nouveaux-nés à sortir de leur coque. Elle les mène ensuite à la picorée, leur enseigne la chasse, les surveille, les protége, et à la moindre alerte les replace dans la bourse qu'elle continue à porter sur son dos et que seulement elle a eu soin d'agrandir. Tant d'abnégation ne cesse qu'après le développement complet des jeunes, quand ils peuvent se suffire à eux-mêmes et lorsqu'ils ont subi la crise toujours périlleuse de la première mue.

« J'ai fini avec la chasseresse, passons au maçon et au menuisier. »

En parlant ainsi, le curé prit une bêche, se dirigea vers un autre coin de son jardin et enleva une large motte de terre qu'il émietta avec précaution. Il en dégagea un tube long de deux pieds, large de plusieurs doigts, formé d'un feutre solide, brun à l'extérieur, blanc au dedans et terminé par un culot épais. Son extrémité supérieure se fermait par une porte recouverte de menus cailloux, faite de différentes couches de terre détrempées et liées entre elles par un tissu de fils.

Cette partie, si parfaitement ronde qu'elle semblait tracée au compas, convexe au dehors, concave au dedans, s'ouvrait et se fermait au moyen d'une véritable charnière que formaient des fils, élastiques comme un

ressort d'acier et prolongés d'un seul côté. La charnière se trouvait au bord le plus élevé de l'ouverture, afin que la porte retombât par sa propre pesanteur. Ce n'est pas tout : l'évasement du cercle d'entrée figurait une feuilleture sur laquelle le couvercle s'appliquait avec une rigoureuse exactitude.

« Enfoncez une épingle sous cette porte, dit l'abbé, vous rencontrerez une résistance qui vous surprendra. L'araignée, le corps renversé, les jambes accrochées, d'un côté aux parois supérieures du tube, et de l'autre à la toile qui tapisse le dessous du couvercle, s'oppose de toutes ses forces à vos tentatives.

« Ouvrez violemment, elle se sauve au fond de son souterrain; laissez retomber l'opercule, la voilà revenue à son poste! Vous pouvez répéter ce jeu tant qu'il vous plaira, jamais la recluse ne cessera de défendre son ermitage. »

Il replaça doucement le tube en terre, raffermit le sol alentour et continua :

« Je vous ai montré l'araignée sauvage, apprenez maintenant ce que peut sur elle la domesticité. »

Il rentra, se dirigea vers un coin du presbytère, près de la porte, où s'étalait une vieille toile noire de poussière, respectée par le plumeau de mademoiselle Maxellende. Il siffla doucement. A ce signal, une grosse araignée sortit de son nid, s'avança hardiment jusqu'au bord de la toile, prit une mouche dans les doigts du prêtre et se mit à la manger paisiblement. Son repas terminé, elle sollicita une nouvelle provende qui se fit attendre. Impatiente, elle grimpa sur le bras du vieillard et vint jusque sur sa poitrine, non sans donner des signes de colère.

Il lui livra une nouvelle mouche, lui laissa regagner son domicile, et dit tout triomphant :

« Voulez-vous que j'interrompe maintenant son repas? Sœur, donne-moi ma flûte. »

Il eut à peine tiré quelques sons de l'instrument, que l'araignée abandonna sa mouche et resta immobile, attentive et charmée. En

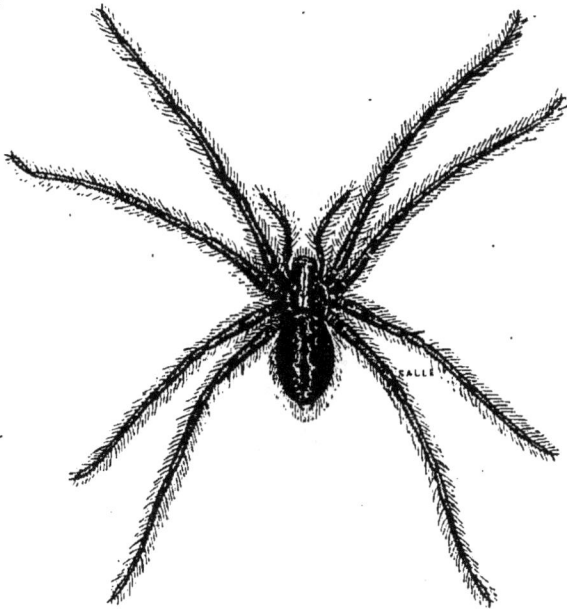

même temps, cinq ou six araignées du jardin, nichées dans le chaume du toit, descendirent le long de câbles improvisés et vinrent prendre leur part du concert.

Quand la flûte se tut, elles remontèrent chez elles et disparurent emportant leurs câbles.

Sur ces entrefaites, une cloche sonna l'office du soir.

Pour la première fois peut-être, le curé entendit avec chagrin la voix de cette vieille amie.

« Il faut que je me rende à l'église, fit-il en soupirant.

— Et moi il faut que je me hâte de retourner chez ma mère.

— Quoi, sitôt! Vous reviendrez, n'est-ce pas?

7

— Je pars demain pour Vienne.

— Ainsi, nous ne nous reverrons jamais plus! soupira mademoiselle Maxellende.

— Si vraiment! l'année prochaine, chaque jour, pendant les deux bons mois des vacances. Que d'études d'histoire naturelle nous ferons ensemble!

— Si Dieu le permet! » interrompit le curé avec un sourire mélancolique et en secouant doucement sa tête vénérable.

Les yeux de mademoiselle Maxellende s'emplirent de larmes.

« Dans un an! » dit-elle.

Et elle tendit la main au jeune homme.

De retour à Vienne, celui-ci envoya au curé une collection d'ouvrages d'entomologie.

L'année suivante, fidèle à sa promesse, il se rendit au presbytère.

A peine en avait-il franchi le seuil, que le sourire amené sur ses lèvres par la joie de revoir les deux excellentes gens se changea en expression d'inquiétude. Tout semblait bouleversé dans cette demeure. Les meubles, couverts de poussière, se trouvaient disposés d'une autre façon qu'autrefois; des pots de conserve encombraient les tables, et des pages arrachées aux livres d'entomologie, naguère envoyés, recouvraient ces pots.

« M. l'abbé D...? demanda l'étranger à une femme inconnue qui survint.

— Il est mort depuis huit mois.

— Sa sœur, mademoiselle Maxellende?

— On l'a enterrée la semaine dernière. »

En s'éloignant le cœur brisé, il jeta un regard sur le jardin : un paysan le bêchait et des choux remplaçaient la ménagerie du curé.

# CHAPITRE V

## AUTRES HISTOIRES D'ARAIGNÉES

'histoire que vous venez de lire, dis-je à notre ami, touche à une de mes sympathies : je ne me défends pas d'aimer les araignées.

Je ne sais rien, en effet, de plus injustement mis au ban de l'aversion publique que l'araignée. Elle a beau purifier l'air que nous respirons et faire une guerre sans relâche et sans pitié aux ennemis visibles et invisibles qui corrompent cet air et viennent nous assaillir jusque dans nos demeures, sous prétexte qu'elle est laide, l'araignée ne rencontre partout qu'aversion et que destruction.

Il n'est pourtant point d'êtres, — car les savants ne veulent plus qu'on classe les araignées parmi les insectes, — il n'est pourtant point d'êtres qui se montrent plus qu'elle laborieux et intelligents. Sous ce dernier rapport, bien des mammifères semblent même lui rester inférieurs. Souvent l'observateur qui étudie les araignées se

demande abasourdi si ses yeux ne le trompent pas et s'il voit réellement bien ce qu'il voit.

Les gens du monde apprendront, par exemple, qu'il existe en
France une araignée couleur d'or appelée la *thomise citron*, et une
autre du plus beau vert émeraude et dont le mâle porte en outre sur
le dos un scapulaire de pourpre. D'après Fabricius, l'Espagne produit une araignée rose appelée la *sparasse ornée*. Enfin, M. Dufour a
observé dans le même pays une autre araignée qui se bâtit une tente
en soie bouton-d'or.

La *sparasse d'Argelas* se construit, en effet, une tente ovale de près
de deux pouces. Appliquée contre un fragment de rocher, cette tente
se compose d'une enveloppe de taffetas jaune très-fin et d'un fourreau
intérieur blanc moelleux et ouvert aux deux bouts. C'est par ces
ouvertures munies de soupapes que l'araignée sort de son appartement pour faire des excursions.

Des tons métalliques d'un grand éclat miroitent sur le dos de la
*macarie brillante* et la font ressembler à un chevalier couvert d'une
armure niellée et incrustée de pierres précieuses. Ses œufs ressemblent, sauf la grosseur, aux pommes d'or des Hespérides, et elle les
pond sous une tente dont les *Mille et une Nuits* peuvent seules donner
une idée.

La première enveloppe de sa tente consiste en une toile d'un
tissu lâche, transparent et rustique.

Après quoi vient une autre toile fine, serrée, ovale, qu'ouvre une
double issue et que des amarres fixent par ses côtés les plus larges
aux flancs de deux pierres.

Sous cette seconde toile se développe un troisième tissu, fin,
serré, que recouvre une quatrième étoffe, d'une blancheur éclatante,
aussi mince qu'une pelure d'oignon, et affectant la forme d'une
coupe profonde.

Au fond de cette coupe, fermée par un opercule qui se relève et s'abaisse à volonté, au moyen d'un ressort élastique comme le caoutchouc, reposent et s'incubent sur un lit moelleux de duvet, les douze œufs roses du *drasse*.

La tarentule elle-même, dont on raconte tant de sinistres merveilles, ne manque pas d'une riche parure; car les bandes de velours noir et jaune de son ventre s'associent harmonieusement à la sévérité du manteau sombre qui recouvre son dos.

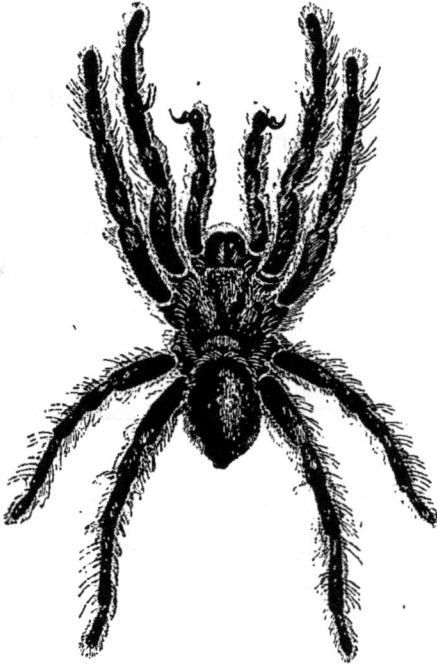

Elle habite les plaines de la Pouille et pratique un trou en terre dans les lieux exposés au soleil et qui s'élèvent en pente douce ou dans les endroits incultes que le fer de la charrue n'a pas remués depuis longtemps.

. Le plus souvent on trouve l'ouverture de ce trou exposé au midi. Au moyen des fils qu'elle produit, la tarentule fortifie l'entrée de son habitation avec du chaume ou des plantes desséchées, et forme une sorte de rempart qui s'élève un peu au-dessus du niveau du terrain. Elle fixe au sol ce rempart en employant une glu tenace, dont elle revêt en outre la base de son nid et dont elle enduit le dessous et l'intérieur. Tout cela, séché par la chaleur du soleil, acquiert bientôt la dureté de la pierre; l'inclinaison du terrain et le rempart que la tarentule construit garantissent le nid de la pluie et des frimas, et empêchent qu'il n'y puisse rien tomber.

Les tarentules ne sortent que très-rarement le jour, et d'ordinaire seulement lorsque le soleil se couche. Elles errent durant la nuit autour de leur demeure pour chasser toutes sortes d'insectes dont elles se nourrissent. Le reste du temps elles demeurent cachées ; cependant, lorsque le soleil est près de se coucher, on les voit à l'entrée de leur trou, les deux pattes antérieures allongées et écartées, à l'affût, et prêtes à s'élancer sur les proies qui pourraient passer.

Lorsqu'on regarde les tarentules dans l'obscurité, on distingue leurs yeux, qui sont extrêmement brillants.

L'hiver, pour se garantir de l'inclémence de l'air, elles bouchent entièrement leur trou avec des pailles et des végétaux desséchés qu'elles entourent de soie, et dont elles forment une masse compacte, que ni la neige ni la pluie ne peuvent amollir.

Ainsi renfermées pendant tout le temps de la mauvaise saison, elles ne dorment ni ne veillent, mais elles restent plongées dans une torpeur semblable à celle des loirs, des marmottes et des ours.

Leur réclusion dure non-seulement tout l'hiver, mais même pendant une grande partie de l'automne et du printemps. Vers la fin d'octobre, on trouve déjà leurs nids bouchés, et ils le sont encore au mois de mars et même plus tard. Si le froid continue, il arrive

quelquefois qu'à cette époque un laboureur, passant sa charrue dans un lieu qui n'a pas été cultivé depuis longtemps, bouleverse et détruit la demeure d'une tarentule. Alors celle-ci, bien loin de chercher à le mordre, reste engourdie et semble à peine comprendre le danger qu'elle court. Aussi n'a-t-on jamais eu d'exemple que quelqu'un dans la Pouille ait été mordu de la tarentule pendant l'automne, l'hiver ou le printemps.

Au mois d'août, à l'époque de l'éclosion des petits, ceux-ci montent tous sur le dos de la mère, qui, dans ses chasses même, les porte ainsi et les protége contre leurs ennemis. Elle conserve ce précieux fardeau pendant une quinzaine de jours, après quoi la couvée des jeunes tarentules se disperse dans la campagne.

Ce qui a surtout attiré l'attention sur la tarentule apulienne, c'est l'étrange maladie que l'on prétendait causée par la morsure de cet insecte, maladie que l'on trouve décrite dans tous les auteurs anciens de l'Italie. Suivant eux, la personne mordue tombait dans un état d'engourdissement appelé *tarentisme*, et qui ne tardait pas à être suivi de la mort, à moins qu'on ne le dissipât par une violente fatigue et de grandes transpirations. On jouait donc de la musique devant le malade et en particulier deux airs, la *Pastorale* et la *Tarentola*, qui possédaient, disait-on, la propriété de le réveiller et de le faire entrer dans un état de délire, pendant lequel il se livrait à mille extravagances, riait, dansait, gesticulait et criait de toutes ses forces, jusqu'à ce qu'épuisé et baigné de sueur, il tombât endormi. A son réveil, il était guéri.

Tous ces faits n'existent plus qu'à l'état de traditions. On connaît aujourd'hui que les phénomènes nerveux qui se développaient chez ces malades étaient dus, non pas au venin inoculé par la tarentule, mais seulement à la frayeur qu'inspirait sa morsure. Comme cela est arrivé souvent pendant les quinzième et seizième siècles, dans des circonstances analogues, la bizarrerie même de la maladie contribuait à la propager.

— Parmi les araignées curieuses, dit Melchior, il faut citer la petite saltique. Nulle de son espèce n'est plus lente d'allure en cherchant sa proie et plus alerte quand il s'agit de fuir. Chasse-t-elle, elle semble faire une simple promenade, mais elle a sans cesse l'œil aux aguets, elle cherche, si elle n'aperçoit point autour d'elle, quelque petite mouche ou quelque puceron qu'elle met aussitôt à mort et qu'elle dévore.

Au contraire, un bruit vient-il à se faire entendre, un simple mouvement se fait-il dans l'herbe, elle s'arrête brusquement, élève son corselet sur ses pattes pour mieux juger du danger et de l'ennemi, et puis elle fuit à reculons et avec une telle rapidité qu'il est difficile de la saisir.

Une fois parvenue à une certaine distance, elle s'arrête, puis se retourne, et si elle est placée sur un corps élevé, elle se laisse tomber à terre au moyen d'un fil très-fin; pendant tout ce temps, ses palpes ne cessent de s'élever et de s'abaisser, et ses deux pattes antérieures toujours relevées s'agitent constamment comme de longues antennes. On ne connaît pas l'usage de cette manœuvre; on suppose que c'est simplement un signe de crainte.

Cette course singulière de la saltique ne saurait mieux se comparer qu'à celle d'un habile patineur qui se lancerait à reculons, puis s'arrêterait quelques secondes pour tourner sur lui-même et qui ensuite se relancerait avec plus de vitesse sur la glace. La saltique possède de plus la faculté de donner toute sorte de mouvements à son abdomen, en le haussant, en le baissant et en le dirigeant de tous les côtés.

Elle se construit, sous les pierres et plus souvent sous l'écorce des arbres, une coque soyeuse, très-petite, de forme ovale, déprimée, ouverte à ses deux extrémités, et d'un tissu si fin et si transparent qu'on voit l'insecte au travers.

Elle s'éloigne peu de sa demeure et s'y renferme souvent; aussi est-ce là qu'on doit la chercher : seulement il faut la saisir tout de suite, car aussitôt qu'elle se voit découverte, elle sort de sa coque et se précipite à terre, au moyen d'un fil et avec une adresse remarquable.

La saltique construit sa cellule avec une rapidité prodigieuse. Vous pouvez vous en convaincre en enfermant dans un bocal une de ces araignées. Au bout d'une demi-heure, vous la trouverez enveloppée de sa coque, complétement achevée et presque toujours appliquée contre la paroi la plus lisse et la plus verticale du verre.

— La lycose, dit Frantz, ne le cède en rien en agilité et en défiance.

Elle ne loge jamais deux fois dans le même gîte, et mène au détriment des fourmis et des petites dyptères une vie d'infatigable et d'insatiable chasseur.

Lorsqu'on observe avec attention les lycoses pendant leur chasse, on voit que leur course varie suivant l'instant où on les considère. Tantôt cette course est très-lente, c'est qu'alors l'araignée épie sa proie, ou qu'elle vient de la saisir; tantôt elle est tellement rapide, qu'on ne distingue plus le mouvement de ses pattes, et elle parcourt plusieurs décimètres par seconde. Elle procède par sauts : quand elle est poursuivie par un ennemi, ou lorsqu'on essaye de s'en emparer.

Au milieu d'un gazon, elle bondit d'herbe en herbe et disparaît au moment où l'on croit la saisir; au bord d'un ruisseau, elle s'élance sur l'eau et s'y tient sans se mouiller. Cette araignée s'empare-t-elle d'une proie? c'est toujours à l'aide de bonds. A-t-elle affaire à un insecte ailé? elle se rue sur lui de fort loin, s'arrête un instant pour le tuer, et ensuite recommence sa course en le tenant sous son corps à l'aide de ses mandibules et en le suçant.

J'ai vu souvent ces araignées se jeter sur de grosses mouches qui les faisaient tourner en bourdonnant et qui les enlevaient même à une certaine hauteur, sans parvenir à leur faire lâcher prise.

La nuit, ou lorsqu'il pleut, les lycoses cherchent des abris généralement sous les pierres ou sous les feuilles sèches.

Leur instinct vagabond est tellement prononcé et caractéristique, que la lycose le conserve même après la ponte. Aussi, au lieu de garder son cocon assidûment, et dans l'immobilité, comme toutes les autres araignées, elle le colle à ses filières, l'entraîne après elle, et ne l'abandonne ni pendant la chasse ni même en face du péril.

Lorsqu'elle a pondu ses œufs, dont le nombre est généralement considérable, mais qui, suivant les espèces, varie de vingt à cent cinquante, elle les rapproche de manière à en former une petite boule, qu'elle entoure ensuite d'une couche de tissu soyeux peu épais, mais serré et solide. Ce cocon a la forme et la grosseur d'un pois légèrement aplati et sa surface lisse est le plus souvent gris d'un blanchâtre. Néanmoins, sa couleur va souvent du bleu foncé au blanc le plus éclatant. Son enveloppe se compose de la réunion de deux moitiés ou valves dont la suture apparaît sous la forme d'une petite ligne circulaire plus blanche et d'un tissu plus lâche.

La sollicitude de la mère pour ses œufs paraît très-grande; lorsqu'on la poursuit, elle court le plus vite que lui permet le poids de son précieux fardeau, mais si l'on vient à saisir le cocon, elle s'arrête brusquement et elle cherche à le reprendre. Elle tourne d'abord lentement autour du ravisseur, se rapproche de lui de plus en plus et par saccades, et enfin se jette violemment sur lui et le combat avec fureur. Mais si le cocon a été détruit, la lycose se retire dans un coin et meurt, au bout de quelque temps, de tristesse et d'engourdissement, car alors elle ne prend aucun exercice.

Après un mois au plus, les jeunes éclosent et sortent de leur prison; mais, faibles et ne sachant ni chasser ni construire de toile, ils périraient inévitablement, si leur mère les abandonnait. En ce moment, le dévouement maternel de celle-ci redouble : forcée pour se nourrir de vaguer sans cesse et ne voulant point se séparer de sa lignée, elle les place sur son dos et, chargée de ce cher fardeau, elle se met en route par monts et par vaux.

On ne peut sans émotion la voir donner à son allure naturellement brusque et impétueuse moins de rapidité et de saccades. Elle évite avec soin tout danger, n'attaque que des proies faciles et évite celles avec lesquelles il faudrait lutter et partant exposer à tomber ses petits qui se pressent et se meuvent par centaines autour de son abdomen.

Ces observations datent des temps les plus reculés, car les anciens croyaient que la lycose nourrissait ses petits et même les allaitait.

On a écrit et l'on écrit encore bien des volumes sur les araignées, dit Franck.

On ne peut même s'empêcher de sourire, mais d'un sourire bien triste, je vous l'assure, quand on voit quelles questions naïves et pourtant insolubles se posent les hommes les plus émérites de la science.

Par exemple, les *Annales de la Société entomologique de France* emploient deux longues dissertations, d'abord à se demander à quoi servent les secondes ailes des insectes munis par la nature de cette double rame aérienne; ensuite d'où proviennent les *fils de la Vierge*.

M. Girard, dans un travail intitulé : *Expérience sur la fonction des ailes chez les insectes*, laisse entrevoir que la plupart du temps les ailes supérieures ne sont que des *élytres* (gaine-étui) déguisées et transparentes, et il cite comme exemple les libellules, ces excellents voiliers.

J'ai constaté, dit-il, sur plusieurs espèces de nos bois, et notamment sur la *libellula vulgata*, que le vol continue à avoir lieu lorsque ces insectes conservent la paire antérieure d'ailes et avec assez de force pour que plusieurs fois les libellules, ainsi mutilées, aient pu disparaître au loin dans les bois, tandis que le vol n'est plus possible si elles sont réduites aux ailes postérieures seules.

J'ai quelquefois vus les bourdons voler un peu avec les ailes supérieures seules; le plus souvent ils ne peuvent que se soutenir horizontalement pendant quelques instants, puis retombent en parabole très-inclinée. Leur bourdonnement demeure toujours aussi fort.

Quant à la question de la production des *fils de la Vierge*, M. Amyot la traité en dix pages de quarante lignes d'un tout menu caractère, expose les opinions des divers auteurs, depuis Aristote jusqu'à nos jours, et raconte une foule de faits curieux, mais sans la moindre conclusion.

Les fils de la Vierge paraissent être le résultat de cette quantité innombrable de fils d'araignée qu'on voit de tout côté à l'époque de l'automne sur les branches, les feuilles, les écorces des arbres, et sur toutes les plantes ainsi que sur la terre même. Les jeunes et les vieilles araignées font ces fils, excitées, dans cette production, par la saison où la nature les y prédispose davantage. Sans doute elles ont particulièrement besoin de filer de la soie pour envelopper leurs œufs ou leurs petits, afin de les défendre contre le froid de l'hiver qui s'approche.

On ne peut donc pas dire que les fils de la Vierge soient faits plutôt par certaines espèces de fileuses que par d'autres, puisqu'on trouve des espèces différentes de ces araignées dans les flocons blancs des fils qui retombent sur la terre.

Néanmoins celles qu'on y rencontre le plus souvent appartiennent au genre araignée-loup, qui marche sur la terre, et à celui de l'araignée à croix papale ou araignée diadème, qui tend ses toiles aux arbres des jardins.

Évidemment, le vent qui les agglomère en écheveaux plus ou moins longs et épais les fait se rencontrer et se mêler entre eux au hasard. Mais est-ce lui seul qui les arrache des points où ils ont été fixés sur les plantes ou sur la terre? Est-ce lui qui les porte souvent à de si grandes hauteurs dans l'atmosphère?

Un auteur anglais, Blackwall, se demande pourquoi, s'il en était ainsi, l'on verrait ces flocons volants en si grande abondance seulement les jours où règne un beau soleil et par un ciel serein ; pourquoi vers le soir seulement, ils descendraient vers la terre, et pourquoi les jours sombres et nébuleux ne présenteraient pas ce phénomène.

Il en tire la conséquence, que le mouvement d'ascension des fils s'opère par l'effet de la raréfaction de l'air contigu à la terre et échauffé par les rayons du soleil. Ce courant d'ascension, assez fort pour arracher les fils des objets auxquels ils sont attachés, cesserait vers le soir sous l'influence du refroidissement de l'air, et permettrait aux fils de retomber par leur propre poids.

Blackwall ajoute encore que les araignées ont une propension à s'élever dans l'atmosphère sur leurs fils, afin de se dérober à la voracité de leurs congénères, et que, pour atteindre ce but, elles détachent leurs toiles de la terre en brisant les filaments qui les y retiennent. Puis elles se laissent emporter par le vent sur cette espèce de ballon aérien.

Certains auteurs supposent que les fils de la Vierge sont produits en commun par des araignées nouveau-nées, et que le vent, en emportant dans les nids ces insectes, les dissémine çà et là comme il le fait pour les graines des plantes.

Nous croyons peu à cette supposition, mais nous croyons encore moins à la fable qui prétend que les voyages aériens des araignées ont pour but de favoriser leur hymen. Cette fable ne repose sur rien, puisque le mâle, presque toujours dévoré par la femelle après ses courtes amours, ne s'approche de celle-ci qu'avec la plus grande défiance et en se réservant les moyens de fuir.

Il faut donc, ce qui est triste, conclure avec M. Amyot que jusqu'ici on ne saurait se former une opinion sérieuse sur les *fils de la Vierge*.

Citons, pour nous consoler, la charmante observation de Blackwall, qui explique comment les fils de la Vierge, d'une couleur grisâtre au moment où l'araignée les tisse avec la matière qui sort de sa filière, deviennent d'un blanc éblouissant quand ils s'élèvent dans les airs. « Ce tissu, mouillé par la rosée et les brumes de l'arrière-saison, dit-il, puis séché par l'air et par le soleil, acquiert sa blancheur de la même manière que les toiles écrues étendues par nos ménagères sur l'herbe pour les blanchir au soleil et à la rosée. »

Le même entomologiste plaça un jour dans un grand bocal en verre, fort étroit, une araignée adulte et de taille moyenne.

Pendant toute une journée, elle resta repliée en boule sur elle-même, sans faire le moindre mouvement et anéantie par ce profond et morne désespoir du premier moment de la captivité qu'a décrit, avec une si douloureuse éloquence Silvio Pellico.

Puis ensuite, comme d'habitude, à cette torpeur succédèrent la soif fiévreuse de la liberté et la résolution de tenter à tout prix de la reconquérir.

L'araignée se réveilla lentement et avec l'énergie que donne une volonté fermement arrêtée, et se prit à parcourir lentement la prison transparente qui l'arrêtait dans sa fuite par des obstacles invisibles.

Elle revint ensuite au milieu du flacon, s'y blottit de nouveau sur elle-même et parut réfléchir pendant une vingtaine de minutes.

Après quoi, elle s'approcha des parois intérieures du vase étroit, se tourna, lança une gouttelette blanchâtre qui s'attacha au verre, et qu'elle pétrit ensuite de ses pattes, sans doute pour la mieux fixer.

Blackwall vit ce petit point blanc former peu à peu, sous l'action de l'air et de l'évaporation, une sorte de concrétion dont la teinte brunit insensiblement ; la captive recommença la même opération de l'autre côté du vase, et, ces deux points d'appui terminés, elle tendit un fil qui, allant de l'une à l'autre paroi, formait ainsi le premier échelon d'une échelle.

Hissée sur cet échelon, elle établit successivement d'autres points d'appui et d'autres échelons, et parvint à en faire quatre-vingt-deux; le dernier atteignait l'extrémité du bord du flacon.

Il ne restait donc à la prisonnière qu'à se laisser glisser hors de son cachot, à l'aide d'un fil au bout duquel elle se suspendit, et qui, se développant sous le poids de la fugitive, l'amena doucement sur la table où se dressait le flacon.

Blackwall la laissa en possession d'une liberté si laborieusement et si ingénieusement conquise. Il lui permit même de construire dans un des coins de son cabinet, au-dessus d'un piano, une toile que non-seulement le plumeau de ses domestiques respecta religieusement, mais encore qu'on approvisionna abondamment de mouches.

Aussi, l'araignée finit-elle par reconnaître l'entomologiste, par ne plus fuir à sa vue, par prendre dans ses doigts les mouches qu'il lui présentait, et même par se suspendre à un fil et à descendre presque jusque sur le piano quand le savant jouait de cet instrument. La musique terminée, elle remontait sur sa toile en avalant le câble qui l'avait descendue, car l'estomac de l'araignée est à la fois, vous le savez, le magasin de la matière qui lui sert à fabriquer ses cordages.

# CHAPITRE . VI

## LA TOUR DE NESLE DANS UN COMPOTIER

otre entretien sur les araignées se terminera, dit Pietro, par la lecture de ce manuscrit écrit en italien et dont le titre est assurément bizarre : *la Tour de Nesle dans un compotier.*

Jamais artiste du dix-huitième siècle n'a produit une fantaisie coquette, brillante, exquise et d'un maniéré plus charmant que ce merveilleux compotier ! Ses flancs évasés s'arrondissent d'abord fastueusement, se replient avec grâce, se contournent ensuite pour se resserrer tout à coup, jettent en cascades éblouissantes, les flots de facettes qui baignent un pied large, et jaillissent en gouttes de cristal et de lumière. Chacune de ces facettes brille de l'éclat que donnaient à des yeux noirs le piquant du fard et les adorables mignardises de la poudre. On di-

8

rait que les fleurs damasquinées de ses hanches se tissent dans une de ces magnifiques robes de damas, si blanches qu'elles semblaient transparentes, et dont la coupe habile, effilée par de somptueux paniers, donnait une finesse d'abeille à la taille de nos aïeules! Deux anneaux ciselées, semblables à deux petites mains d'argent, sortent à droite et à gauche d'un cercle, trois fois noué, passé, enchevêtré et enroulé sur lui-même; ces anneaux soutiennent d'ineffables guirlandes, tourmentées comme celles que Boucher et Vestris faisaient balancer, le premier sur la toile et le second à l'Opéra, par leurs danseuses à jupes courtes.

Les roses et les bluets imperceptibles des deux rubans de verre penchent la tête dans une attitude gentillement prétentieuse; la gelée ne brode rien de plus charmant sur nos vitres. Mais ce qui dépasse toutes ces merveilles elles-mêmes, ce que l'on ne saurait voir qu'avec des extases d'admiration, c'est le couvercle, ou plutôt la couronne de ce compotier. Des centaines de ravissants bouquets se détachent, sur le dôme, en petites saillies fines et grenues comme celles qui caractérisent les plus belles porcelaines de vieux saxe. Enfin, pour bouton s'élèvent deux figurines hautes de deux pouces, berger et bergère en hoqueton, les bras enlacés, les têtes inclinées sur l'épaule, et qui soutiennent de leurs mains imperceptibles une cage empanachée de rubans, dans laquelle on aperçoit un oiseau les ailes entr'ouvertes. Une noisette est plus grosse que la cage; un grain de mil paraît énorme à côté de l'oiseau!

Et pourtant ce chef-d'œuvre, ornement d'un cabinet d'artiste et devant lequel se récrient chaque jour d'enthousiastes admirateurs, resta bien des années oublié et dédaigné dans le coin obscur d'une cave où la poussière et l'humidité l'encroûtaient d'une boue ignominieuse. A cette époque on préférait déjà le goût soi-disant grec et pur aux délicieuses afféteries du dix-huitième siècle. Si bien qu'un jour, par je ne sais quel accident, un insecte qu'éblouit l'apparition soudaine d'une lumière se sentit pris de vertige, et tomba dans le compotier. Le compotier gisait sur une mauvaise planche, son couvercle devant lui, comme on met la couronne d'un monarque trépassé devant les pieds du cercueil royal.

Le vertige et l'éblouissement se trouvaient d'autant plus permis au pauvre insecte, qu'il ne possédait pas moins de huit yeux. C'était une grosse araignée domestique à l'énorme abdomen ovale et sur le dos noirâtre de laquelle se détachaient deux lignes longitudinales de taches fauves.

L'animal pris dans le piége, comme un loup dans une fosse, se mit à parcourir le fond du compotier avec toute la rapidité que lui donnaient ses huit pattes.

Quand il eut constaté qu'il ne se trouvait aucune issue de plain-pied, il tenta de gravir les flancs ardus qui formaient autour de lui un cercle de murailles, lisses et transparentes: mais ses ongles tranchants et recourbés à la manière des lions et des tigres, glissaient sur le cristal nu et dur. Après un quart d'heure d'une lutte inutile, il retomba fatigué, découragé, haletant, au milieu du compotier. Là il se roula et s'enveloppa, résigné à mourir, comme un gladiateur vaincu s'agenouillait au milieu de l'arène, lorsqu'il voyait les dames romaines lever leurs mains blanches et abaisser leur pouce mignon pour demander sa mort.

Un jeune homme, descendu dans la cave par hasard et témoin des efforts de la captive, se sentit curieux de connaître les autres actes de ce drame commencé. Emporta le compotier et le plaça dans son cabinet, à l'endroit le moins éclairé et de façon à pouvoir épier l'araignée sans lui causer d'inquiétude.

Celle-ci resta immobile, roulée sur elle-même et morte en apparence, jusqu'à la nuit close. Alors l'observateur, nonchalamment étendu dans son fauteuil, entendit un mouvement presque imperceptible qui bruissait au fond du compotier. Il s'approcha avec une lumière... Aussitôt l'araignée fit la morte. Il fallut donc renoncer à connaître ce qui se passait, et la prisonnière resta libre de toute surveillance jusqu'au lendemain matin.

Le lendemain, on vit que le fond du compotier se trouvait diapré, tout autour et à une hauteur d'un pouce environ, de myriades de petits points blanchâtres, rugueux et placés à des distances presque géométriquement régulières. L'araignée dormait au milieu du bocal.

Le surlendemain, des fils d'argent partaient de chacun des points blancs, allaient s'attacher en face, et formaient ce que l'on nomme, je pense, la *chaîne du tissu*. Le quatrième jour, ce fut la *trame* qui vint s'enlacer aux fils de la chaîne, et une vaste toile se trouva occuper tout le fond du compotier; quelques fils, de distance en distance, fixaient ce plancher élastique en guise d'arrimages et assuraient sa solidité.

L'araignée, malgré ses travaux gigantesques, restait encore à découvert et manquait de logement. Elle avait bien un plancher ou plutôt un tapis sur lequel elle pouvait marcher sans user et briser ses ongles ; les filets pour la chasse étaient tendus, mais il lui manquait encore un appartement où elle s'abritât et se cachât aux yeux ; puis elle n'avait pas de lit sur lequel elle pût dormir. Avec une difficulté et des peines inouïes, elle parvint à fixer, à quatre ou cinq lignes au-dessus de sa toile, une trentaine des petites taches blanches dont je vous ai déjà parlé. Cela servit de fêtissures à un toit qui s'abaissa jusqu'à la toile, s'arrondit, se façonna peu à peu en cornet, se garnit de fils plus fins, plus soyeux, plus serrés, plus colorés, et devint un nid impénétrable à l'œil, voire à l'humidité. Quelques gouttes d'eau, jetées sur cette habitation, glissèrent le long de ses parois sans les altérer le moins du monde, tombèrent en perles vacillantes à travers la toile, et s'arrêtèrent au fond du compotier, où elles finirent par s'évaporer.

L'araignée avait tiré ses fils, qu'un calcul approximatif peut évaluer sans exagération à deux mille pieds, des six mamelons attachés à son abdomen, et qui sécrétaient une liqueur grisâtre transformée instantanément, par le contact de l'air, en fils soyeux, souples et d'une solidité inconcevable, surtout si l'on considère leur ténuité!...
— Un fil d'araignée, si on ne le brise point par des secousses, peut soutenir un poids de dix-huit grammes.

Une fois son établissement achevé, l'araignée se mit à passer les jours et les nuits sur le seuil de son logis, attendant avec une patience sans exemple que le hasard lui amenât une proie. La chose n'était pas facile : les mouches restaient encore rares, et rien d'ailleurs n'était de nature dans le compotier à les y attirer. Deux mois s'écoulèrent durant lesquels la pauvre bête s'amaigrit singulièrement. Enfin, un jour, ému de compassion, l'observateur jeta une mouche à l'affamée. Le petit insecte tomba sur la toile, y prit ses ailes dans les rêts invisibles qui cotonnaient sur le tissu principal, et se débattit avec violence. L'araignée accourut aussitôt, vite, mais

lourdement, saisit sa proie avec ses huit pattes à la fois, l'étreignit
de ses redoutables mâchoires en forme de crochet, et attira le cadavre dans son nid. Une heure après, elle emportait hors de chez
elle les débris de la mouche, et venait les jeter dans le coin le
plus obscur et le plus éloigné de sa toile ; non sans les recouvrir
d'un suaire, de manière à dérober tout à fait à la vue l'aspect
de ce charnier. Ainsi Brutus jeta son manteau sur le cadavre de
César.

Chaque jour, à la même heure, l'observateur lançait une mouche
dans le compotier. Il ne tarda point à observer que l'araignée, dès
que le moment de son repas était venu, sortait de son réduit, s'a-
vançait sur la toile, épiait la chute de la mouche et ne s'effarouchait
plus du mouvement qui la faisait reculer naguère et rentrer chez
elle, quand la main de son nourricier lui apportait à dîner. Peu de
temps après, au lieu d'attendre qu'il se fût un peu éloigné, elle
courait immédiatement et avec hardiesse sur la mouche et ne se
donnait même plus la fatigue de rentrer chez elle pour manger.
Curieux de connaître jusqu'à quel point s'augmenterait cette fami-
liarité, le jeune homme prit la mouche par une aile et la présenta à
l'araignée. La première fois, elle rentra effarée dans son nid et s'y
tint absolument cachée ; mais, le lendemain, pressée par la faim,
elle se jeta sur la mouche avec la rapidité d'une flèche, la saisit et
s'enfuit au fond de ses appartements. L'observateur réitéra l'expérience une fois, deux fois, dix fois..... Au bout de ce temps, l'araignée suçait la mouche dans les doigts du jeune homme. Elle finit
même par sortir du compotier à l'aide du bras que lui présentait
son maître. Libre, ainsi, elle parcourait les bras et la poitrine du
jeune homme et allait prendre une mouche dans son autre main,
qu'il éloignait autant que possible.

Dès lors le pacte d'intimité fut signé.

L'observateur prenait un vif intérêt à sa pensionnaire, et l'aimait

presque autant que Pellisson aimait la sienne. Il se mit donc en
quête de livres d'histoire naturelle pour savoir d'eux à quel sexe
appartenait l'araignée du compotier. Il reconnut qu'elle était une
femelle aux palpes filiformes qui s'allongeaient près des mâchoires
et aux pattes du thorax plus courtes et plus grosses que celles du
ventre. Arrivé à cette découverte, il résolut de marier la recluse, et
il se mit en quête d'un mari de bonne apparence et digne de la tendresse d'une si belle conquête. La chose ne fut point difficile : on
était au printemps.

L'observateur une fois en possession d'un beau mâle, aux paples
bien renflées, aux pattes longues et sveltes, aux huit yeux vifs, à
l'allure conquérante et dégagée, vint l'apporter en triomphe à son
hôtesse. Il le déposa doucement sur la toile, vers l'extrémité opposée
au nid de l'araignée et s'éloigna un peu, de façon à observer néanmoins tout ce qui allait se passer. Bientôt il vit la coquette sortir de
son boudoir. De son côté, le mâle ne restait point maladroit et faisait preuve de fashion et de galanterie ; ses pattes de devant cares-
saient d'une façon conquérante les demi-boucles formées par ses
tarses ; un sous-lieutenant de hussards ne met point plus de fatuité
à tordre les crocs vainqueur, de sa moustache frisée. Il s'avança
au pas de charge, frappant de la patte, piaffant, voletant : l'araignée
recula et s'enfuit ; mais de manière à laisser deviner qu'elle voulait
être suivie. Il s'élança sur ses traces ; cependant il y mettait une réserve et une crainte singulières, mais dont on ne pouvait se déguiser
l'évidence. De son côté, la femelle le guettait avec une ruse qui
donnait à son cercle d'yeux une expression étrange... Enfin elle
tourna la tête et marcha droit devant elle, préoccupée en apparence
de franchir quelques fils dans lesquels se prenaient ses pattes...
Alors le mâle bondit vers elle... Elle se retourne... Ce n'est plus
en coquette audacieuse qu'elle marche, c'est en lionne qui chasse
sa proie ! C'est Diane devant Actéon. Le mâle, tremblant, cherche à

fuir; il s'efforce de gravir les parois du compotier... Vains efforts !
Marguerite de Bourgogne marche à sa victime, la fascine et l'arrête.
L'infortuné s'accule tremblant. Elle, la griffe haute et menaçante
comme un poignard, le frappe, le tue, et, après avoir contemplé
celui qui avait été son époux, elle le dévore !

Le lendemain, curieux de connaitre les motifs de tant de barbarie,
le jeune homme voulut savoir si la mort du pauvre mâle était le
châtiment d'une faute personnelle, ou le résultat d'un système d'as-
sassinat. Il mit donc un second mâle dans le compotier. Hélas ! il
n'y eut plus à en douter ! Le crime de la cruelle était sans excuse,
sans circonstances atténuantes ! Le jury le plus bénin l'eût condamnée avec toutes les aggravations prévues par la loi ! La seconde
victime subit le même sort que la première. A cette infâme il fallait
le meurtre ! Durant un mois entier, elle vécut ainsi des cadavres
de ses fiancés.

Bientôt même elle les trouva un mets fade et insignifiant, refusa
de les manger, mais non de les tuer, et en revint à la mouche avec
un plaisir évident.

Marguerite de Bourgogne, — car désormais ce fut le nom que
reçut l'araignée, à cause de l'histoire bien connue de Buridan, —
Marguerite, dis-je, continua à mener une vie paisible et sans remords dans son compotier. Un jour, la fenêtre de l'appartement où
se trouvait le vase de cristal resta ouverte ; une hirondelle entra
dans la chambre, vit l'araignée, et d'un coup de bec vengea toutes
les victimes de la scélérate ; si bien que le compotier se trouva vide
et sans hôte.

Bien des années après, ce compotier, par une succession d'événements bizarres, invraisemblables, et qui fourniraient, certes, le
sujet d'une odyssée bien curieuse et bien étrange, est arrivé dans
les mains de celui qui écrit ces lignes et qui le garde avec un soin
religieux ; non pas à cause de l'araignée dont vous venez de lire

l'histoire, mais un peu à cause de sa beauté, beaucoup parce qu'il a
appartenu à un naturaliste célèbre et surtout parce qu'il a, pour
ainsi dire, décidé de la vocation de l'émule de Cuvier.

Car de l'araignée du compotier, le jeune homme que vous savez
en vint à étudier les merveilles de la nature et rendit ainsi à jamais
illustre le nom de Lacépède.

# CHAPITRE VII

## UN DRAME ENTRE DEUX ROSIERS

assons maintenant à un manuscrit écrit en latin, quoiqu'il traite d'un sujet contemporain, dit le père Dominique. L'auteur, qui évidemment n'est pas français, semble cependant connaître Paris, comme s'il l'avait longtemps habité. C'est sans doute quelque savant étranger qui, faute de pouvoir exprimer ses

souvenirs en français, a eu recours au latin qui est la langue universelle des savants.

Il y avait naguère dans les environs de Paris, non loin d'une des
barrières les moins fréquentées, un jardin dans lequel j'ai passé
bien de bonnes journées. J'emploie le mot jardin, faute d'autre expression pour mieux rendre ma pensée. Peut-on, en effet, donner
le nom de jardin à une sorte de champ en friche d'assez médiocre
étendue, clos à certains endroits par des haies, et en d'autres protégé par des murs en ruines? Au milieu poussaient à leur gré des
arbres, jadis cultivés, mais, depuis plusieurs années, affranchis de
toute culture et redevenus sauvages. Leurs branches se dressaient
à des hauteurs fabuleuses, s'étendaient en parasols, s'enlaçaient en
fusées, présentaient mille figures bizarres, tandis que d'autres
s'abaissaient vers la terre, comme pour solliciter et recevoir complaisamment les étreintes des plantes grimpantes qui se tordaient
autour des troncs et envahissaient tout de leurs guirlandes en
festons. Les mauvaises herbes avaient envahi non-seulement les
allées, mais encore les plates-bandes. Il est bien entendu que ces
vigoureuses parasites avaient étouffé, sous leur luxuriante végétation, les plantes de culture qui naguère y florissaient. Jamais on
n'aurait pu voir, même en pleine campagne, des chardons aussi
prospères et des orties de plus belle venue. Les ronces s'étalaient
partout, au grand détriment des habits, voire des mains et des visages. On ne pouvait faire un pas sans recevoir une égratignure, ou
sans subir un accroc.

Le propriétaire du jardin, vieillard de soixante-dix ans environ,
haut de taille, sec, le front garni de cheveux blancs, drus, hériss's
et que n'avait pu dompter une casquette qui pesait sur eux constamment, habitait, à l'extrémité de l'enclos, une cabane digne de
Robinson Crusoé. Couverte en chaume, composée d'une pièce unique,
mal close par une porte pourrie, mal chauffée par une de ces im-

menses cheminées de campagne dans lesquelles le vent rabat la fumée et l'interne, aux dépens des poumons et des yeux, cette maison ne prenait de jour qu'à travers une fenêtre plus garnie de papier que de vitres. Quelques planches noircies et enguirlandées de toiles d'araignée supportaient un petit nombre de livres, un microscope de grand prix placé sous une cloche en verre, un filet à papillons, trois assiettes, deux verres à côtes et deux couverts en fer battu, dont le temps et l'usage, beaucoup plus que les soins d'une ménagère, avaient fait aux trois quarts disparaître l'étamage. Il vivait là seul, l'été comme l'hiver, sans autre société qu'un grand chien hargneux, sans autre domestique qu'une vieille femme du hameau voisin, obligée de faire une lieue pour apporter au solitaire du pain, des légumes et quelques provisions indispensables. Deux fois par semaine elle accrochait à la crémaillère de la cheminée une marmite en fer, la remplissait d'eau, y plongeait un énorme morceau de viande et des légumes. Quand le tout avait convenablement bouilli, elle s'en retournait à son village sans entendre et sans proférer une parole.

Le hasard me fit rencontrer et me lia avec le propriétaire de ce singulier logis. Comment? Je n'en sais trop rien, si ce n'est que tous les deux nous avions trouvé à la fois, dans un champ, un insecte fort rare. Nous nous sentions disposés à nous en disputer la possession avec cette âpreté qui caractérise les collectionneurs. J'avais affaire à un vieillard. Malgré le rugissement intérieur de la convoitise déçue, je finis par lui céder d'assez bonne grâce ma conquête. Il m'en sut gré, et, après un quart d'heure de conversation, il m'emmena dans son jardin, où j'eus dès lors droit de bourgeoisie.

J'ai vécu pendant cinq ans dans l'intimité de cet homme, qui se cachait évidemment sous un nom supposé et vulgaire. Il y avait dans sa façon de parler, dans l'expression profonde de son regard,

dans la noblesse de ses manières, en dépit de sa blouse et de ses
sabots, mille indices qui révélait une personne du monde. Quant à
son savoir, il était immense; aucune science humaine ne lui restait
étrangère. J'ai passé bien des journées suspendu à ses lèvres, tandis
qu'il me développait ses théories sur le livre sublime de la création,
dont tant de siècles d'étude ont à peine déchiffré quelques lignes.
Il partait toujours d'un paradoxe inventé à plaisir. Peu à peu, dompté
par la vérité, il détruisait lui-même, et sans s'en apercevoir, ses
propres théories, pour exprimer des vues aussi lumineuses que
nouvelles, et empreintes d'un véritable génie. Il fallait qu'une grande
douleur eût tordu le cœur de cet homme, qui niait l'existence de
Dieu et qui la démontrait comme saint Augustin et Bossuet, qui
raillait toutes les vertus et qui répandait autour de lui d'abondantes
aumônes, qui se moquait de la sensibilité, et que je faisais pleurer
en lui racontant une belle action, qui se proclamait misanthrope,
et qui m'aimait comme si j'eusse été son propre fils.

Élève de Cuvier, dont le nom revenait souvent sur ses lèvres avec
une expression de tendresse et de respect, il aimait à poursuivre de
ses sarcasmes les naturalistes classificateurs, quoiqu'il m'expliquât
souvent les meilleures méthodes de classification. Du reste, il prétendait avec raison qu'on laissait trop de côté, dans la science de
l'histoire naturelle, les mœurs des animaux, et il passait sa vie à
les étudier. Personne ne savait comme lui se placer de façon à ne
point troubler l'être aux instincts duquel il voulait s'initier. Ni le
temps, ni la fatigue, ne l'arrêtaient. Il le fallait voir alors de son
œil bleu, où se peignait tant d'intelligence, suivre chacun des mouvements de l'insecte ou de l'oiseau objet de ses études; retenir son
souffle dans la crainte de les troubler; et, pour mieux regarder,
ramper à plat ventre, avec le silence et l'adresse d'un sauvage; enfin
jamais ne se lasser, jamais ne se décourager.

Je me rappelle qu'un matin, en ouvrant la porte de son enclos, qui par hasard se trouvait fermée, je l'aperçus étendu sur les herbes de ce qui, jadis, avait été une pelouse, et qui n'avait même plus l'aspect d'un champ. Il souleva la tête, et par un mouvement de son intelligente paupière il me fit signe de venir, sans bruit, me coucher à ses côtés.

« Regardez, me dit-il d'une voix si basse, qu'elle parvenait à peine à mon oreille; regardez, voici une mégachille qui fait son nid, là, à deux pas de nous, sous nos yeux mêmes, entre ces deux grands rosiers. »

Je vis en effet, à quelques pas, une sorte d'abeille longue de six lignes environ, noire au-dessus du corps, jaune au-dessous, et couverte d'un épais duvet. Posée à terre, elle frappait le sol de ses pattes de devant, l'interrogeait de ses antennes, allait et venait comme un géomètre qui prend ses dispositions pour opérer un sondage. Elle ne paraissait pas disposée à arrêter facilement son choix; car elle parcourut ainsi près d'un mètre de terrain. A la fin, elle s'arrêta à une sorte de petit enfoncement produit par un gros bloc de grès, gisant au milieu du chemin, exposé en plein midi, et abrité

Je l'aperçus étendu sur l'herbe... (p. 126.)

contre la pluie par les deux rosiers dont je vous ai parlé. La terre
fortement tassée, quoique exempte d'humidité, offrait une masse
compacte d'argile devenue presque aussi dure qu'une pierre.

La mégachille s'appuya sur ses pattes de devant, pivota dessus et
se servit de l'extrémité de son abdomen, comme de la pointe d'un
compas, pour décrire un cercle parfaitement régulier. Ce cercle
tracé, elle en écarta, à l'aide de ses pattes, les grains de sable qui
pouvaient altérer sa pureté, le considéra quelques secondes encore,
et se mit ensuite à creuser. Ses mandibules triangulaires, robustes
et finement dentelées à l'intérieur, entamèrent le sol, non pas à la
manière d'une pioche, mais bien d'une scie. Elle divisait l'argile
par menues tranches qu'elle saisissait ensuite dans ses pattes de
devant et qu'elle rejetait. Si le fragment tombait trop près, ses pattes
de derrière le lançaient plus loin.

Peu à peu, elle creusa un puits de cinq lignes de diamètre, parfaitement cylindrique, et profond au moins de deux pouces. De
temps à autre elle s'arrêtait, évidemment fatiguée et essoufflée, car
elle écartait ses ailes pour laisser l'air arriver plus facilement jusqu'aux stigmates ouverts sur ses flancs, et par lesquels s'opère la
respiration chez les insectes. Enfin le puits se trouva achevé. En nous
penchant au-dessus avec précaution, nous vîmes la mégachille qui
en arrondissait le fond, en forme de dé, le tassait, l'unissait, le po-
lissait, le brossait à l'aide des poils de son abdomen, et le rendait
brillant et dur comme du marbre, en se servant de ce même abdomen ainsi que d'un brunissoir. On voyait les reflets de son corps
se reproduire sur les parois du puits comme sur un miroir de métal.
La main du plus habile ouvrier humain eût été impuissante à atteindre cette perfection.

Son travail terminé, la mégachille s'arrêta, agita longtemps ses
ailes de gaze pour amener un air frais et abondant dans ses stigmates, et passa une inspection minutieuse et complaisante de son

- œuvre. Évidemment elle se sentait satisfaite, et elle ne trouvait pas la moindre critique à s'adresser. Elle s'envola ensuite vers un coin du jardin où foisonnait le thym, et butina gaiement de fleur en fleur pour se réconforter par un bon repas. Elle revint ensuite au silos qu'elle avait creusé, et prit des mesures sur l'ouverture et la cavité de ce silos. Elle se servait pour cela de ses antennes en guise de compas, et les faisait virer comme les branches de cet instrument de mathématiques. Elle s'arrêta quelques secondes et parut graver dans sa mémoire les calculs qu'elle venait de terminer. Son attitude était clairement méditative. De temps à autre, elle frottait son front glabre de l'extrémité de ses pattes de devant, ni plus ni moins qu'un géomètre de profession.

Une fois bien édifiée sur ce qu'elle voulait faire, elle s'envola assez haut, plana quelques instants et s'abattit sur une ronce. Elle choisit une feuille solide et intacte; se plaça dessous et en attaqua le bord avec ses mandibules tranchantes comme le ciseau d'un jardinier, et striées en dedans comme la lame d'une scie. Du bord elle gagna la nervure centrale, revint ensuite au bord, taillant et sciant toujours. Quand le morceau travaillé commença à se détacher, elle le maintint entre ses pattes, qui remplirent l'office de *valet* d'établi. Puis elle tourna la pièce, la rogna et en façonna un rond que l'on eût pu croire enlevé à l'aide d'un emporte-pièce. Elle la prit dans sa bouche, l'emporta au silos, et en couvrit le fond intérieur avec une exactitude merveilleuse. Elle fixa ce tapis à l'aide de quelques chevilles taillées dans l'arète même de la feuille, ensuite elle recommença à prendre de nouvelles mesures et à façonner d'autres morceaux de feuilles de différentes formes, qui s'unissaient l'un à l'autre par des mortaises d'une extrême précision, et qui finirent par former à l'intérieur du puits une tenture élégante, fraîche et solide. Un casse-tête chinois ne présente pas de combinaisons plus difficiles et plus variées que n'en avait eu à résoudre l'insecte.

La mégachile se reposa une troisième fois, plaça sur son œuvre terminée un morceau de feuille sèche, de façon à en dissimuler l'entrée, et retourna butiner dans le petit champ de thym. A chaque instant, elle revenait chargée de miel et de cire, dégorgeait le premier dans les alvéoles solides qu'elle improvisait avec la dernière de ces matières, et finit par en emplir le silos.

Elle pencha alors son abdomen sur ce nid, résultat de tant de travaux ingénieux, pondit un œuf dans chaque alvéole, étendit au-dessus de l'ouverture une couche de cire, couvrit de poussière cette couche, en fixa soigneusement chaque grain, et fit si bien de ses petites pattes, qu'il devint impossible de distinguer la moindre trace de la mystérieuse cavité.

Depuis que l'abeille sauvage avait commencé à creuser son nid, un rat-nain se tenait à l'affût dans les herbes et épiait, sans en détourner ses deux yeux noirs et brillants, les travaux de la mégachile. Il les regardait toutefois avec moins de désintéressement que nous, et à un tout autre point de vue. Nous l'avions remarqué descendant de son habitation suspendue à de hautes et robustes tiges de blé qui poussaient au milieu de plantes sauvages. Avant de quitter cette demeure aérienne, semblable au nid d'une mésange, ovale, artistement tressée avec de la paille menue et du foin, ce rat, à peine un peu plus gros qu'un hanneton, s'était, au préalable, longuement assuré qu'il ne courait aucun danger. Rassuré par notre immobilité, il se laissa glisser le long d'une tige, comme un gamin le long d'un mât de cocagne, et se faufila adroitement, sans faire frissonner une feuille sèche, sans faire remuer un brin d'herbe, jusqu'à deux pieds environ de l'endroit où travaillait la mégachile.

Là, il s'embusqua sous une touffe de violettes, qui l'enveloppait de ses larges auvents.

Quand il vit l'abeille s'envoler après avoir fermé son silos, il s'élança vers ce silos rempli de miel, et commença avec ses pattes de devant à briser la croûte de cire qui le fermait.

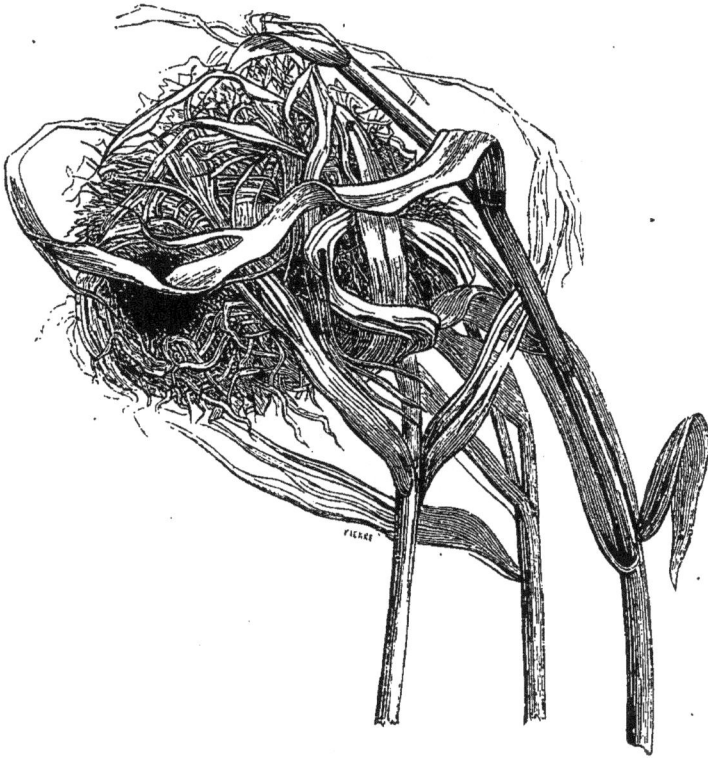

Par malheur pour lui, la mégachile s'était posée à peu de distance sur un rosier, et jetait un dernier regard d'adieu au lieu où elle avait déposé l'espérance de sa race. A la vue du rat-nain qui détruisait sans pitié le fruit de tant de travaux et qui allait dévorer ses œufs, elle s'élança vers l'agresseur et se mit à tracer autour de lui, à la manière des aigles, des cercles qui se rétrécissaient toujours. Le rat-nain, au bourdonnement produit par l'abeille, tressaillit et

voulut fuir. Il était trop tard! La mégachile, resserrant de plus en
plus ses anneaux magné-
tiques, le retenait fasciné
par la peur. Le rat, qui
sentait déjà au-dessus de
sa tête le frôlement des
ailes dont le bruit sinistre
l'épouvantait et le para-
lysait, fit un effort sur
lui-même; grattant le sol
de ses pattes, il essaya
de soulever la poussière
pour gagner au large à
l'aide de ce petit nuage,
ou du moins pour tenir à
l'écart l'abeille, qui a
horreur de toute souil-
lure. Hélas! cette terre
argileuse et ferme résis-
tait à l'attaque de ses faibles pattes. L'abeille fondit sur le malheureux,
lui fit une profonde pi-
qûre derrière la nuque,
laissa son dard dans la
blessure, répara les dé-
gâts faits au nid, s'en-
vola, et alla tomber à quelques pas de là. Que lui importait! puisqu'elle avait rempli sa mission, en assurant les moyens de reproduction de son espèce, puisqu'elle avait, par le sacrifice de sa vie,
sauvé ses œufs de la destruction!

Le petit rat, blessé par l'aiguillon venimeux, se roula sur le sol, se débattit, essaya de regagner sa demeure, et retomba près du silos de l'abeille qu'il avait voulu dévaster. Ses mouvements exprimaient la plus vive souffrance; ses yeux s'injectaient de sang; sa bouche imperceptible s'ouvrait convulsivement sans jeter de cri; ses pattes frappaient la terre, et il ne tarda pas à tourner sur lui-même d'une façon insensée. Cependant une tumeur envahissait rapidement son cou et ses épaules : son délire augmenta; il ne lui fut plus possible de se tenir debout; il glissa sur le flanc, s'agita en de suprêmes convulsions, laissa retomber la tête et expira.

Mon vieil ami, pendant que j'assistais aux dernières scènes de ce drame, s'était levé précipitamment, avait couru jusqu'à sa maisonnette et en revenait un flacon d'ammoniaque à la main. Cet homme, qui se posait en misanthrope, n'avait pu voir souffrir un rat sans la pensée de le secourir. Hélas! les secours arrivèrent trop tard. Presque ému, le digne homme ramassa le rat-nain, le retourna dans sa main, considéra quelques instants cette mignonne petite tête qui vacillait inerte, ces yeux qui dardaient naguère des étincelles, éteints et à demi recouverts par les paupières, et ce joli pelage doré, souillé de sang et de terre, puis il le laissa tomber en soupirant.

Il s'éloigna, fit quelques pas, et trouva l'abeille agonisante sur le sable et s'y débattant; elle aussi, elle mourait aussi de sa piqûre!

« Enterrons-les l'un près de l'autre, dis-je en riant.

— Et pourquoi prendre ce soin? répliqua-t-il. Pensez-vous que Dieu, qui a créé la mort, qui en a fait une loi de la nature, n'ait point créé aussi les fossoyeurs? Vous venez d'assister aux premiers actes d'un drame, certes aussi palpitant que toutes vos sottes inventions du boulevard; un drame qui vaut même mieux qu'une course de taureaux où l'on se tue réellement! Car, hélas! les plus doux divertissements de l'homme ne consistent-ils pas dans le spectacle de malheurs imaginaires ou réels? Ne cherche-t-il pas avec

avidité les scènes sanglantes? Son cœur ne bat-il pas impétueuse-
ment à la vue des périls que ses semblables bravent pour l'amuser?
Soyez satisfait! On vient de vous donner le spectacle de deux morts!
Deux morts de bestioles, il est vrai, mais deux belles morts : une
mère qui sacrifie sa vie au salut de sa lignée, un brigand qui expie,
par un trépas douloureux, ses pillages et ses crimes. Attendez le
dénoûment! vous dis-je. Il y en aura un et avec toutes sortes de
pompes théâtrales. Écoutez! voici la symphonie de l'orchestre qui
prélude. »

En effet, un murmure se faisait entendre : d'abord vague et sourd,
il devenait à chaque instant plus distinct et plus fort.

« Reprenez votre place dans cette bonne stalle, mollement rem-
bourrée de foin vivant et embaumé, me dit mon singulier ami; le
dernier acte commence. »

A mesure que le bruit approchait, il prenait un caractère strident. Une bande, composée de plusieurs gros insectes, descendit
des airs, et vint voleter en tournant autour du cadavre du rat-nain.
Je pus constater alors que les élytres de ces insectes, relevées l'une
contre l'autre, de manière à ne laisser voir que leur dessous jaunâtre, produisaient cette musique étrange, en se frottant l'une contre
l'autre, comme un archet sur les cordes d'un violon. Les ailes,
longues et légères, frappaient l'air avec vigueur, s'élevaient ou
s'abaissaient brusquement et produisaient la basse de ce singulier
dessus.

Après avoir reconnu le cadavre du rat-nain, les insectes descendirent à terre. D'abord ils replièrent soigneusement leurs ailes sous
les étuis de leurs élytres, taillées en forme d'écusson noir, striées
de deux larges bandes orangées et qui ressemblaient aux peintures
héraldiques dont on décore les bannières funèbres. A peine eurent-ils
terminé ces premières dispositions, qu'ils commencèrent à marcher
processionnellement autour du cadavre. Par intervalles, ils s'arrê-

taient, se tournaient vers lui et semblaient la saluer, en le touchant de leurs grosses antennes, terminées en courtes massues, et qu'à la rigueur on eût pu prendre pour des goupillons.

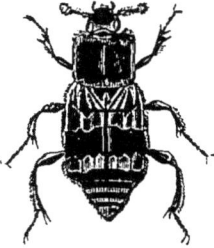

Cette marche lente et lugubre terminée, ils se rassemblèrent en conciliabule, et commencèren entre eux, à l'aide des mêmes antennes, une de ces conversations animées, particulières aux insectes et que je n'ai jamais pu voir sans admiration. Pendant qu'ils délibéraient, une grosse mouche bleue s'abattit en bourdonnant sur le rat-nain et se disposait à pondre ses œufs dans le corps du malheureux ; mais un des insectes reprit son vol, s'élança sur elle sans lui laisser le temps de fuir, et l'immola aux mânes du petit quadrupède. Ce sacrifice accompli, il rejoignit paisiblement ses camarades et recommença à prendre une part paisible à la discussion.

Une nouvelle promenade autour du cadavre suivit la tenue de ce conseil et me permit de constater que les insectes, au nombre de sept, étaient des nécrophores, de l'espèce appelée Vespilio. Ils marchaient lentement, et remuaient, avec une sorte de solennité, leurs six robustes pattes, dont les quatre dernières, un peu torses, attestaient une grande vigueur. Leur allure prenait une expression lugubre de la forme de leur grosse tête, penchée vers la terre, entassée dans un corselet noir, velu et fortement recourbé. Surmontée au-dessus des yeux de deux courtes antennes, cette tête se terminait par des mandibules avancées qui remuaient sans cesse, comme si elles murmuraient des paroles fatidiques. Enfin, une odeur de musc rance, assez forte pour arriver jusqu'à nous, s'exhalait de leur corps, et nous rappelait les émanations qui s'exhalent des corps en décomposition. D'innombrables parasites couvraient la plupart de ces nécrophores, grouillaient sur leur corps, sur leur tête, le long de leurs pattes et contribuaient à leur donner un aspect répugnant.

Gros comme des grains de poussière, d'un jaune livide et transparent, à l'aide de leurs deux pattes de devant, armées de crochets
fortement contournés et terminés en pointes aiguës, ces parasites
allaient et venaient sur les membres des nécrophores, à la façon
des matelots sur les vergues de leurs vaisseaux. A peine les nécrophores eurent-ils escaladé le rat-nain, pour recommencer leur
promenade, que tous les petits monstres, dans lesquels j'avais reconnu le gamasus des coléoptères, mirent pattes à terre et disparurent sous le poil touffu du cadavre. Le gamasus se sert des
insectes carnassiers comme moyen de transport. Ceux-ci lui tiennent lieu de véhicules et de pourvoyeurs. Dès qu'ils ont trouvé un
proie, le singulier être qu'ils transportent les quitte, s'empare de
la proie, et prélève un droit de prélibation, sauf à rechevaucher de
nouveau sur les chasseurs quand il s'est gorgé de nourriture.

Les nécrophores, débarrassés de ces cavaliers, recommencèrent
sur le rat-nain une conversation animée. Après quoi, ils regagnè-
rent la terre, disparurent sous le corps, et le transportèrent à dix
pas de là, dans un terrain plus poreux et moins consistant. Il leur

fallut à peine une minute pour mener à fin ce transport. Le cadavre
semblait se mouvoir seul, car on n'apercevait aucun des insectes
cachés sous lui et qui l'emmenaient. Je vous assure que jamais rien

d'aussi bizarre ne s'était offert à ma vue que cette marche d'un
cadavre. Arrivés au but, ils se disposèrent en cercle autour de leur
fardeau, sauf un seul, qui monta sur les flancs du rat, d'où il semblait donner des ordres à ses compagnons. Ceux-ci, la tête enfoncée
dans le corps qu'ils soulevaient et faisaient mouvoir, tantôt en avant,
tantôt en arrière, à l'aide de leur puissant corselet, grattèrent le
sol avec leurs pattes de devant, et ne tardèrent point à tracer un
large sillon. Leurs pattes de derrière, ces pattes arquées dont je vous
ai parlé, rejetaient la terre. Le sillon terminé, on écarta un peu le
corps, on creusa une fosse, et, en moins d'une heure, le rat-nain
reposait enseveli dans cette fosse, qui le débordait de sept ou huit
lignes. Les nécrophores rejetèrent la terre sur lui, la tassèrent, la
nivelèrent, la consolidèrent par des menus cailloux, et la rendirent
aussi invisible aux regards que l'était le nid voisin de la mégachile.
Les gamasus, aux premières pelletées de terre jetées sur le cadavre,
étaient remontés sur les nécrophores. Ceux-ci, sans tenir compte
de ces importuns cavaliers, commencèrent, sur la fosse terminée,
une véritable orgie que je serais assez embarrassé de vous raconter
dans tous ses cyniques détails. La troupe entière finit par reprendre
son vol et par disparaître dans les airs.

Je me levai et je me disposais à déterrer le rat-nain pour étudier
de plus près l'œuvre d'inhumation opérée par les fossoyeurs ailés.

« Gardez-vous-en bien, me dit le vieillard. Ne détruisez pas ce que
de pauvres insectes ont accompli au prix de tant de travail. Ne leur
causez pas un pareil désespoir quand ils reviendront demain déposer
leurs œufs fécondés dans le corps qu'ils ont enterré. Ces œufs,
après quelques jours d'une incubation favorisée par le dégagement
des gaz que produisent les corps en décomposition, deviendront des
larves en forme de fuseau. Elles porteront, au-dessus de chacun des
anneaux de leur corps, long de dix-huit lignes, des raies orangées,
semblables à celles de la livrée paternelle. Quatre épines aiguës

arment ces animaux ; elles servent à fixer à leur proie et par le dos
ces rudiments d'insectes qui se nourrissent sur place de l'animal
dans lequel ils sont nés. Après avoir tout dévoré, sans même épargner les os, les larves se fileront une coque soyeuse, lisse, admirablement ouvrée, deviendront des nymphes et se transformeront
bientôt en nécrophores. Alors, guidés par un instinct sûr, les jeunes
insectes marcheront droit à la petite ouverture, faite jadis par leur
mère quand celle-ci est venue pondre, briseront la légère couche
de terre qui la ferme, et s'envoleront pour aller en d'autres lieux
recommencer les merveilles auxquelles vous venez d'assister. Ajoutons qu'ils seront couverts de gamasus nés avec eux et qui les ex-
ploiteront comme véhicules. »

A quelque temps de là je trouvai effondrés le nid de la mégachile et la petite fosse ; abeilles et nécrophores étaient déjà disparus.
D'autres êtres s'étaient même emparés des deux terrains nivelés
en partie et revivifiés par la pluie. Des fourmis picoraient sur les
restes du squelette du rat-nain, réduit presque à l'état de poussière ;
une touffe d'herbe, dont le vent avait amené la graine dans ce creux,
poussait déjà des brins assez forts et assez hauts pour qu'une araignée des jardins y tendît sa toile ; un grand lombric sortait à moitié
son corps filiforme de ces catacombes à ciel ouvert, et prenait le
frais dans l'humidité qui suintait du sol ; des chenilles pâturaient
sur une plante de mauve qui avait enfoncé près de là le pivot de sa
racine, et étalait alentour ses feuilles rampantes et découpées. La
nature, en reprenant possession du coin de terre, en avait modifié
totalement l'aspect et l'usage.

Le vieillard, ce jour-là, me sembla plus sombre et plus abattu que
d'habitude. J'eus beau lui montrer les révolutions survenues entre
les deux rosiers, il ne leur accorda qu'un regard distrait, et ne mit
même point en avant un seul paradoxe ; — son âme emportait sa
pensée ailleurs.

Ce fut la dernière fois que je le vis.

Après un voyage de plusieurs mois à l'étranger, je me hâtai, sitôt mon retour, de me diriger vers l'enclos de mon vieil ami. L'hiver sévissait, le vent soufflait de bise, la neige couvrait la terre et surchargeait les rameaux nus des arbres; la gelée durcissait le sol devenu raboteux. J'ouvris avec peine la porte, contre le bas de laquelle la boue durcie formait obstacle. A mon grand étonnement, la fumée ne sortait ni de la cheminée, ni même de la porte du corps de logis. On n'entendait d'autre bruit que les piailleries des oiseaux qui voletaient affamés et qui cherchaient sous la neige de rares aliments. Il n'y avait personne dans la cabane. Certains désordres inconnus jusqu'ici pour moi, dans ces lieux pourtant si négligés, m'attestèrent qu'on ne les habitait plus depuis quelque temps.

J'allai prendre des informations au village voisin, près de la femme de ménage. Elle n'en savait pas plus que moi.

L'autre jour, avant de réunir ces notes, j'ai voulu revoir le jardin du vieillard. Il se trouve maintenant enclos dans une vaste ferme, admirablement cultivée, et dont les propriétaires actuels ont acheté du fisc, devenu l'héritier du vieillard mort sans famille, les terrains.

# CHAPITRE VIII

## HISTOIRE DE SIX CENTS SŒURS JUMELLES

e manuscrit que je viens de trouver dans cette farde de papier, dis-je à mon tour, est écrit en français, comme le premier que je vous ai lu.

Le petit drame qu'il raconte se passe ou plutôt se passait en plein Paris, il y a quelques années, et dans des lieux bien différents aujourd'hui de ce qu'ils étaient alors.

Son titre est : *Histoire de six cents sœurs jumelles.*

Sans doute, à l'heure qu'il est, on ne saurait plus trouver un seul chêne dans l'intérieur de Paris. En 1845, il en restait encore deux dans les terrains incultes de l'ancien parc de Tivoli. Les chênes dont je vous parle avaient mis assurément à pousser quatre ou cinq cents fois plus de temps que les quartiers nouveaux qui s'élèvent à leur place. Trois hommes n'eussent pu, en se tenant par la main, étreindre les troncs de ces arbres, dont la plantureuse feuillée projetait au loin ses ombres et formait une immense voûte de verdure.

On arrivait aux deux chênes par la brèche d'un mur en ruines à travers un pittoresque fourré d'arbustes et de plantes sauvages. Pendant les chaleurs de l'été, les mères du quartier y abritaient leurs petits enfants contre les ardeurs du soleil, et cinq ou six flâneurs du voisinage, peintres ou statuaires, ne manquaient jamais, le soir, d'y venir savourer, au frais et en plein air, les délices d'un bon cigare.

Un jour, l'un d'entre eux remarqua une espèce de sac de soie

appliqué le long du tronc d'un chêne, mais sans y adhérer. Du bout de sa canne il secoua ce sac, long de plus d'un pied ; il en tomba

une poussière roussâtre et fétide qui saupoudra son visage et ses
mains, s'y attacha comme les aiguillons de l'ortie, et y produisit une
cuisson violente, des ampoules et d'insupportables démangeaisons.
Furieux, il recommença ses attaques; cette fois la substance malfai-
sante l'atteignit aux yeux, y provoqua une rougeur instantanée, les
remplit de larmes et détermina une telle inflammation, que le pauvre
garçon dut recourir immédiatement à une pompe voisine et s'y bai-
gner les paupières à grandes eaux. Ces ablutions longtemps prolon-
gées allégèrent enfin sa souffrance; il revint prendre sa place au
pied du chêne et alluma un cigare pour calmer son dépit. Toutefois
il se garda bien de toucher de nouveau à la bourse maudite, mais
ses regards irrités se tournaient involontairement vers elle.

Il ne tarda point à remarquer une chenille qui, avec précaution,
sortait du sac mystérieux sa tête ronde et noirâtre. Elle regarda
longtemps, rentra et ressortit, suivie par deux autres insectes de la
même espèce; puis il en survint trois autres : une avant-garde en
règle. La reconnaissance terminée, les vedettes se mirent en marche.
Un nombreux cortège les suivit, cortège composé de files régulières
par six, marchant au pas et alignées, sans rompre les rangs d'un
millimètre. La compagnie la mieux disciplinée d'une véritable armée
n'eût pas manœuvré plus correctement. En peu d'instants les chenilles couvrirent toute une grosse branche. Quand les guides s'arrêtaient, elles s'arrêtaient; quand ils reprenaient leur mouvement,
elles le reprenaient.

A un signal du chef, on fit halte. Aussitôt la bande s'éparpilla, et
se livra à une picorée si vigoureuse, qu'en prêtant un peu d'attention, on entendait le craquement de leurs robustes mandibules, qui
coupaient et broyaient les feuilles. On eût dit des zouaves à l'œuvre
d'une razzia.

L'observateur reconnut alors qu'il avait affaire à un nid de chenilles processionnaires.

Oubliant les ampoules qui gonflaient son visage et ses mains, il trouva peu à peu un vif intérêt au spectacle qui se passait sous ses

yeux. Tout à coup, des sentinelles avancées, qui ne prenaient point part au pillage, parurent s'émouvoir. Abandonnant leur poste d'observation, elles allèrent de groupe en groupe, affairées, inquiètes, pressantes. Une grande agitation régna aussitôt parmi les chenilles. Elles quittèrent, sans même y donner un dernier coup de mandibule, les feuilles qu'elles rongeaient. Elles se rallièrent, elles reformèrent leurs rangs, et elles se remirent en marche.

Un gros insecte, tout caparaçonné d'or et d'émeraude, leur barra le passage. Son corselet d'acier bruni, ses élytres finement ciselées et damasquinées de stries dentelées, formaient un double bouclier allemand du quinzième siècle. Sa tête large, recouverte d'un casque à double panache, le faisait ressembler à l'un de ces barons qui descendaient du haut de leurs burgs pour piller et rançonner les pauvres paysans de la plaine. C'était un calosome sycophante, un bupreste carré, suivant la dénomination de Geoffroy.

Il se rua sur les premiers rangs des chenilles, massacra tout, et, gorgé de nourriture, rassasié de carnage, il passa sur les corps inanimés de ses victimes pour aller déposer ses œufs dans le nid même des processionnaires.

De ces œufs ne tarderont point à éclore des larves affamées, des ogresses, à la voracité desquelles cinq ou six chenilles suffiront à peine chaque jour. Il s'éloigna en laissant aux chenilles ces impitoyables garnisaires. Ainsi, les conquérants romains, après avoir ravagé les provinces ennemies, les livraient aux déprédations et aux cruautés de proconsuls, tels que Verrès, et tant d'autres aussi cupides, aussi exacteurs, aussi sanguinaires, mais moins connus; car ils n'eurent point un Cicéron pour les signaler à l'indignation de Rome et de la postérité.

Hélas! les processionnaires ne faisaient encore que leur premier pas dans la voie de l'infortune. Une nuée de moineaux s'abattit sur elles et massacra des compagnies entières de ces bataillons, qui continuaient imperturbablement leur marche régulière et lente. Si l'ennemi dispersait leurs pelotons, ces pelotons se reformaient, par une prompte manœuvre, comme des soldats aguerris le font sous le feu. Ils ne ralentissaient leur retraite que pour attendre les blessés, les escorter et les ramener au camp.

Plus d'un tiers de l'armée succomba, sans que rien pût la mettre en désordre et donner à ses évolutions l'air d'une déroute : chacun resta ou mourut à son poste. Tout fut perdu, fors l'honneur! Deux ou trois cents chenilles à peine rentrèrent dans la citadelle de bourre et de soie. Les attaques des moineaux restèrent impuissantes contre cette forteresse, grâce à la poudre que le moindre choc en faisait sortir, et qui bombardait de son artillerie empoisonnée les assiégeants, fort déconcertés par ses redoutables effets.

Il restait encore en danger l'arrière-garde, composée d'une vingtaine de chenilles, prudemment abritées sous un paquet de feuilles à demi-desséchées. Ne pouvant venir en aide à leurs sœurs, elles ne voulaient point sacrifier leur vie sans utilité pour la cause commune. Les moineaux ne les aperçurent point ou bien peut-être se sentaient-ils rassasiés et las de carnage. Ils s'envolèrent avec des cris d'insulte contre les innocentes populations qu'ils venaient de ravager, et vantant bien haut leur victoire remportée sans coup férir. Il en est toujours ainsi des faux braves. On remarquait parmi ceux qui piaillaient le plus fort, les poltrons qui, les premiers, avaient évité de s'approcher du nid et de sa poussière vésicante.

Les moineaux disparus, l'arrière-garde écarta les fascines qui protégeaient son gabion, forma ses rangs, se mit au pas, et essaya de gagner la citadelle.

A peine avait-elle franchi quelques menues branches, et atteint la grande route du rameau principal, que survint une mouche gigantesque. Sa taille mince, ses ailes de gaze, ses pattes dégingandées lui donnaient de la ressemblance avec un cousin ; son abdomen se terminait par une lance. Elle descendit des airs et voleta autour de l'arrière-garde. Elle ne paraissait pas hostile aux chenilles ; loin de là, elle les caressait de ses ailes ; on eût dit qu'elle agitait ce double éventail tout ruisselant de pourpre pour les rafraîchir et endormir leurs fatigues. Un léger bourdonnement, vague et harmonieux comme les derniers échos d'un tambour résonnant au loin, accompagnait ces caresses, hélas ! bien perfides. Après Achille venait Sinon.

Pendant une minute au moins, l'ichneumon, appelé vulgairement mouche vibrante, à cause de son agitation perpétuelle, continua ses évolutions autour de l'arrière-garde. Tout à coup il s'élança sur la plus grosse des chenilles, lui saisit la tête dans ses quatre pattes de devant, se cramponna sur son corps à l'aide de ses deux pattes de derrière, brandit rapidement sa lance, perça la peau de sa prisonnière et s'envola. La chenille, après un court temps d'arrêt, hâta le pas, rejoignit ses compagnes, et en poussa une à droite et une à gauche, pour reprendre, au milieu des rangs, sa place réglementaire, un instant abandonnée.

Il eût bien mieux valu pour la pauvre bête périr dans les griffes du calosome ou sous le bec des moineaux ! Elle va voir se réaliser pour elle les légendes hongroises du vampire ! Elle emporte ce vampire dans son propre corps : il la dévorera lentement, incessamment, ne lui laissera de trêve ni le jour ni la nuit, la suivra dans sa métamorphose de chrysalide, et n'achèvera de la tuer qu'au moment où, prête à subir sa transformation dernière, elle allait sortir brillant papillon des longs plis noirs de son linceul. L'ichneumon a glissé sous la peau de la victime l'œuf qui contient en germe ce monstre insatiable. La lance dont il l'a percée se compose d'une tarière flexible, renfermée entre deux lames cornées ; le long d'un rail, creusé dans cette tarière, il a fait glisser un œuf, maintenu de chaque côté par les lames faisant l'office de tunnel. Cet œuf ne tardera point à éclore sous la peau même de la chenille. La larve qui en naîtra croîtra dans son corps; elle se nourrira de sa substance graisseuse sans jamais attaquer un organe vital. Pas une seule des souffrances de l'infortunée ne se révélera à l'extérieur. Comme ces hommes qui cachent dans leur sein une douleur incurable sans en rien laisser voir aux regards des indifférents, elle continuera, en apparence, à remplir toutes les fonctions de sa vie habituelle. Aucune altération ne ternira la pourpre des tubercules, sertis parmi sa robe noire, comme des rubis; on ne remarquera pas même un léger désordre dans les aigrettes qui surmontent ces taches, et dont chaque brin brille de l'éclat d'une pierre précieuse. La chenille ensevelira avec elle son mal caché jusque dans le lit de soie qu'elle se construit, où elle s'endormira pour subir les mystérieuses épreuves qui devaient la transformer en papillon, et d'où le vampire seul sortira vivant.

Et pourtant elle a des sœurs qui doivent inspirer encore plus de pitié.

Un nouvel ennemi, devant lequel l'ichneumon prit rapidement la fuite, vola sus à l'arrière-garde des chenilles. On eût dit une guêpe géante. Il sauta brutalement sur la plus belle des processionnaires et la perça de son aiguillon. Aussitôt elle tomba foudroyée : une goutte d'acide prussique n'eût pas agi plus promptement. Le sphex, c'est ainsi qu'on nomme cette guêpe, saisit la chenille de ses pattes armées d'un ongle aigu pareil aux griffes du tigre, avec le pelage duquel son corps jaune, haché de bandes noires, lui donnait quelque ressemblance. Il prit son vol; il emporta sa proie dans les airs, et la jeta et la disposa en demi-cercle au fond d'un silos creusé entre les racines mêmes du chêne.

Hélas! la chenille n'était pas morte, elle n'était qu'évanouie. L'infortunée, blessée par un fuseau, comme la Belle au bois dormant, assoupie encore comme elle, ne se réveillera jamais.

Le sphex a déposé au milieu de ce demi-cercle vivant un œuf qui ne tardera point à éclore. Il en sortira une larve qui se nourrira de la chenille. Rien ne tuera celle-ci, rien n'en altérera la conservation. Cependant elle se trouve placée dans des conditions qui l'étoufferaient aussitôt et la décomposeraient en quelques heures, sans le poison que lui a inoculé la guêpe, et qui l'a embaumée en lui laissant la vie.

La vestale déposée au fond de sa fosse, le sphex, avec ses pattes de derrière, rejeta de la terre sur l'insecte et sur l'œuf, ferma l'ouverture, effaça méticuleusement les traces de la sépulture, et reprit son vol.

A quelques jours de là, le curieux observa que les processionnaires ne sortaient plus du sac de soie. Toutes s'occupaient à y filer le cocon dans lequel elles allaient devenir chrysalides. Elles disposaient chacun de ces cocons parallèlement les uns aux autres, dans l'épaisseur du nid, de façon qu'il n'offrît au regard que l'épaisseur et la longueur d'une chrysalide. De cette façon, chacune d'elles pourrait devenir papillon, sortir de sa loge sans déranger ses compagnes ; prendre son temps à sa guise, ne gêner personne et n'être gênée par personne.

Peu de jours après, on vit, autour de la bourse, des ichneumons et des sphex qui voltigeaient et bourdonnaient. Les moineaux couvraient toutes les branches voisines de l'arbre et semblaient partager l'impatience des insectes.

Vers le soir, un cocon se fendit extérieurement, et il en sortit un papillon chancelant, ébloui et enivré par les lueurs naissantes du crépuscule. Ses ailes, que chiffonnaient encore les plis contractés par un long séjour dans l'étroit fourreau de la coque, s'agitaient lentement; d'autres chrysalides s'ouvrirent de la même façon. A peine apparurent-elles, que les moineaux se rapprochèrent du nid, mais sans oser encore y toucher; ils redoutaient la poussière qui, au moindre choc, lançait ses aiguillons empoisonnés.

Les ichneumons et les sphex y mirent moins de façon ; ils allaient percer de leurs aiguillons les pauvrets, quand l'observateur, humant une vigoureuse gorgée de fumée de tabac, la lança sur les brigands ; le nuage qui enveloppa le nid les dispersa, et les moineaux eux-mêmes s'enfuirent effrayés.

La nichée de papillons nocturnes put donc, grâce à la vigilance de leur protecteur, accomplir sa dernière métamorphose. Un grand nombre de processionnaires devinrent des bombyx ; car en prenant une nouvelle existence, les chenilles ne gardent même pas leur nom

d'autrefois. Les bombyx s'envolèrent peu à peu pour aller au loin plonger dans le calice des fleurs de longues trompes recourbées, et demander la mort à l'amour.

Pour un insecte, aimer c'est mourir.

Les femelles revinrent pondre sur le chêne natal. Quand le jour commença à perdre un peu de sa clarté, elles arrivèrent par bandes, choisirent une place favorable et s'y attachèrent, en balançant avec grâce leurs ailes laineuses, frangées, et sur le fond grisâtre desquelles se déployaient des bandes de velours noir.

Chacune d'elles, après avoir pondu cinq ou six cents œufs, quasi-microscopiques et aplatis vers leurs extrémités, les disposa à l'aide de ses pattes de devant à peu près comme les boulets dans un parc d'artillerie, et les enfonça entre les crevasses de l'écorce du chêne.

Cette tâche terminée, elles s'envolèrent, tombèrent et vinrent mourir à quelques pas de là, sans même chercher à éviter le bec des moineaux qui se ruaient de toutes parts sur elles pour les dévorer.

Que leur importait la mort? La mission qu'elles tenaient de la nature était accomplie.

# CHAPITRE IX

## LES ÉPHÉMÈRES

e serait-ce point ici le cas, demanda Melchior, de parler des charmantes observations de
M. H. Lecoq sur la *transformation du mouvement
en chaleur chez les animaux*.

Indépendamment, dit-il, de la chaleur nor-
male développée chez les animaux à sang chaud par la conclusion
que détermine l'oxygène dans l'appareil respiratoire, il y a une cer-

taine quantité de chaleur additionnelle ou accidentelle produite par les mouvements de l'animal. Cette élévation de température, due à l'action des muscles, arrivée à un certain degré, variable pour chaque espèce et souvent par chaque individu, ne peut plus s'accroître, et alors se présente un phénomène analogue à celui que nous offre l'eau chauffée sous une pression déterminée. Le calorique excédant s'unit à une partie du liquide et se transforme en vapeur. Dans les animaux à sang chaud, cet excès produit la transpiration pulmonaire ou cutanée, et cette production de vapeur, en rendant latent le calorique en excès, rétablit l'équilibre.

Il n'en est pas de même chez les animaux à sang froid. Le mouvement, chez plusieurs d'entre eux, élève la température au point que l'animal ne peut plus la supporter et tombe de lassitude.

Le corps du sphinx (papillon nocturne) est relativement lourd et

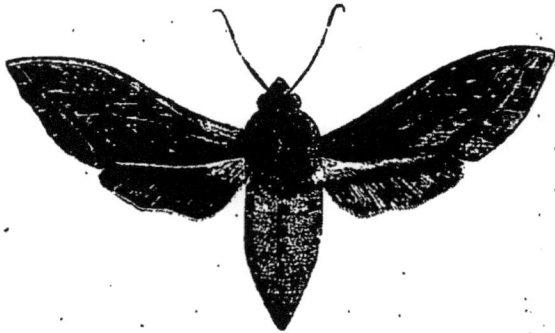

volumineux, ses ailes courtes et ses muscles moteurs d'une extrême puissance. Dans son vol rapide et soutenu, le sphinx se place devant les fleurs et ne touche à leurs nectaires que par l'extrémité de sa trompe. Il se soutient par le mouvement incessant et presque invisible de ses ailes. A peine a-t-il commencé ce violent exercice, que la chaleur de son corps augmente et continue d'augmenter rapidement. Dans les sphinx un peu volumineux, comme le sphinx Atropos, et quelle que soit alors la température de l'air, la chaleur acquise

surpasse celle des corps des mammifères, celle de l'homme, et arrive au moins à la température du sang des oiseaux.

J'ignore si cet excès de chaleur est la cause qui arrête le sphinx, Mais, bientôt après l'avoir acquise, il disparaît d'un vol extrêmement rapide, et remet au lendemain soir une nouvelle période d'agitation.

Ainsi, dis-je, les papillons se fatiguent, ont chaud, s'essoufflent, de même que les autres animaux. *Ces fils de l'air*, que Pline nous dépeint « ne touchant jamais la terre et *ayant des pattes* comme *l'homme a des mamelles* sans jamais s'en servir, » rentrent également dans cette loi universelle d'organisation, dont chaque jour de nouvelles découvertes attestent de plus en plus l'unité.

— Et puis, conclut le père Dominique en souriant, voici encore un proverbe démenti. On ne dira plus : *léger comme un papillon*, mais bien : *essoufflé* comme un papillon.

— Il y a des insectes dont la vie offre des phénomènes plus étranges encore, interrompit Frantz, et je veux vous raconter une scène dont j'ai été témoin à la fin de l'été dernier.

À cette époque, les jours décroissent rapidement, les nuits s'allongent, vous le savez, les matinées deviennent plus froides, les fleurs de l'été se hâtent de confier à la terre les graines qui doivent perpétuer leurs espèces et les faire renaître au printemps. Les hirondelles commencent à tenir des conciliabules sur les toits et songent au départ prochain, car les insectes deviennent rares. Les feuilles jaunissent, il règne partout dans la campagne je ne sais quelle tristesse à laquelle ne sauraient soustraire ni les fusillades des chasseurs, ni les aboiements des chiens, ni les derniers travaux de la moisson. La nature a pris un aspect sérieux, l'azur du ciel s'accentue davantage, l'automne arrive à grands pas!

Telles étaient mes impressions, tandis que je me promenais seul, le soir, dans la vallée de la Marne, où les eaux jaunâtres de cette rivière forment tant de capricieux méandres. Tout à coup je vis sortir du sein de l'eau un immense nuage d'insectes blanchâtres, assez semblables à des papillons. Ce nuage s'envola dans les airs, y tournoya pendant une heure environ, et peu à peu, tombant sur la terre humide de la rosée du soir, il joncha le gazon d'êtres agonisants. C'étaient des éphémères, autre mélancolique symptôme de l'automne; ils venaient de naître, et ils se mouraient déjà.

Je ramassai quelques-uns de ces névroptères pour examiner de près leurs formes. Je remarquai leur corps allongé, et leur tête petite et presque occupée tout entière par de gros yeux noirs. Le

Créateur ne leur a donné qu'une bouche rudimentaire, car ils ne doivent même pas effleurer le suc d'une fleur pendant leur courte existence. Deux ailes triangulaires jaunâtres avec un réseau brun recouvrent leur abdomen laineux, obèse et allongé; une autre paire d'ailes courtes et semblables à de petits moignons se dresse au-dessus du corselet tacheté de brun ; enfin les pattes, vigoureuses et fortes, se terminent par des ongles aigus.

Les mâles tombaient les premiers du haut des airs ou glissaient le long des arbres sur lesquels ils s'étaient réfugiés. Les femelles, sans s'inquiéter de la mort de leurs époux d'un moment, se hâtaient d'aller pondre dans la rivière. Tel était le poids de leurs œufs, que le sac qui les contenait se brisait souvent avant qu'elles eussent pu atteindre la rive, et qu'ils recouvraient l'herbe et le sable de leurs grosses grappes.

Des oiseaux de toute espèce volaient au milieu des éphémères et en faisaient un carnage impitoyable ; d'autres se hâtaient de dévorer les œufs éparpillés partout ; les poissons, de leur côté, attendaient la ponte au moment où les femelles effleuraient l'eau et la dévoraient sans traiter avec plus de merci la manne vivante qui leur arrivait littéralement du ciel. La surface de la rivière, le chemin de halage, les prairies, les champs voisins semblaient, à la clarté de la lune, recouverts d'un suaire de neige.

Plusieurs naturalistes prétendent que cinq ou six générations d'éphémères peuvent éclore sans que les œufs qui les produisent aient été fécondés ; d'autres nient cette assertion. Pourtant n'en advient-il point ainsi des acarus et de plusieurs autres insectes?

Les éphémères commencent par être aquatiques ; leurs larves, de forme allongée et la bouche armée de deux lames cornées et dentelées, vivent au fond des rivières et des mares ; elles se creusent dans les berges dont les terres sont compactes un trou double séparé par une étroite languette. Là, elles attendent patiemment que des débris de plante ou quelque petit insecte imprudent passe à leur portée. Alors les lames de leur bouche, qui leur ont servi de pioche et de truelle pour construire une demeure, deviennent une arme meurtrière qui tranche et dépèce tout ce qu'elle saisit.

Lorsqu'elle a mené un an cette vie de brigand, la larve devient une nymphe; mais sa transformation et le nom poétique qu'elle prend ne changent rien à ses habitudes carnassières. Les nymphes ne se distinguent de la larve que par des rudiments d'ailes. Elles continuent à vivre dans leurs grottes souterraines et à dévorer tout ce qu'elles peuvent attraper au passage.

Après deux, trois et même quatre ans, les nymphes se traînent hors de l'eau et vont se fixer sur quelque endroit sec. Alors leur peau se fend au-dessus de la tête et du corselet, et le nouvel insecte ne tarde point, complet et orné d'ailes, à s'échapper du fourreau qui l'a si longtemps contenu. Il s'envole aussitôt à quelque distance pour subir une nouvelle mue, et son corps et ses ailes se dépouillent d'une seconde enveloppe. Après toutes ces transformations et tous ces changements de nature et de costume, l'éphémère parcourt les airs pendant une heure ou deux et tombe mort.

Pourquoi cette longue existence au fond de l'eau? Pourquoi ce trépas instantané dans les airs? Qui le sait et qui le saura jamais? Il faut, devant ce mystère comme devant tant d'autres, s'humilier et s'incliner en face de la toute-puissance du Créateur.

— Il y a, dit le père Dominique, des éphémères non-seulement parmi les insectes, mais encore parmi les plantes et les arbustes.

Telles sont, par exemple, les fleurs du ciste, que les montagnards nomment *fleurs du soleil*, qui s'ouvrent dès le lever de cet astre, le suivent, tournent avec lui et s'effeuillent à la fin de sa course.

Le ciste est un buisson odorant, à fleurs pourpres, dont les jeunes feuilles et les bourgeons sécrètent, le soir surtout, une substance parfumée, noirâtre, nommée *laudanum*. Les Grecs recueillent cette substance, la disposent en pains et l'expédient dans toute l'Europe, où la médecine l'employait naguère à combattre les affections catarrhales.

On rencontre de nombreuses espèces de ciste en Syrie et en Espagne, et même dans le midi de la France; mais on ne le cultive nulle part. Après l'avoir dépouillé de son miel bienfaisant, les bergers l'arrachent du sol et s'en servent pour se protéger, en le brûlant, contre les premiers froids de l'automne. Le ciste est tellement vivace, que les débris de ses racines, restés dans la terre, produisent au printemps de nouveaux rameaux et de plantureux buissons.

— Pour en revenir aux insectes éphémères, reprit Frantz, laissez-moi vous dire que la nature a tellement tout combiné pour leur prompte destruction, que, malgré des soins et des précautions inimaginables, on ne peut les conserver dans les collections d'entomologie. En dépit du verre qui les abrite, en dépit de toutes les substances mortelles dont on les entoure, ils se racornissent, se brisent, tombent en poussière, et deviennent les premiers la proie de ces parasites quasi microscopiques, qui sortent on ne sait d'où, et qui envahissent et ravagent en quelques jours les collections les mieux surveillées.

On rencontre les éphémères dans toutes les parties du globe et surtout en Chine. On sait que dans le Céleste Empire une grande partie de la population habite des bateaux ou plutôt des demeures flottantes. Les pêcheurs, les fermiers qui élèvent des canards et des oies, immense branche de commerce en ce pays, et beaucoup de petits propriétaires naissent, vivent et meurent dans des jonques recouvertes d'un toit, divisées en appartements et qu'ils promènent au gré de leurs besoins ou de leurs fantaisies sur les eaux des fleuves et des canaux.

Pour cette singulière population, comme pour les populations riveraines, l'apparition des éphémères est un événement attendu avec une grande impatience et l'objet d'une fête publique. Quand, à certains signes connus et soigneusement étudiés, on reconnaît que ces insectes doivent prochainement sortir de l'eau, on envoie des messagers dans toutes les villes voisines; le tamtam et le gong retentissent le long des fleuves, et des lanternes aux mille couleurs s'allument partout, attachées aux jonques, suspendues aux arbres, et hissées à des poteaux.

Les malheureux éphémères, éblouis par ces clartés inattendues, vont se jeter de tous les côtés contre les lanternes, et, en tombant, jonchent la terre d'une véritable neige vivante. On les recueille à l'aide de râteaux ; on prend avec des filets ceux qui volent, et, tandis que les uns les jettent tout vivants dans des poêles pleines de friture en ébullition, les autres les entassent dans des mortiers où ils les pilent. On mélange ensuite cette pâte singulière avec du miel, on la renferme dans de petits tonnelets en porcelaine hermétiquement fermés, et on la transporte, à l'aide de bateaux légers et rapides, jusque dans l'intérieur des villes.

« Les éphémères frits, m'écrivait un de mes amis attaché à l'ambassade française en Chine, rappellent un peu le goût légèrement

acidulé des beignets de pommes. En marmelade, on les prendrait
pour d'excellentes confitures de groseilles. Je vous vois d'ici lever
les épaules en signe de dégoût, et demander comment les Chinois
peuvent trouver excellents les éphémères. Ils ont raison, je vous
l'affirme, et je partage leur goût pour ces insectes, pour les larves
de palmiers, gros vers blancs d'un aspect appétissant et bien plus
exquis que les crevettes, et même pour les nids d'hirondelle, qui
dépassent en finesse le parfum des truffes, que vous payez si cher
et que vous prisez si haut! Je vous conseille de faire les dégoûtés,
vous qui mangez des escargots, des huîtres, des homards, des lan-
goustes, des crabes et des écrevisses, immondes bêtes qui ne se
nourrissent que de détritus impurs! Si les confitures aux éphémères
pouvaient se conserver au delà de deux ou trois heures, j'en join-
drais quelques pots à la petite provision de piment sucré qui ne
tardera pas à vous arriver, que les Anglais trouvent délicieux, et
que l'on commence à servir sur les tables françaises. Vous jugeriez
avec connaissance de cause si les Chinois et moi nous avons mauvais
goût de les aimer! »

# CHAPITRE X

## L'ENTOMOLOGIE A LA COMÉDIE-FRANÇAISE

e sais un drame aussi saisissant que la mort funeste des éphémères, dit Pedro. Un seul insecte, il est vrai, y joue le rôle principal, mais, en revanche, la scène se passe à la Comédie-française.

J'en tiens les détails d'un de nos savants les plus célèbres et les plus respectables.

L'autre soir, il y avait grande joie dans la famille de ce vieillard vénérable. Sa petite-fille, une charmante enfant de quatorze ans, avait obtenu de son grand-père qu'il la conduisît aux Français voir *le Duc Job*.

Les voilà qui partent tous les deux, bras dessus bras dessous, s'il vous plaît! elle, avec sa plus jolie robe et son plus charmant chapeau, lui en habit noir, l'habit des grands jours! et une belle rosette rouge toute neuve à sa boutonnière.

On arriva, bien entendu, avant le lever du rideau, et l'on ne sortit que des derniers. Il fallait voir la jeune fille veiller sur son grand-père avec une sollicitude toute maternelle. Elle voulut qu'il prit la meilleure place de la loge, et elle lui fit apporter, dans l'entr'acte, un sorbet dont elle tira le prix de la petite bourse où je l'ai vue tant de fois puiser furtivement des aumônes.

Elle l'obligea même à se promener dans le foyer, d'abord pour qu'il ne souffrit point de la chaleur, ensuite parce qu'elle était bien fière et bien heureuse de s'appuyer sur le bras du vieillard dont chacun, en passant près de lui, se disait à voix basse le nom célèbre.

Si ce fut fête pour mademoiselle Marie ce soir-là, ce ne le fut pas moins, le lendemain, au dîner hebdomadaire qui réunit fidèlement tous les membres de la famille. Elle raconta triomphalement la grande nouvelle de l'équipée de son bon papa, et elle assura, — chacun la crut sans peine, — que sa plus grande satisfaction avait été l'attention continue que l'excellent homme n'avait cessé de donner au spectacle.

— Comment mon oncle a-t-il trouvé la pièce? demanda, non sans malice, une nièce de quinze ans, une espiègle que cette attention étonnait quelque peu chez le savant dont la distraction bien connue l'avait fait sourire plus d'une fois.

— Certes, répondit le savant, je puis dire que je n'ai jamais vu un meilleur comédien que M. Got; je l'ai trouvé admirable dans le premier et dans le cinquième acte.

— Et pourquoi ne portez-vous pas le même jugement sur lui dans les trois autres actes? continua la petite méchante.

— C'est que, je l'avoue bien bas, je ne les ai point écoutés, mon enfant. Hier soir, la nature m'a offert aussi son spectacle, et, ma foi, l'habitude l'a emporté. J'ai oublié l'art pour la nature!

— Oh! bon papa! bon papa! Ne pas écouter d'un bout à l'autre cette charmante pièce qui m'a tant amusée! lui dit d'un ton de reproche sa petite-fille.

— Allons! ne te fâche pas, viens m'embrasser, assieds-toi là, près de moi, et dis-moi si vraiment j'ai eu bien grand tort. Non! j'ai eu tort, je l'avoue, mais tout autre entomologiste eût failli comme moi !

Figure-toi que je m'amusais comme un dieu à voir ton duc : c'est un de ces héros ainsi que je les aime, simples, grands, sans emphase et faisant, en matière de cœur et d'honneur, plus de besogne que de bruit. Or, je le jure par ton joli petit minois, j'étais tout yeux,

tout oreilles et attention depuis les pieds jusqu'à la tête, quand je remarquai machinalement une sorte de petit mouvement presque imperceptible qui se manifestait dans le velours rouge dont se trouvait recouvert l'appui de la loge. C'était une *tinea*, une teigne, un papillon de la laine, comme on dit vulgairement, qui venait de sortir de sa coque. Faible encore, elle agitait doucement ses ailes d'argent et d'émail, si l'on peut comparer à des métaux ouvrés par la main de l'homme l'admirable orfévrerie dont le Créateur pare les moindres insectes!

La coque d'où sortait la tinea, et qui restait là béante, comme un œuf brisé d'où vient d'éclore un oiseau, se composait d'une enveloppe de laine rouge, si savamment tissée que l'insecte lui avait laissé toute l'apparence de l'étoffe à laquelle elle était empruntée. Même disposition des fils, même lustre, même tissu régulier et serré. Quant à l'envers, ou plutôt le dedans, il était de soie. Nos artisans de Lyon, quelle que soit leur habileté, ne sauraient donner à leurs plus admirables produits l'éclat brillanté de ce petit fourreau, dont chaque fil resplendissait comme un diamant.

Le papillon resta d'abord étourdi sur l'appui de la rampe ; il déployait doucement, et par une sorte de tremblement régulier, ses membres resserrés, depuis un an peut-être, dans son fourreau de soie. En ce moment les comédiens terminaient le second acte du *Duc Job*, et nous allâmes, un peu à mon regret, je te l'avoue humblement, nous promener dans le foyer.

Quand nous revînmes, les antennes de la tinea se dressaient fièrement sur sa tête ; ses ailes supérieures, brunes à leur base et d'un blanc jaunâtre dans le reste de leur longueur, se développaient comme un riche manteau relevé en queue de coq vers le bas. Au bruit que nous fîmes en nous rasseyant, le petit papillon s'envola et se dirigea vers le théâtre, où l'attiraient les décevantes clartés de la rampe.

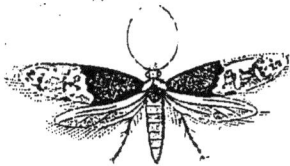

Il passa néanmoins au-dessus de ce foyer incandescent et voleta autour des acteurs ; il y eut même un moment où il se posa sur l'épaule de l'un d'eux. Puis il s'en détacha après une minute environ, parcourut la salle et finit par s'arrêter aux secondes loges, où ma lorgnette me permit de le voir distinctement tourner ses antennes avec une attention inquiète vers une autre tinea qui voletait non loin de là.

Il fallut alors, bon gré, mal gré, sortir encore, car, sous prétexte que tu avais soif, tu m'obligeas à manger une glace !

A notre rentrée dans la loge, au lieu de deux, les tineas étaient trois. L'une, plus petite et plus effilée que ses congénères, se tenait paisiblement sur le bord de notre loge ; les deux autres se battaient avec acharnement tout près de là. Elles tournoyaient dans l'air, s'abordaient rudement et se cramponnaient l'une à l'autre, cherchant à se déchirer avec leurs ongles microscopiques. Leur rage insensée finit par les entraîner au-dessus de la rampe, dont tout à coup le machiniste raviva la clarté. La flamme s'éleva brusquement et dévora les deux ennemis ; je vis leurs débris à demi brûlés retomber en poussière.

En ce moment la femelle, cause évidente de ce duel, s'envola insoucieusement et alla se jeter dans le voile d'une de nos voisines, qui l'écrasa en s'écriant : « Oh ! le vilain papillon ! » C'était la morale et la fin du drame de la nature. Dès lors, mon enfant, j'écoutai attentivement la comédie de M. Laya.

— Vous êtes un vilain, bon papa ! répondit la jeune fille, en le menaçant gentiment du doigt. N'avez-vous point assez de la journée — et, j'en ai bien peur, d'une partie de la nuit — pour étudier vos insectes ? Ne pouvez-vous donc point vous amuser tranquillement au spectacle, quand j'y suis, avec vous, une pauvre petite fois par hasard ?

— Soit ! tu as raison, j'ai tort. Allons, pardonne-moi. Demain je te conduirai au spectacle, et, tu le verras, je serai attention de la tête aux pieds. — Où veux-tu que je te mène demain ?

— Où voulez-vous donc aller, bon papa, si ce n'est au *Duc Job* ?

— Je suis curieux, demanda le père Philippe, de savoir si la malheureuse tinea entendait le bruit qui se faisait autour d'elle au Théâtre-Français.

— Assurément, répondit Frantz, les insectes entendent ; mais comment? c'est là la question.

M. Charles Lespès a publié à ce sujet des observations fort curieuses :

« Erichson, dit-il, a décrit le premier de petites ouvertures percées dans l'enveloppe cornée de l'antenne et fermées par une mince membrane ; il paraît n'avoir étudié ces organes que sur des insectes desséchés, ce qui l'a induit en erreur sur la manière dont ils sont constitués.

« Ces ouvertures, dont le nombre et la position sont extrêmement variables, existent chez tous les insectes ; elles sont fermées par une membrane comme le tympan ou mieux comme la fenêtre ronde de l'oreille des vertébrés ; je propose de les désigner sous le nom de *tympanules*.

« Derrière la membrane du tympanule, et immédiatement appliquée à sa surface, se trouve une petite poche pleine d'un liquide épais et dans laquelle on aperçoit presque toujours un corps solide. C'est probablement une poche auditive et une otolithe renfermée dans cette poche.

« Enfin il m'a été possible, dans plusieurs cas, de suivre jusque dans cette poche auditive un des filets terminaux du nerf antennal.

« Une étude comparative, suivie dans un très-grand nombre d'espèces, m'a démontré que ces organes sont toujours constitués de la même manière; leur volume seul varie, mais n'est point en rapport avec la taille des insectes ; ils sont souvent très-petits dans les grandes espèces, tandis que dans les petites ils acquièrent quelquefois un volume relativement fort grand.

« Quant à leur nombre, il est très-variable : j'en ai trouvé quatre seulement sur l'antenne des libellulides, tandis que, dans celle des coléoptères lamellicornes, il y en a un nombre énorme. La position qu'ils occupent sur l'antenne est aussi très-différente et toujours en rapport avec la forme de cet appendice.

« En recherchant un organe analogue chez les myriapodes, j'ai trouvé chez plusieurs une disposition remarquable : vers le milieu de l'antenne de l'un d'eux (*Scutigera coleopterata*) existe une sorte de nœud ou de renflement formé par deux articles entre lesquels est placée une petite poche dans laquelle se termine une branche du nerf antennal. Dans une autre espèce (*Iulus terrestris*), j'ai trouvé deux appareils analogues à côté l'un de l'autre.

« Les organes que je viens de décrire dans les insectes représentent avec des dimensions très-petites, il est vrai, l'appareil auditif des crustacés décapodes, placé aussi sur l'antenne; comme lui, ils sont formés du nerf antennal. Dans l'appareil des crustacés, on ne trouve pas de véritable otolithe, mais le centre de la poche renferme un liquide plus épais; chez quelques insectes existe une disposition analogue, mais chez la plupart la partie centrale est vraiment solide.

« Quant à l'organe des myriapodes, il ne diffère en aucun point essentiel de celui des crustacés, et il peut être considéré comme établissant le passage entre ce dernier et celui des insectes.

« Il est donc probable que ces appareils sont destinés à l'audition.

« Les expériences physiologiques que j'ai tentées pour déterminer le siége de l'ouïe chez les insectes ne m'ont donné que rarement des résultats incontestables; quelques-unes pourtant m'ont permis d'arriver à la preuve que les insectes entendent réellement les sons comme la plupart des autres animaux, et ne les perçoivent pas comme des mouvements de trépidation, ainsi que quelques naturalistes l'avaient pensé, et que ce sont les antennes qui renferment l'organe auditif, et cela séulement dans les points où elles portent les appareils que je viens de décrire.

« Si, comme je le pense, ces organes constituent l'appareil auditif des insectes, ces animaux nous offriraient une oreille composée, de même qu'ils ont un œil composé. Nous pourrions, d'un autre côté, comparer l'organe de certains myriapodes et celui que l'on trouve dans quelques larves aux yeux simples de plusieurs d'entre eux, et enfin, pour compléter cette analogie remarquable entre deux appareils sensitifs, nous trouverions chez un myriapode au moins deux organes auditifs à côté l'un de l'autre, comme nous trouvons chez quelques articulés des groupes d'yeux simples. »

# CHAPITRE XI

## UN SIÉGE DANS LE BOIS DE VINCENNES

uisque chacun raconte ses aventures, je vais vous imiter, mes amis, dit Melchior, et j'ai la prétention qu'elles seront aussi dramatiques que les vôtres, quoique les héros en soient aussi des insectes.

Par une belle soirée du mois de juin, je me promenais dans le bois de Vincennes. La chaleur, malgré l'ombre des vieux arbres et le voisinage de l'eau, commençait à mouiller mon front et à rendre mes pas plus pesants. Or l'herbe était épaisse et molle, et je me sentis une grande envie de me coucher sur le tapis qui s'étendait devant moi d'une façon si séduisante. Par hasard, il me revint à la pensée ce paradoxe de madame de Staël, « que la meilleure manière de se débarrasser d'une tentation consistait à y succomber; » et je succombai.

Quand je me sentis reposé, et tout en goûtant le bien-être de mon *far niente*, mes regards se portèrent machinalement autour de moi, et interrogèrent les lieux qui m'entouraient. L'esprit de l'homme est ainsi fait : au milieu de tous les contentements, de tout le bien-être, il veut encore quelque chose de plus. A la fatigue, à la chaleur, à la marche, pour moi avaient succédé le repos, la fraicheur et cette bonne attitude horizontale que les musulmans professent être un des plus grands bonheurs... Il me fallait un aliment à mon attention, une préoccupation à ma pensée.

Cet aliment ne tarda point à se présenter. A un ou deux pas de moi se trouvait un petit tas de pierres; c'étaient, je crois, les débris dédaignés des grès qui avaient été taillés pour paver la route. Ils gisaient là depuis longtemps, car la pluie avait déjà verdi de mousses microscopiques les mille facettes creusées par le temps et par l'action de l'air; de longs brins d'herbes commençaient même à surgir à travers les interstices du petit tumulus.

Tandis que j'admirais la puissance féconde que Dieu donne à la nature, et qui ne laisse stériles ni un creux imperceptible de caillou, ni une parcelle de terre, je vis tout à coup un insecte un peu plus gros qu'un grain de blé sortir avec précaution du tas de pierres et regarder attentivement autour de lui. Rien ne troublait le calme de ce petit coin de bois, si ce n'est les chants lointains des chardonnerets, le cri strident d'un grillon et l'imperceptible bruis-

sement des herbes qui ondulaient parfois sous le souffle gunré du vent.

L'insecte rassuré se mit à grimper sur les pierres comme sur un observatoire : afin de compléter sa reconnaissance, il alla jusqu'à la plus haute, où il agita pendant quelques secondes ses antennes étendues. Je reconnus alors un des plus jolis membres de la famille des coléoptères, le brachyne-pistolet (*brachynus sclopeta*).

Il portait fièrement sa tête couronnée de deux antennes qui rappelaient, sans trop de désavantage, le plumet d'un élève de Saint-Cyr; son corselet jaune et effilé et ses élytres vertes bordées de fauve pouvaient vraiment se comparer au costume d'un chasseur de Vincennes; d'autant plus que tout dans son allure attestait des habitudes guerrières : rien qu'à la façon dont il ouvrait ses mandibules en leur donnant un air de moustaches, rien qu'au dandinement de son corps, on devinait un parfait troupier.

La reconnaissance terminée, il descendit avec prestesse au bas des pierres, et fit, à l'aide de ses pattes de derrière, un signal qui amena huit ou dix autres brachynes, avec lesquels il échangea une conversation animée au moyen de ses antennes, qu'il frottait par des mouvements variés contre les antennes de ses interlocuteurs.

Quoique la science n'en sache rien encore, j'ai toujours supposé que les antennes contenaient des fils électriques et n'étaient autre chose que des télégraphes privés donnés par Dieu à ces petits êtres.

Après une courte délibération, la bande se mit en marche et se dirigea, à ma gauche, vers une partie un peu plus humide du bois, grâce à un buisson dont la feuillée ne permettait pas aux rayons du soleil d'arriver jusqu'au sol.

Je pus donc, sans changer de place, sans faire un mouvement, suivre des yeux la troupe des brachynes, et même les devancer du regard au lieu vers lequel ils marchaient. Là m'attendait une autre scène non moins curieuse.

Trois forficules s'étaient établies au pied d'une souche et parmi des détritus d'écorce et de foin. Tout le monde connaît la forficule, et nous en parlions encore tout à l'heure, insecte inoffensif s'il en fut, et qui, cependant, inspire une sorte de terreur, sous le nom bien immérité, je vous l'assure, de *perce-oreille*. Le pauvre insecte serait fort embarrassé de remplir la terrible mission que lui donnent des préjugés dont on ne peut même pas comprendre l'origine. Il ne possède rien de dangereux, ni même d'agressif. Les crocs dont se trouve armée l'extrémité inférieure de son corps, et dont on ne connaît pas clairement l'usage, servent à peine à sa défense; ils sont, je crois, de simples pinces destinées à le retenir, en cas de chute, lorsqu'il grimpe sur un arbre pour en entamer les fruits.

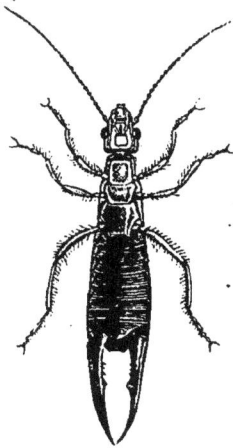

Mais, si la forficule n'est point un fléau de la nature, elle ne taille pas mal de besogne aux entomologistes, qui ne savent comment la classer. Ses ailes invisibles, soigneusement renfermées dans une gaîne, ne présentent point un phénomène vulgaire à l'observateur. Ces ailes, développées surtout chez la forficule biponctuée, pour se cacher sous des élytres très-courtes, se plissent en éventail, et se replient deux fois sur elles-mêmes. La forficule s'en sert peu et seulement aux moments d'extrême danger, car elle ne peut les déployer avec une grande rapidité. A vrai dire, elles forment plutôt un parachute que de véritables moyens de voler, et l'insecte ne les ouvre guère qu'en tombant de très-haut.

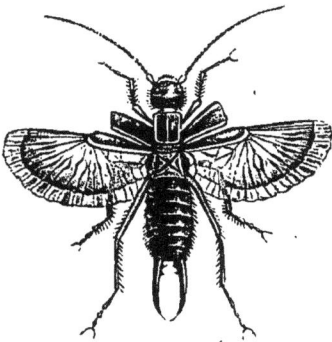

Voici, pour rendre plus complète ma description, les figures d'une forficule mâle et d'une forficule femelle.

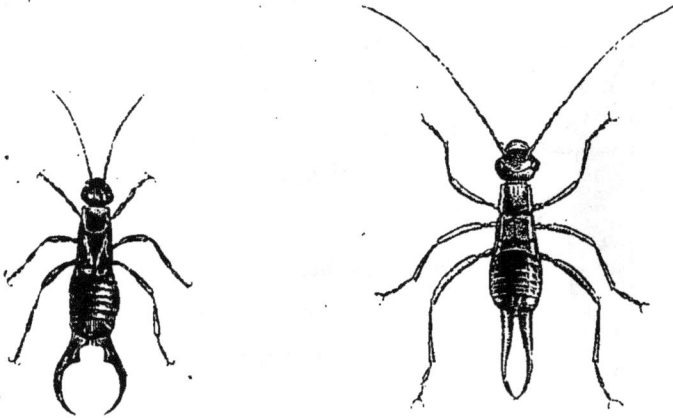

Quoi qu'il en soit, des trois forficules dont je vous ai parlé, l'une couvait ses œufs, et les deux autres surveillaient leurs petits, éclos sans doute de la veille, car ceux-ci ne dépassaient guère en grosseur un grain de millet.

Le nid de la couveuse, formé de petits morceaux de feuilles sèches enlacés les uns aux autres avec un art infini, présentait à l'œil une forme allongée et ressemblait à une corbeille; de temps à autre elle se levait, examinait ses œufs grisâtres au nombre de vingt à trente environ, les prenait un à un dans ses mandibules avec une sollicitude vraiment maternelle, les disposait de manière qu'ils reçussent d'une façon égale la chaleur qui devait les faire éclore, et se recouchait ensuite. On apercevait à peine sa tête, qui sortait d'une petite anfractuosité ménagée dans l'une des extrémités du nid. A l'autre bout apparaissaient les pinces dont nous parlions tout à l'heure, qui se dressaient comme un croissant et qui se confondaient parmi les morceaux de feuilles noircies.

Près de la couveuse allaient et venaient les deux autres mères, conduisant leurs petits aux meilleurs endroits, c'est-à-dire à ceux que garnissaient une légion de pucerons, amassés autour d'une tige de rosier sauvage rampant jusque sur le sol. Non-seulement elles conduisaient leurs poussins au milieu de cette abondante provende, mais encore elles choisissaient les meilleurs pucerons pour les offrir aux moins grands de leurs nourrissons. Souvent il s'élevait des luttes et même des combats entre les poussins, car, à peine nés, tous les êtres qui vivent ici-bas sont disposés à abuser de leur force aux dépens des faibles. Il ne fallait pas cependant que les mères aperçussent ces violences; elles gourmandaient les petits méchants, elles les emportaient loin de là dans leurs mandibules, et exerçaient une police de nature à faire rougir la meilleure des poules, si toutefois les poules rougissent; ce que je suis porté à croire, car la face des animaux comme la face de l'homme rougit ou pâlit au choc d'une vive émotion.

Les trois forficules remplissaient donc pieusement et de tout cœur leurs devoirs maternels, lorsque soudain la couveuse, que ne préoccupait pas autant que les deux autres la turbulence des poussins, se souleva dans son nid, dressa ses antennes, releva ses pinces et sembla percevoir quelque bruit.

Après une seconde d'examen, elle s'élança vers ses deux compagnes et frappa leurs antennes de ses antennes. Aussitôt les autres témoignèrent une grande agitation; elles rassemblèrent à la hâte leurs petits, les cachèrent sous des débris de feuilles, et déposèrent autour d'eux de la terre humide de manière à improviser une sorte de fortification. La couveuse emporta ses œufs et les enfouit dans un creux naturel formé par une courbe des racines du rosier, puis avec ses pattes elle les recouvrit de poussière.

Toutes ces précautions se trouvaient prises à peine, que la bande des brachynes arrivait, bien plus nombreuse qu'au moment du départ : elle s'était grossie en route d'une quinzaine de recrues.

Sans hésiter et comme de véritables soldats, la petite armée forma autour de la forteresse des forficules un cercle stratégique, qui la cerna et se mit, en marchant, à se resserrer peu à peu. De leur côté, les assiégés se préparaient à la défense. Les trois courageux insectes couvraient de leurs corps la couvée et montraient leurs têtes armées de redoutables mandibules à travers les créneaux de leurs circonvallations de terre; d'autre part, le cercle des assiégeants se rétrécissait de plus en plus. Ils arrivèrent ainsi à un pouce du rempart.

Tout à coup ils se retournent vivement, une explosion se fait entendre, un nuage de fumée s'élève et se dissipe bientôt.

Pas un des petits n'avait été atteint, mais les fortifications se trouvaient entamées et une des forficules agitait douloureusement sa tête, sur laquelle retombaient ses antennes brisées et corrodées.

Sans laisser aux assiégés le temps de se reconnaître, l'ennemi, qui avait fait volte-face, revint à la charge et fit un nouveau feu. Quatre fois il en fut ainsi.

Les forficules, éperdues et blessées, sortirent de leurs forteresses, sans doute pour entraîner l'ennemi à quelque distance du combat, mourir et laisser le temps aux petits de prendre la fuite. Hélas! tant d'héroïsme ne servit à rien! Tandis qu'une partie des brachynes se ruaient sur les trois sublimes mères, qui firent une résistance héroïque et mirent cinq ou six ennemis hors de combat, les autres brigands couraient aux poussins et en faisaient un massacre affreux. Non-seulement ils tuaient pour manger, mais encore pour le plaisir de tuer! Bientôt de ces trois heureuses familles il ne restait pas même les œufs de la couveuse, que les pillards avaient découverts et qu'ils déchiraient à belles mandibules.

Interrompons un moment ce triste spectacle, et, pour calmer l'é-

motion qu'il nous cause, disons de quelle arme terrible la nature a
gratifié le brachyne-pistolet. Comme pour la plupart des innombrables mystères que Dieu a répandus dans la création, les naturalistes
ne connaissent guère que les effets des explosions produites par les
brachynes; si l'appareil qui les fournit a été étudié, il l'a été d'une
façon insuffisante et qui ne saurait satisfaire un esprit sérieux et
logique. Contentons-nous de dire avec M. Dufour, qui a fait le plus
progresser la question, que ces insectes, quand ils se croient en
danger ou qu'ils veulent attaquer une proie, lancent une liqueur
volatile avec explosion de fumée. Ils peuvent renouveler cette émis-
sion plusieurs fois. La liqueur est corrosive; quand on tient le brachyne entre les doigts, elle jaunit la peau comme l'eau seconde.

Dans les espèces plus grandes, au Sénégal, en Espagne, en Por-
tugal, la liqueur dont nous parlons occasionne une véritable brûlure
accompagnée de douleur. Si l'insecte est forcé de tirailler coup sur
coup, il ne produit plus d'explosion, mais seulement un peu de fumée. Il a besoin ensuite de repos pour que les glandes qui sécrètent
la liqueur se remplissent de nouveau.

Il y a dans l'homme, — le plus cruel et le plus tyrannique des
êtres de la création, — un besoin instinctif de justice, ou plutôt de
despotisme. Sans réfléchir que les brachynes n'étaient, après tout,
que des chasseurs et que les forficules ne devaient pas m'inspirer
plus de pitié que les perdrix et les lièvres, je me sentis indigné, je
me levai, j'allai à la forteresse des brigands et je jetai les pierres çà
et là, de façon à n'en rien laisser debout.

Sur ces entrefaites, les partisans commençaient à se rallier. Las
de carnage, ils ramassèrent le butin, en remplirent leurs mandibules
et se dirigèrent vers leur demeure, sans doute pour emmagasiner
le fruit de tant de meurtres et de rapines.

Vous ne sauriez vous dépeindre la stupéfaction de la bande quand
elle ne retrouva plus trace de son burg; car, dans mon indignation,

j'avais non-seulement démoli le gîte, mais encore j'avais foulé le sol
de mes pieds et passé sur ces ruines, sinon la charrue, du moins la
semelle et le talon.

Ils ne pouvaient en croire leurs cinq cents yeux, car un brachyne
n'en compte pas moins, puisque chacune des innombrables facettes
de sa sclérotique est un œil bien distinct. Ils allaient, ils venaient
effarés, désespérés et ne pouvant rien comprendre à leur malheur.
Quand les alliés qui les avaient aidés dans leur expédition eurent

constaté qu'ils avaient affaire à des insectes ruinés et sans lieu, je n'ose ajouter ni feu, ils les plantèrent là sans autre façon et s'en retournèrent, emportant tout le butin. Des hommes n'eussent pas mieux fait.

Lorsqu'ils furent à quelques pas, je me levai brusquement, et, malgré leurs arquebusades, je les pris un à un et je les enfermai dans une boîte de fer-blanc, résolu à me servir de ces prisonniers pour les étudier chez moi et m'assurer si réellement, dans l'obscurité, leurs explosions produisaient de la lumière comme un véritable pistolet.

Je glissai la boîte et les prisonniers dans ma poche, sans même leur donner quelques brins d'herbe pour s'y blottir, et je revins à leurs complices, qui se désolaient toujours au milieu des ruines de leur burg.

Pour augmenter leur terreur, je me mis à souffler sur eux, à larges bouffées, la fumée d'un cigare que je venais d'allumer. Il en fallait moins pour épouvanter complétement les pauvres bêtes déjà déconcertées, qui prirent la fuite devant ce fléau inconnu. Elles se dispersèrent en courant de toute la vitesse de leurs six pattes, et grimpèrent le long d'une petite côte sablonneuse préservée de la pluie par une large racine qui faisait voûte. Là, haletants, entr'ouvrant leurs élytres pour mieux respirer, car c'est par des stigmates percés sur les flancs que respirent les coléoptères, ils s'arrêtèrent et se rallièrent.

Ils se formèrent ensuite en groupes, discutèrent longuement, jouèrent des antennes avec une extrême vivacité et tinrent conseil de guerre pendant une bonne minute. La décision fut-elle prise à l'unanimité ou à la majorité des antennes? Je n'en sais rien; mais elle ne fut arrêtée assurément qu'après mûr examen. Quand chacun eut exprimé son opinion librement et chaleureusement, l'un d'eux, le doyen d'âge sans doute, ou le plus brave peut-être, prit la tête de la colonne, formant une file de douze, et ils se mirent en marche à la recherche d'une nouvelle demeure.

Hélas ! ils ne soupçonnaient pas, ni moi non plus, la nouvelle catastrophe qui les attendait. Ils allaient, comme je vous l'ai dit, un à un, serrés, la tête basse, les antennes inquiètes et pendantes, et avancèrent ainsi quelques pas... Tout à coup je vois disparaître le chef de la bande, et j'entends tirer un coup de pistolet. Puis le premier qui le suivait disparaît également et répète la même explosion. Le reste, fasciné par la peur, s'arrête. Un véritable volcan de sable, en miniature bien entendu, jaillit de terre, tourbillonne, jette de toutes parts une masse de poussière et s'agrandit à chaque seconde; le sol manque sous les pattes des autres brachynes, qui n'ont ni le temps ni la pensée de fuir; tous s'engloutissent dans le gouffre.

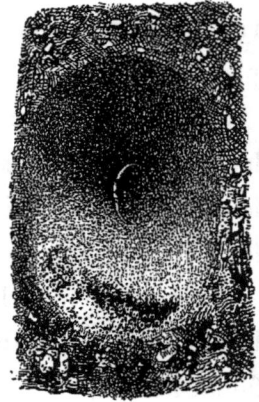

Peu à peu le volcan se comble, ses bords s'aplanissent; en moins de temps que je ne mets à vous le dire, tout se nivelle, et il ne reste plus de trace ni de l'abîme ni de ses victimes.

Résolu à pousser jusqu'au bout mon rôle de destin, je plonge vivement ma main dans le sable, et j'en retire, avec les débris agonisants des brachynes, une sorte de grosse araignée à pattes courtes; c'était un fourmi-lion (*myrmeleo*).

Le fourmi-lion fut déposé dans un second compartiment de ma boîte de fer-blanc, et je revins à Paris, songeant aux drames qui s'étaient passés sous mes yeux.

Le fourmi-lion est un de ces êtres que la Providence a créés de façon à rendre leur marche lourde, difficile et même presque impossible, comme le *Paresseux*, par exemple. A peine sorti de l'œuf il doit s'ingénier à trouver le moyen de se nourrir sans changer de

place. Il lui faut donc creuser dans le sable un cratère semblable à
l'abime dans lequel les brachynes avaient péri. Cet abime a la
forme d'un entonnoir, au fond duquel se tient le fourmi-lion ; aucun
insecte ne peut marcher sur le bord de ce précipice sans que le sable
ne l'y entraîne en s'écroulant sous ses pas. Si la victime cherche à
fuir, il l'assomme en lui jetant du sable avec sa tête plate, qui a la
forme d'une pelle et que fait fonctionner un muscle qui possède
toute l'élasticité et la vigueur d'un ressort d'acier. Une fois morte,
le fourmi-lion la suce à la manière des araignées, et à grands coups
de tête la rejette ensuite hors de son trou, et le plus loin possible.

Pour terminer, je dirai que mes brachynes prisonniers vécurent
longtemps dans un grand vase de verre où je leur avais construit un
nouveau burg et où je les nourrissais d'insectes. Je pus m'assurer à
loisir que, la nuit, les explosions de leur artillerie produisaient
réellement un véritable éclair, comme le fait une arme à feu.

Quant au fourmi-lion, mis dans un bocal plein de sable, il y creusa
un de ses entonnoirs insecticides, et il s'y gorgea pendant huit jours
des mouches que je lui jetais. Un matin, l'entonnoir disparut. Un
mois après, une jolie demoiselle frôlait de ses ailes de gaze les parois

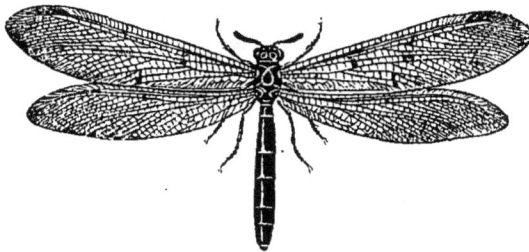

de ce bocal. La larve s'était transformée en insecte ; le pesant cul-
de-jatte, non-seulement volait comme la plus vive et la plus élégante

des libellules, mais encore il ne se nourrissait que du suc des fleurs, et il se détournait avec dégoût des proies vivantes qu'avant sa métamorphose il dévorait avec tant de gloutonnerie.

La transfiguration était complète.

# CHAPITRE XII

## LA MATINÉE D'UN MALADE

uand Melchior eut cessé de parler, Frantz prit la parole.

— Je viens de parcourir un manuscrit allemand, dit-il. Vous y retrouverez, sur les nécrophores, quelques détails que vous a contés déjà le *Drame entre deux rosiers;* mais, en résumé, ils complètent, plus qu'ils ne la répètent, l'histoire de ces insectes.

Au sortir des portes de Francfort-sur-Mein, le docteur Fritz Miger donna vivement de l'éperon à son cheval. Il parcourut ainsi près d'une lieue et demie, ne paraissant soucieux que d'arriver prompte-

ment. Cependant les oiseaux chantaient dans les arbres encore sans
feuilles, il est vrai, mais dont les rameaux commençaient faiblement à verdoyer; le ciel bleu, sans le plus petit nuage, resplendissait d'une riante lumière; seules les préoccupations de l'amour ou
de la science pouvaient laisser insensible un cœur à ce délicieux
spectacle. Or, comme les cheveux blancs et l'apparence sexagénaire
du docteur ne laissaient guère supposer que l'amour eût encore
droit de rêverie sur cette tête à demi chauve, toute plissée de rides,
il faut laisser l'honneur de ses méditations à la science. En effet, le
docteur Fritz Miger pensait, non sans quelque jalousie, à une nouvelle espèce d'hydrophile, espèce inconnue jusque-là, le *nécrophile*
*hydrophile*, dont le docteur Gast, son rival entomologique, venait
d'enrichir sa collection. Le digne Miger se perdait dans ce problème de la nature qui semblait former une transition directe entre
les deux familles si différentes des insectes aquatiques désignées
par les noms de *dytiques* et d'*hydrophiles*.

Tandis qu'il s'embrouillait dans les suppositions, les analogies,
les déductions et les conséquences, son cheval, qu'il pressait toujours machinalement de l'éperon, mais qu'il oubliait de contenir et
de diriger à l'aide de la bride, mit le pied sur la crête d'un fossé
béant au bord de la route, glissa et tomba jusqu'aux genoux dans
une mare verdâtre et d'un marécageux parfum plein d'âcreté. A
cette brusque secousse, le docteur Miger éprouva d'abord quelque
frayeur, mais quand il eut reconnu que ses distractions ordinaires
n'avaient cette fois valu qu'un bain inoffensif à ses larges et hautes
bottes, il porta paisiblement les yeux autour de lui pour chercher
un endroit moins escarpé qui lui permît de remonter. Il ne tarda
point à trouver cet endroit et à diriger son cheval vers une partie de
la rive de niveau avec la route. Mais tout à coup il s'arrêta court : il
avait vu dans l'eau troublée par la brusque arrivée du voyageur et
du quadrupède des myriades d'insectes aquatiques qui s'agitaient et

tournoyaient par grappes noires au milieu des nuées de la vase et sous les flaques jaunes et visqueuses des conferves.

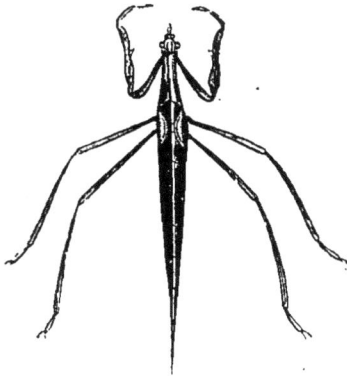

Il y avait là la ranâtre linéaire qui porte le nom vulgaire de scorpion d'eau, au corps allongé et grisâtre, au ventre rouge et qui marche et qui court sur les eaux comme sur un terrain solide, la nèpe cendrée, le noctonète glauque et le naucore, dont le bec court et incliné sur la poitrine est armé d'un redoutable aiguillon. A la tête petite, rétrécie en arrière, mal conformés pour nager, quoique aquatiques, les naucores se tiennent d'ordinaire dans la vase, où ils se nourrissent de détritus végétaux ; en revanche, ils volent admirablement.

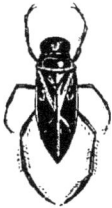

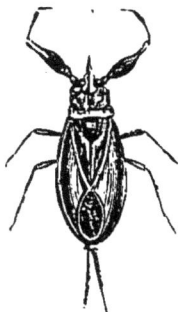

Au contraire, le gyrin est un infatigable nageur. Ce petit insecte, nommé *puce d'eau* ou *tourniquet*, se tient ordinairement à la surface des mares, où il fait sans relâche des tours et des circuits incessants. Comme son corps est très-poli, le gyrin ressemble à un point lumineux qui s'agite en tout sens ; enfin, imperméable, quand il plonge, un globule d'eau reste fixé à son abdomen. C'est une perle sertie avec un diamant.

Sa femelle pond des œufs oblongs qu'elle attache aux plantes submergées. De cet œuf sort une larve vermiculaire hérissée de filets barbus qui apportent à ses trachées l'air qu'ils séparent de l'eau par un mouvement presque continuel.

Parvenue à son entier développement, cette larve sort de l'eau et forme une coque presque semblable à du papier gris qu'elle colle le long des herbes. Dès que l'insecte a subi sa dernière transformation, il s'élance sur l'eau pour y faire ses rapides évolutions et s'y nourrir des êtres microscopiques qui y vivent à la surface, dans le léger détritus végétal que les naturalistes nomment *nébuleuses* et qui s'irise de couleurs charmantes aux rayons du soleil.

Parmi tous ces insectes, trois gros hydrophiles surtout se distinguaient facilement parmi eux, grâce à la dimension de leur corps taillé en nacelle renversée. A cette vue le docteur n'y tient plus, il oublie la rive qu'il veut gagner, saisit son chapeau, le lance dans l'eau en guise de filet, et pousse un cri de joie, car il a pris deux des trois hydrophiles, et, un coup d'œil lui a suffi pour le reconnaître..., ce sont des nécrophiles hydrophiles, sans compter

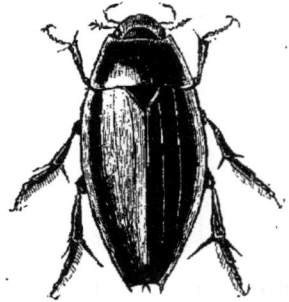

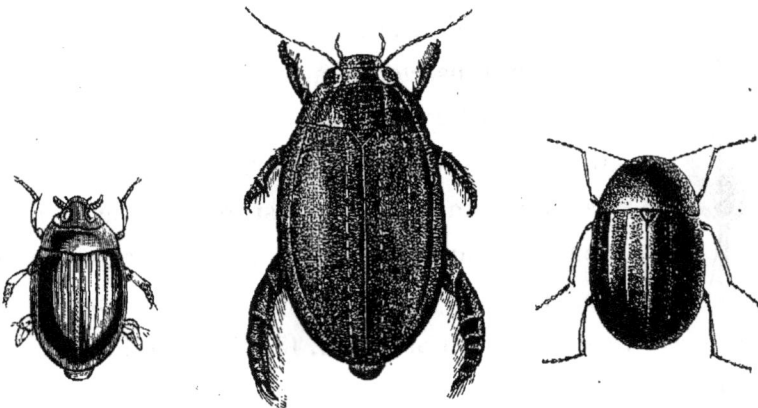

un magnifique dytisque de Lherminier, un hydrophile spinipène et un gyrin nageur! Miger n'a plus rien à envier au docteur Gast!

Avant de sortir de l'eau, il pique les insectes à l'aide des épingles qui tenaient sa cravate, les attache à son chapeau et revient enfin en terre ferme. Là il essuie tant bien que mal l'intérieur de son chapeau et se remet en route, non sans se découvrir sept ou huit fois, chemin faisant, afin de regarder les précieuses conquêtes que lui a values son trois fois heureux accident.

Enfin il arriva sain et sauf au but de son voyage, devant une jolie maison d'apparence riante. Une petite fille semblait attendre le docteur sur le seuil de cette maison, car, dès qu'elle l'aperçut de loin, elle entra précipitamment dans une chambre à coucher où se trouvait un malade et s'écria :

« Le docteur! voici le docteur! »

Tandis que la charmante enfant l'annonçait de sa voix fraîche et vibrante, Miger descendait de cheval, attachait la bride de sa monture à un crochet de fer incrusté dans la muraille et entrait sans s'inquiéter de ses bottes souillées d'herbes aquatiques et de conferves desséchées. Il posa son chapeau sur le lit et prit le bras que lui présentait un vieillard étendu dans un large et grand fauteuil. Il interrogea silencieusement le pouls du malade et parut surpris de le trouver aussi calme.

— La fièvre a disparu comme par enchantement, dit-il. Hier elle sévissait avec violence, aujourd'hui le sang circule et l'artère bat d'une façon paisible. A la tempête a succédé le calme plat; j'espère que ce sont de bons symptômes.

— Mon père a passé la nuit dans un grand affaissement, fit observer la jeune femme. Des mouvements nerveux et saccadés venaient par intervalles troubler de leurs soubresauts sa pénible somnolence.

— C'est-à-dire, interrompit le vieillard, c'est-à-dire que, malgré ma défense, tu as encore veillé près de moi. Ah ! docteur, docteur, ajouta-t-il avec bonhomie, qu'un pauvre père a de peine à se faire obéir ! Tout le monde imite ici l'indocilité d'Alma. »

Et, en faisant cette plainte menteuse et tendre, il passait doucement sa main sur la blonde chevelure de la petite fille.

Cependant le docteur, rassuré sur l'état de son malade, voulut jouir de la surprise et de l'envie que sa chasse entomologique allait causer à son ami. Il plaça donc triomphalement son chapeau sur les genoux du vieillard. A la vue des insectes celui-ci poussa un cri de surprise :

« Des nécrophiles hydrophiles ! dit-il en montrant par l'expression dont il accompagna ces trois mots qu'il savait apprécier à sa valeur réelle la conquête de Miger. Vous voilà bien heureux du désappointement du docteur Gast ! Vous allez passer les jours et les nuits à étudier ces insectes, pour que votre mémoire sur leur organisation paraisse avant celui de votre rival en science. Ces deux malheureux insectes seront cause que vous viendrez me voir moins régulièrement. Et où donc avez-vous fait ces prisonniers ? »

En adressant cette question il en trouvait la réponse, car il avait porté les yeux sur les bottes bourbeuses du docteur.

« Ah ! vous êtes descendu pour pêcher dans la mare du petit bois ! dit-il.

— J'y ai, pardieu bien nagé ! mon cher Gœthe, » répliqua Miger. Et il raconta son aventure, non sans en rire.

Alma et sa mère prêtèrent seules une oreille attentive à la bouffonne narration, dans laquelle le docteur fit bon marché de ses distractions, de son bain froid et de son amour forcené pour la science. Gœthe, sa tête vénérable couverte de ses deux mains, se laissait aller aux souvenirs de sa jeunesse, évoqués par les paroles de Miger; il entendait, mais il n'écoutait pas.

« J'ai passé bien des journées, dit-il enfin, oui, j'ai passé bien de douces et longues journées à rêver au bord de cette mare, près de laquelle ne s'ouvrait pas encore le chemin que l'on a tracé depuis à travers la forêt, qui n'était jadis fréquentée que par les martins pêcheurs qui en faisaient leur retraite favorite. C'était alors le lieu le plus reculé et le plus mystérieux du bois. Il y avait un ange remonté maintenant au ciel, une blanche et belle jeune fille, Marguerite, qui venait s'asseoir sur le gazon, près de ce petit lac, tandis que la tête d'un pauvre rêveur reposait sur ses genoux. Oh ! nous avons ainsi vu s'écouler bien des heures perdues dans l'admiration des œuvres sublimes de Dieu !

« Que de souvenirs vous avez évoqués, docteur, que de suaves enfantillages, que de joies du ciel vous me rappelez! Un jour des insectes me causèrent les mêmes émotions vives et naïves qui vous rajeunissent en ce moment. Il faut que je vous conte cela, car c'est à ces circonstances, puériles en apparence, que je dois mon amour pour l'histoire naturelle et les études que je lui ai consacrées.

« Nous étions arrivés trop tard pour empêcher une catastrophe. Si nous n'avions point passé une grande demi-heure à regarder la bataille que se livraient deux armées de fourmis d'espèces différentes, nous aurions pu sauver la vie à une pauvre taupe que ses mauvais yeux sans doute avaient fait trébucher dans la mare. La pauvrette n'avait péri qu'après de longs efforts pour se soustraire à sa fatale destinée. Un petit coin argileux de la rive portait la trace des vaines tentatives qu'avaient faites les petites mains de la victime, — ces mains qui ressemblent tant à des mains humaines, — pour s'accrocher à quelque pierre et se tirer du gouffre de trois pieds de profondeur. Mais sans bras, mais sans yeux, mais sans jambes, avec son corps pesant et cylindrique, il lui avait fallu, malgré sa lutte longue et désespérée, succomber et mourir. Les forces lui avaient manqué, et elle gisait immobile sous l'eau claire et reposée :

« — Il faut la retirer, dit Marguerite, il faut la déposer sur cette plaque de grès, qui sort du gazon sa tête grisâtre, chenue et saupoudrée d'une petite mousse jaunâtre. Peut-être la chaleur puissante du soleil ranimera-t-elle ce corps sans mouvement.

« — Hélas ! répliquai-je en obéissant, je crains bien qu'un pareil miracle ne reste impossible. Toute la chaleur animale a quitté le cadavre de la taupe ; son cœur ne bat plus, et sa gueule entr'ouverte montre ses dents naguère si puissantes et si redoutables, et avec lesquelles désormais mon doigt peut jouer impunément. Enfin, à la grâce de Dieu ! La voici couchée sur la pierre, qui du moins lui servira de lit mortuaire, lit magnifique, lit impérial, qu'une touffe d'aubépine en fleurs abrite de son dôme embaumé ! A l'entour se dressent quelques grandes herbes qui penchent avec mélancolie l'extrémité de leurs longues tiges sur le catafalque, comme pour pleurer, tandis que des touffes de violettes cachées sous le gazon soulèvent leurs têtes timides et exhalent, en guise d'encens, les parfums de leurs cassolettes d'un bleu pâle.

« Pendant qu'agenouillée sur l'herbe et la tête appuyée sur mon

épaule, Marguerite regardait la pauvre morte, deux bourdonnements de nature bien distincte vinrent bruire autour du lit funèbre. L'un, qui ressemblait au son lointain d'une cloche, était produit par une grosse mouche bleue qui tournoyait et retournoyait au-dessus de la taupe ; l'autre, aigu et criard, rappelait le tintement sec d'une timbale fausse et trop tendue. Nous ne pouvions encore distinguer la forme de l'insecte qui le produisait, mais ce que nous voyions très-bien, c'est qu'il faisait une chasse violente et obstinée à la mouche bleue. Il la suivait dans chacune de ses évolutions, il la harcelait, il la fatiguait. Celle-ci ne paraissait point résolue à céder ; elle se sauvait devant son ennemi ; mais elle se sauvait avec insolence, elle le narguait ; elle le ramenait sans cesse vers la taupe ; elle se posait sur la tête du cadavre pendant une seconde, puis tout à coup elle reprenait son vol et sa chanson monotone, s'élançait au plus haut de l'air et se moquait évidemment de son adversaire.

« Après avoir infructueusement essayé d'atteindre la mouche, qui triomphait comme les Parthes, en fuyant, l'insecte changea de tactique, s'abattit sur la taupe et se campa au milieu du ventre, car la pauvre petite bête se trouvait étendue sur le dos, le museau tourné vers le soleil. Là, il resta quelque temps prêt à s'élancer encore vers les airs. Dans cette attitude il était impossible de distinguer les formes réelles de l'insecte; mais, quand une ou deux minutes se furent écoulées et qu'il eut constaté que la mouche se tenait à l'écart, il replia tout son appareil d'aéronaute, et nous distinguâmes parfaitement ses formes bizarres et caractéristiques. Long de huit lignes à peu près, sa tête triangulaire, empanachée de deux antennes d'un fauve roussâtre, rappelait un vieux chapeau à cornes, ratatiné par les intempéries des saisons et par un usage beaucoup trop prolongé. Ses ailes d'un noir déteint, carrées et tronquées à leur extrémité, de manière à laisser à découvert une bonne partie d'un gros abdomen, ressemblaient sans exagération à un habit suranné et dont on avait raccommodé le dos aux dépens des basques. D'autant plus que ses six pattes longues, maigres, dégingandées, ajoutaient encore à l'ensemble pauvre, écourté et mesquin de cette étrange créature. Mais ce qui complétait son aspect misérable, ce qui surpassait le reste en dégoût et en indigence, c'était la vermine qui le couvrait tout entier. J'avais reconnu le nécrophore.

« Cependant la mouche bleue, après avoir repris haleine sur une branche de chardon, se reposa quelques instants, sonna de nouveau la charge et revint au combat. Elle se jetait sur la taupe, s'élançait dans les airs, quittait la lice, y rentrait, disparaissait, reparaissait et harcelait son ennemi avec une rare intelligence. Ce dernier allait et venait sur le cadavre dont il avait pris possession. Ses antennes au vent, ses quatre premières pattes prêtes à saisir, il ouvrait et fermait, en signe de menace, ses puissantes mandibules. On aurait dit un tigre dans sa cage, en face d'une proie dont le séparaient les barreaux de fer. En ce moment le vent souffla et emporta jusqu'à nous, à huit

ou dix pas environ du lieu de la scène, une fausse odeur de musc
désagréable, nauséabonde et telle qu'en exhalent souvent certains
corps qui commencent à entrer en décomposition. Cette odeur, qui
provenait évidemment du nécrophore, sembla rendre une nouvelle
ardeur à la mouche, tandis que son adversaire, comme s'il eût
renoncé à défendre sa proie, reculait insensiblement, abandonnait
pas à pas le corps de la taupe et finissait par disparaître tout à fait.
La mouche triomphante se rua brutalement sur la taupe, et, sans
précaution, sans arrière-pensée, se mit à fouiller de sa trompe les
naseaux du petit quadrupède. Elle buvait du sang à pleine gorgée,
quand le nécrophore, qui se tenait caché sous le cadavre, sortit doucement, se glissa derrière celle qui ne songeait plus à lui, la saisit
de ses redoutables griffes, l'assassina en lui enfonçant dans le corselet ses tranchantes mandibules, qui opéraient à la manière d'un
ciseau de jardinier, et la jeta pantelante au pied de la pierre. Puis,
assuré maintenant qu'il n'avait plus à redouter qu'elle déposât dans
le corps de la taupe ses grappes d'œufs qui produisent des milliers
de vers blancs, il déploya ses ailes, s'élança dans les airs et fit entendre un rauque bruit de timbale essoufflée.

« Au bout de deux ou trois minutes le bruit augmenta. Deux
autres nécrophores battaient des ailes à côté du premier ; puis l'intensité de ce tapage s'accrut jusqu'au moment où cinq de ces insectes se trouvèrent réunis, tourbillonnant à quinze pieds environ
du sol. Alors ils s'abattirent vers la taupe et formèrent un cercle
autour du catafalque. Tout à coup ils disparurent tous les cinq,
sans que nous pussions savoir ce qu'ils étaient devenus. Comme
j'avais fait un mouvement pour me rapprocher de la pierre, afin de
pouvoir mieux suivre et étudier leurs mouvements, je crus que je
leur avais fait peur et qu'ils s'étaient envolés. Nous cessâmes donc
de nous occuper de la taupe et nous nous mîmes à regarder dans
l'eau deux naucores qui se disputaient un petit carabe. Quand l'un

des combattants eut triomphé et qu'il se trouva deux proies à manger, le carabe et son camarade assassiné, mes yeux se portèrent machinalement sur la taupe. Jugez de ma surprise et de celle de Marguerite ! le petit animal ne se trouvait plus sur la pierre. Je crus que la taupe avait repris connaissance et qu'elle avait profité de sa résurrection pour chercher à regagner sa galerie souterraine. En effet nous l'aperçûmes à quatre ou cinq pas de là, mais gisant encore sur le dos et dans la même attitude que tout à l'heure. Cependant elle se mouvait, elle avançait par de légères secousses uniformes et accélérées. Tout à coup elle s'arrêta, une grosse tige de chardon lui barrait le chemin. Alors nous vîmes un nécrophore sortir de dessous la taupe ; il regarda quel obstacle s'opposait à la marche du cadavre, disparut de nouveau un moment, revint avec ses six compagnons, toucha de ses antennes les antennes de chacun d'eux, et tous reprirent leur place sous la défunte. Le convoi se remit en mouvement, tourna avec une grande habileté le pied de chardon, et continua paisiblement son voyage jusqu'au bas d'un buisson dont l'ombre s'étendait sur une terre légère et un peu humide. Là tout s'arrêta, et nous ne vîmes plus faire aucun mouvement à la taupe.

« Dix minutes s'écoulèrent, et j'allais me lever pour voir quels motifs avaient éloigné les nécrophores de la conquête qu'ils avaient amenée dans le buisson avec tant de fatigues et par une si merveilleuse combinaison de leur industrie et de leurs forces, lorsque je remarquai autour de la taupe une légère poussière qui jaillissait de droite et de gauche. Chaque grain resplendissait au soleil et semblait entourer d'une auréole la trépassée. Comme je pensai bien qu'il ne s'agissait pas d'une apothéose, je m'approchai doucement; mais telles étaient la préoccupation et l'ardeur des travailleurs qu'un bruit plus énergique que le frottement de mes pas et qu'un danger plus réel que mon curieux espionnage ne les eussent point détournés de leur besogne. Fourrés sous la taupe, qu'ils soutenaient à l'aide de leurs têtes plates attachées au corselet par des muscles robustes, les croquemorts fouissaient avec leurs pattes de devant; ces pattes, larges à l'extrémité et terminées par des épines, sont merveilleusement propres à remplir le double usage de pelle et de pioche. Ils soulevaient le corps, tantôt en avant, tantôt en arrière, et grattaient au-dessous, de manière à enfoncer le cadavre toujours davantage. Si quelque chose arrêtait les progrès de la fosse, un nécrophore, toujours le même, je crois, le chef de la bande, le vainqueur de la mouche bleue, quittait un moment les pionniers et venait regarder ce qui contrariait les opérations. Un coup d'œil lui suffisait pour comprendre les causes de l'obstacle, et deux secondes de méditation lui suggéraient le moyen d'y porter remède. Il se replaçait donc à la tête des fouisseurs, et la racine tuberculeuse qui empêchait la taupe de s'enfoncer était coupée et emportée loin de là; ou bien, s'il s'agissait d'un caillou, le caillou extrait du sol était poussé plus loin par un ou deux nécrophores, selon la pesanteur de l'objet. Du reste, jamais un signe de paresse, jamais le moindre ralentissement dans l'œuvre commencée. Trois heures de fatigues n'attiédissaient point leur ardeur, et, proportion gardée, cinq hommes eussent déjà succombé devant un pareil travail, car il y a entre les dimensions d'une taupe et celles d'un nécrophore la différence qui existe entre un homme et un gros éléphant. Or, je doute fort qu'en deux heures cinq hommes puissent transporter un éléphant à une longue distance, lui creuser une fosse et l'enterrer.

— Assurément non! dit Melchior.

« Cependant les nécrophores avaient fait tout cela : non-seulement le cadavre avait continué à s'enfoncer, mais encore il n'était plus de niveau avec la terre; les bords du sépulcre le dépassaient au moins d'un demi-pouce. Alors mes croquemorts ne connurent plus de bornes à leur joie; ils se réunirent sur le ventre de la taupe, ils s'y livrèrent à mille extravagances et commencèrent une fête à laquelle

Bien des fois Marguerite et moi nous nous rappelâmes
les incidents de ce drame étrange... (P. 193.)

il ne manquait que du vin pour dépasser en folies le plus effréné
souper d'Héliogabale.

« Tout à coup le bruit cessa, les passions en délire se calmèrent,
les ailes se rengaînèrent, et à un signe de leur chef tous les insectes
se remirent silencieusement à l'œuvre. Ils couvrirent de terre le cadavre qu'ils venaient de profaner par leurs ébats, et accomplirent
cette tâche si rapidement et avec tant de soin qu'après les avoir vus
s'envoler ou se glisser dans l'herbe, nous eûmes de la peine à reconnaître le lieu où la fosse avait été creusée. Avant de s'éloigner,
ils avaient saupoudré la terre humide de poussière sèche et incrusté
çà et là des brins de gazon et des morceaux de paille qui déguisaient
complétement leur fouille. Quant aux terres qui restaient et dont la
masse eût pu indiquer à d'autres insectes ou aux corbeaux qu'un
corps en décomposition gisait en cet endroit-là, ils l'avaient trans-
portée à sept ou huit pas et dispersée de manière à tromper le regard le plus habile.

« Bien des fois Marguerite et moi nous nous rappelâmes les incidents de ce drame étrange passé sous nos yeux et accompli dans la
poussière par de pauvres insectes sur qui Dieu avait laissé tomber
un rayon de son intelligence. Si quelques travaux d'histoire naturelle ont valu un peu de renommé à Gœthe, je vous répète, c'est à
cette matinée que je le dois. N'aurais-je point été un ingrat si
je n'avais point cherché à lire tout entier le livre magnifique de
la nature, dont la Providence m'avait montré une page merveilleuse! »

— Pourquoi les nécrophores se donnaient-ils tant de peine pour
enfouir leur curée? demanda la petite Alma, qui, placée entre les
jambes de son aïeul, avait écouté son récit avec une pensive attention et sans détacher de dessus lui ses grands yeux.

— Adresse cette question au docteur, mon enfant! Je me sens un
peu de fatigue. Tu ne peux d'ailleurs trouver un cicerone plus sa-

vant que lui pour t'initier aux mystères de l'entomologie. Auprès de son savoir je ne suis qu'un vulgaire profane.

— Dites donc vite, docteur ! fit la petite fille, qui grimpa sur les genoux de Miger.

— Volontiers, reprit le docteur en écartant les jambes de manière à ce que ses bottes crottées souillassent le moins possible la robe blanche et fraîche de la mignonne créature.

« Pour connaître le secret de ce mystère, il faudrait visiter chaque jour avec précaution la fosse d'un animal enfoui par des nécrophores. Une semaine se serait à peine écoulée que vous verriez une femelle de nécrophores se glisser furtivement sur la taupe enterrée, gratter la terre et y creuser un petit trou rond. Elle enfoncerait ensuite son abdomen dans ce trou qui a entamé la peau de la taupe, y pondrait ses œufs, refermerait l'ouverture avec des précautions minutieuses et disparaîtrait.

« Bientôt une autre femelle arriverait et ferait de même ; seulement elle creuserait à côté du petit puits ouvert et rebouché par sa voisine. Jamais il n'arrivera qu'une pondeuse s'y méprenne et qu'elle dépose ses œufs là où il s'en trouve déjà. On compte d'ordinaire trois femelles parmi les cinq croquemorts : trois femelles viendront seules pondre dans le charnier qui leur appartient. Jamais une femelle de nécrophore n'usurpe pour sa couvée une part dans une proie qui ne lui appartient point, quoique sans doute l'organisation exquise de ses sens, lui apprenne qu'un cadavre enfoui par d'autres insectes de son espèce gît là.

« Au bout de douze ou quinze jours, si vous ouvrez la fosse où les nécrophores ont pondu, vous y trouverez des larves blanches en forme de fuseau et qui, si elles ont pris tout leur accroissement, présenteront une longueur de quinze à vingt lignes environ. Chacun des anneaux de leurs corps porte une tache transversale et proéminente, de couleur orange et garnie de quatre épines. Ces taches diminuent en longueur à mesure qu'elles s'approchent de l'extrémité caudale de la larve ; mais elles s'élargissent dans la même proportion et les épines deviennent plus aiguës. Ces épines aident sans doute à la locomotion de ces embryons d'insectes qui n'ont reçu de la nature que des pattes assez faibles. En revanche, ils possèdent des mâchoires redoutables et qui ne le cèdent ni en force ni en tranchant aux mandibules des nécrophores complets. Rien n'égale leur voracité; ces larves dévorent les chairs putrides de l'animal dans le corps duquel elles sont nées, ne font merci ni aux peaux ni aux tendons et déchiquettent même les petits os. A mesure qu'elles grossissent et que leur peau devient trop étroite, elles en changent comme on se débarrasse d'un vêtement incommode, et enfin elles se préparent à passer à l'état de nymphe. Pour opérer cette transformation sans péril, elles se cachent sous la carcasse mince de l'animal dans lequel elles sont nées et elles revêtent une loge bien lisse dans laquelle elles se tiennent jusqu'au jour où elles deviendront de véritables nécrophores. Alors elles brisent leur coque, essayent leurs forces, percent la terre, s'envolent et s'associent à d'autres nécrophores pour préparer à leur progéniture un asile semblable à celui qu'elles ont dû aux auteurs de leurs jours.

« Il existe en France une autre espèce de nécrophores. Celle-là a les ailes bariolées de jaune et le bord antérieur de son corselet se trouve fourré d'une pèlerine de poil fauve.

« C'est sur cette dernière espèce de nécrophores qu'un naturaliste, pour connaître jusqu'à quel point irait l'instinct des insectes fouisseurs et pour les dérouter, fit l'expérience suivante. Il fixa à l'aide de clous une taupe à un bâton fiché en terre. Les nécrophores creusèrent leur fosse et virent, non sans surprise, que le corps restait en l'air et ne descendait pas à mesure que la terre s'ouvrait sous lui. Le chef des pionniers examina ce phénomène, tourna lentement autour du bâton, revint à ses ouvriers et leur donna l'ordre de sous-miner le pilier. Ils obéirent, creusèrent autour, firent tomber le morceau de bois et enterrèrent tout ensemble, la taupe, les clous et le bâton. »

Le docteur Miger, quand il   t fini, déposa doucement la petite Alma de ses genoux sur le plancher, serra la main de Gœthe, salua la fille de l'illustre poëte et remonta à cheval pour reprendre la route de Francfort. Malgré la fatigue du chemin et sa chute dans la mare, à peine rentré chez lui, il s'assit devant son bureau et écrivit tout d'une haleine, en latin, un long mémoire sur les hydrophiles rares qu'il avait trouvés. Ce mémoire, livré à l'impression dès le lendemain et publié aussitôt, jeta dans le désespoir le naturaliste Gast, qui élaborait à loisir sa dissertation sur ces rares insectes, convaincu qu'il était le seul qui en possédât le précieux échantillon.

La victoire scientifique remportée en cette occasion par Miger lui causa tant de joie et d'orgueil, qu'elle le fit renoncer à la médecine pour se livrer exclusivement à l'étude de l'entomologie. Il ne garda que deux ou trois malades, ses amis, parmi lesquels je n'ai pas besoin de vous dire qu'il plaça Gœthe d'abord et avant tout. Aujour-

d'hui que son illustre ami n'est plus, le docteur Miger, malgré
son grand âge, parcourt l'Europe, cherchant à compléter une collection qui fait l'admiration et l'étonnement de tous ceux qui s'occupent de l'histoire naturelle des insectes. Il était au mois de mai
à Paris, et, pour peu que vous ayez parcouru au printemps les bois
qui environnent cette capitale, vous l'avez rencontré, la tête abritée
sous un vaste chapeau de paille, son filet d'une main et tenant de
l'autre un grand bâton à crochet pour fouiller la terre et en arracher
les larves. Une énorme boîte de fer-blanc passée en sautoir sur son
dos avec un carnier complètent le formidable attirail de guerre.
Du reste, doux, obligeant, bon homme, il ne rencontre jamais un
enfant sans le caresser et ne laisse jamais écouler un quart d'heure
sans parler de Gœthe. Alors il découvre sa tête chauve et du revers
de sa main il essuie une larme qui coule le long de ses joues vénérables.

# CHAPITRE XIII

## LE BOUCHER DE CHARENTON

assons aux manuscrits anglais, dis-je. En voici un tracé en grosse écriture de la fin du dix-huitième siècle ; il parle d'un de nos plus célèbres naturalistes et est intitulé . *Le Boucher de Charenton.*

On connaît peu de noms de savants aussi populaires que le nom de Réaumur.

Ce qui lui vaut cette popularité, ce ne sont ni ses belles découvertes sur la conversion du fer en acier, ni les moyens de donner au verre l'opacité de la porcelaine, ni de nombreux travaux sur l'histoire naturelle et la physique.

Il la doit aux thermomètres, sur lesquels se trouve inscrit son nom, qui, dès leur création, en 1731, sont entrés dans l'usage usuel de la vie de tous ; dont chaque maison française possède aujourd'hui, pour le moins, un exemplaire, et dont enfin les bourgeois interrogent chaque jour la colonne d'esprit-de-vin ou de mercure enfermée dans un tube de verre, avec des divisions et des subdivisions tracées en noir sur une tablette blanche.

Or, malgré cela, la plupart des ouvrages de Réaumur, faute de se voir réimprimés, sont devenus, à l'heure qu'il est, d'une extrême rareté, surtout les *Mémoires pour servir à l'histoire des insectes*, composés de six volumes in-quarto et publiés de 1734 à 1742.

On en rencontre bien, par-ci, par-là, quelques volumes dépareillés, mais l'édition complète et en bon état forme une sorte de phénix d'autant plus introuvable que les autres entomologistes, en la pillant sans vergogne, ne la laissent plus guère intéressante que pour les bibliophiles.

Ils ont si complétement pris le bien d'autrui où ils le trouvaient, qu'on a fini par croire ce bien à eux.

Un naturaliste écossais, arrivé de la veille d'Édimbourg et qui, depuis des années et des années, aspirait à posséder un bel exemplaire des *Mémoires pour servir à l'histoire des insectes*, et qui avait fini par désespérer de conquérir ce *desideratum*, fut arrêté l'autre jour, à Londres, par un rassemblement nombreux formé autour de la voiture d'un *street bookseller* ; on appelle ainsi, en Angleterre, un bouquiniste.

Debout sur sa charrette plate, chargée de livres et attelée de deux chevaux d'assez bonne mine, ce vieillard à cheveux gris haranguait les *cockneys* qui formaient son auditoire. Une physionomie fine, un grand nez aquilin et des yeux d'un gris clair prenaient une singulière expression des reflets du bec de gaz, jaillissant d'une poterne sous laquelle stationnait la librairie ambulante.

« Messieurs, disait-il, je vends des livres, — et je ne sais pas lire, il faut que j'en fasse l'aveu ! — Après avoir mangé un petit patrimoine, je ne savais trop à quel métier recourir pour vivre, quand je fis rencontre d'un *cheap Jack* (Jacques bon marché, colporteur), qui me dit : « Viens avec moi, et tu verras comment on peut trouver de l'ale à boire et du pudding à mettre sous la dent. »

« Il vendait tantôt des bottes, tantôt des chemises, tantôt des livres. Après mûres réflexions, je me consacrai exclusivement aux livres, et depuis ce temps je cours les marchés, les foires et même les capitales, comme vous le voyez. Mais, me direz-vous, si vous ne savez pas lire, comment achetez-vous les livres que vous revendez ? C'est le public qui me guide, messieurs. »

En prononçant ces mots, il souleva son chapeau et reprit :

« L'année dernière, on ne me demandait que des sermons ; cette année, ce sont des *Magazine* qu'on veut. Je vends donc à présent des *Magazine*, comme je vendais, l'année dernière, des sermons. N'achetant que de seconde main, ne commerçant qu'en vieux, je puis gratifier de mes marchandises, à des prix extrêmement bas, les personnes qui m'honorent de leur confiance, ainsi que vous allez m'en honorer. »

Et il se mit à prendre un à un les livres de son étalage ambulant. Au rebours de nos commissaires-priseurs, il leur assignait un prix élevé, qu'il diminuait graduellement jusqu'à ce qu'un acheteur l'interrompît et payât ce volume.

Le *street bookseller* n'avait pas été sans remarquer dans la foule le bibliophile écossais et sans flairer la passion de l'excellent homme pour les livres rares.

Laissant donc là les *Magazine* et les volumes à gravures, il éleva au-dessus de sa tête un gros paquet de livres reliés et cria :

« Une édition de Froissard de 1632! »

Pas un des muscles de la physionomie du naturaliste ne bougea.

Le bouquiniste rejeta les volumes et annonça :

« *Le Fruict de la coustume du païs et comté du Poictou*, par Menan-
teau de Nanteuil, 1566.

« *Le Temple de Gnide*, avec figures gravées par Lemire, d'après les
dessins de M. Eisen, le texte gravé par Drouot. Paris, 1772, in-8°.

« *La Comédie des comédies, par du Peschier, sieur de Burry, gentilhomme auvergnat, traduite d'italien en langage de l'orateur françois,
à Paris, aux despens de l'auteur ;* 1629, in-8, maroquin vert, filet et
tranche d'or.

« Une édition complète des *Œuvres* de Piron, imprimées en Hollande. »

Le bibliophile fit un demi-tour sur ses talons pour s'éloigner.

Le colporteur, renforçant sa voix, s'écria :

« *Mémoires pour servir à l'histoire des insectes*, par le sieur de Réaumur, six volumes non rognés. A quatre livres ! »

Le naturaliste s'était rapproché, l'œil brillant.

« A quatre livres ! édition rarissime de 1734, avec la figure du

*Bourdon des mousses* et avec l'*Histoire du boucher de Charenton.*
Allons, à trois livres ! à deux livres ! »

— Je l'achète ! cria l'Écossais.

« My God ! le gentilhomme connaît le vrai prix des ouvrages. Prenez, monsieur, c'est un vrai cadeau que je vous fais ! Vous l'eussiez payé quatre livres, aussi vrai que je m'appelle John Griffiths, si je ne l'eusse trouvé chez un gentilhomme de Woolwich, qui me l'a vendu au poids du papier. »

L'acquéreur du livre s'était hâté de payer le *street bookseller* pour se soustraire au bavardage de cet homme, à la curiosité des badauds quelque peu déguenillés qui entouraient la charrette, et surtout pour rentrer à son hôtel et y examiner l'ouvrage précieux dont il désirait depuis si longtemps la possession.

Rien n'y manquait. Pas la plus petite avarie ne déshonorait le magnifique exemplaire ; c'était bien l'édition de 1734, avec l'*Histoire du boucher de Charenton*.

Cette histoire, qui, lors de la publication de l'œuvre de Réaumur, causa une vive sensation, amena pendant un an et plus une partie de la population parisienne près du pont de Charenton, chez un boucher.

Réaumur raconte que ce boucher s'était trouvé un jour envahi par une bande de guêpes du genre *vespa*.

Tout le monde connaît cet insecte au redoutable aiguillon.

Les espèces du genre *vespa* sont très-friandes de viande crue ; elles la mangent après en avoir découpé des morceaux au moyen de leurs fortes mandibules, et elles opèrent ce travail avec une telle voracité, qu'on peut alors les toucher sans crainte d'en être piqué.

Lorsqu'elles se sont rassasiées, elles ne partent jamais sans avoir préalablement excisé quelque autre morceau, qu'elles emportent comme provision. D'ordinaire, elles font ce morceau si gros, que son poids les entraîne et les fait tomber à terre. Enfin, elles préfèrent à la chair proprement dite les parties délicates et tendres, telles que le foie.

Le boucher, en observateur intelligent, plaça dans le fond de son étal un morceau de foie de veau de grosseur raisonnable, et harcela les guêpes toutes les fois qu'elles voulurent s'abattre autre part que sur ce morceau.

Au bout d'une demi-heure, le pacte était conclu, si bien conclu, que les guêpes allaient tout droit se placer sur la part qui leur était abandonnée, et ne touchaient pas au reste.

Cependant le nombre allait croissant de jour en jour ; elles semblaient s'amener les unes les autres. Elles finirent même par construire, dans l'angle d'une poutre du plafond, un de leurs singuliers nids fabriqués en carton et qui affectent la forme d'une grosse rose grisâtre.

Non-seulement elles allaient et venaient dans la boucherie, sans jamais piquer personne, mais encore sans picorer les morceaux qu'on y étalait. Les seuls êtres qu'elles traitassent en ennemis et qu'elles missent impitoyablement à mort étaient les mouches bleues, si redoutables, l'été, aux viandes fraîches. Dès qu'il en paraissaient une, elles se ruaient sur l'intruse, la perçaient de leurs aiguillons, la pétrissaient dans leurs pattes et la portaient aux larves qui se développaient dans le nid placé entre deux poutrelles.

Du reste, les guêpes s'en prennent souvent à des insectes autrement redoutables que les mouches bleues à viande, qui sont sans armes pour se défendre. Elles ne redoutent pas de s'attaquer à des ennemis plus sérieux.

Postées dans les environs des ruches, elles tombent comme des éperviers sur les abeilles, les saisissent au moment où elles arrivent chargées de miel, les entraînent à terre et les tuent en leur séparant du thorax l'abdomen, qu'elles emportent ou qu'elles dévorent sur place. En Allemagne, on redoute beaucoup leur voisinage, et, en Amérique, on les a vues, dans des moments de grande disette, empêcher la multiplication des abeilles, tant elles s'acharnaient à les détruire. Les guêpes attaquent aussi les papillons, même les plus grands.

Pour mon compte, j'ai vu un jour une vingtaine de guêpes se mettre à attaquer une courtilière, s'acharner sur elle, et malgré

l'héroïque défense de ce robuste insecte, le mettre à mort avant qu'il eût pu regagner son souterrain.

Quand, suivant leur habitude, les papillons blancs, si communs dans nos campagnes, tournoient en bande autour des plantes sur lesquelles ils déposent leurs œufs et où se nourrissent leurs chenilles, on voit presque toujours des guêpes accourir à tire-d'aile. Celles-ci, comme le faucon, planent quelque temps au-dessus de leur proie, se laissent littéralement tomber sur le papillon qu'elles visent, le saisissent dans leurs pattes armées d'ongles, lui coupent les cuisses et les ailes et emportent les restes du cadavre sur quelque branche d'arbre à laquelle elles se pendent la tête en bas. Là elles pétrissent ces débris encore palpitants et en façonnent une sorte de paquet, qu'elles emportent ensuite entre leurs jambes.

C'était là une des grandes distractions du célèbre entomologiste la Treille.

— Il y a de grands seigneurs qui dépensent des cent mille francs pour se procurer le plaisir de la chasse au faucon, disait-il de sa bonne voix et en se frottant les mains. Je parierais cinquante francs, — c'était la plus grosse somme qu'eût jamais proposée l'excellent homme, qui pourtant adorait, sinon de conclure des paris, du moins d'en proposer, — oui, je parierais cinquante francs que cette chasse ne vaut pas celle qui se passe en ce moment sous mes yeux. Je défie un héron de montrer le quart de l'intelligence qu'un simple papillon blanc, un vulgaire *pontea rapæ*, emploie pour se soustraire aux attaques d'une *vespa*. Quant à des faucons, allez m'en chercher qui aient le coup d'œil, le vol et l'adresse d'une guêpe !

Et il disait vrai.

Voici mon manuscrit anglais terminé, fis-je, en achevant de tourner le dernier feuillet. Mais à quoi songez-vous donc, Melchior, vous n'avez pas l'air de m'écouter ?

# CHAPITRE XIV

## LE PRISONNIER

A propos d'insectes, répondit Melchior, voici ce que me racontait hier un de mes amis.

— Je me promenais, il y a quelques années, à Marseille sur la jetée, et je contemplais cette belle mer de la Méditerranée, bleue, lumineuse, resplendissante des feux du soleil, et si peu semblable à sa farouche sœur des côtes de Bretagne ; tout à coup j'entendis prononcer mon nom et sentis une main qui pressait amicalement la mienne.

Je levai les yeux, et je reconnus un jeune naturaliste allemand

avec lequel, l'année dernière, à Paris, j'avais souvent passé de
bonnes heures à herboriser.

Nous nous étions rencontrés dans les bois de Meudon, tous les
deux à la recherche de l'*euphorbe pourpré*, qu'on trouve là plus beau
que partout ailleurs. Attirés l'un vers l'autre par un goût commun,
nous n'avions point tardé à échanger quelques paroles. Morfontaine
nous retrouva de nouveau en quête de l'*épilobe des marais*; Mont-
rouge, de l'*helminthe echioïdes*; le mont Valérien, de l'*eresymum præ-
cox*; et enfin nous partageâmes fraternellement, à Nanterre, les deux
seuls pieds de *myagrium sativum* que nous pûmes y récolter.

Il en fallait moins pour devenir, sinon des amis, du moins des connaissances intimes; d'autant que ce jeune homme possédait de grandes connaissances en histoire naturelle, se montrait aussi modeste
qu'instruit et s'exprimait en excellent français.

— Par quel heureux hasard vous rencontré-je à Marseille? lui
demandai-je en lui rendant l'étreinte de main qu'il m'avait donnée.

Il rougit et pâlit tour à tour. Je vis ses lèvres devenir blêmes, et
ce ne fut pas sans effort qu'elles purent balbutier convulsivement ces
mots :

— Je suis prisonnier de guerre!

Je lui serrai de nouveau la main et plus affectueusement que la
première fois.

— Oh! me dit-il en me montrant son bras droit qu'il portait en
écharpe, oh! si cette blessure ne m'eût point fait tomber évanoui,
vos diables de zouaves m'eussent tué sur les pièces de la batterie
d'artillerie que je commandais. Quand ces enragés soldats sont arrivés, mes canonniers étaient morts ou en fuite. On m'a relevé, on
m'a emmené... et, dès les premiers coups de fusil de la campagne,
me voici de retour en France, un peu malgré moi, je l'avoue!

En parlant ainsi, des larmes s'échappaient de ses yeux, et il avait
de la peine à réprimer ses sanglots.

— Je n'essayerai point de vous consoler, répondis-je; je comprends et j'approuve votre douleur.

— Merci ! me dit-il, merci ! j'ai besoin d'entendre de bonnes paroles, quoique chacun ici me les prodigue comme vous. Vous possédez en France une grande vertu, c'est le respect du malheur.

Puis, faisant un effort sur lui-même, il me dit sans transition :

— Me voici donc de nouveau rendu tout entier à l'étude de l'histoire naturelle. Depuis un mois, — car il y a un mois que je suis en France, — je passe une partie de mes journées à étudier les mœurs du *cerceris bifascié* des sables. J'ai pu m'assurer combien se trouvent exactes et neuves les observations que M. Lucas, de votre Muséum de Paris, a faites avec autant de talent que de bonheur sur cet insecte singulier. Vos savants sont comme vos soldats : infatigables, persévérants et heureux !

L'autre jour, j'étais assis dans le Jardin botanique, l'une des gloires de Marseille. Tandis que je rêvais à la patrie et à la famille absentes, un léger bruissement me tira de mes pensées et me fit lever la tête. Une sorte de guêpe, aux ailes de gaze, au corselet fin, à l'abdomen zébré, aux pattes jaunes, voltigeait au-dessus d'un peu de sable amoncelé, tassé par la pluie et séché par le soleil.

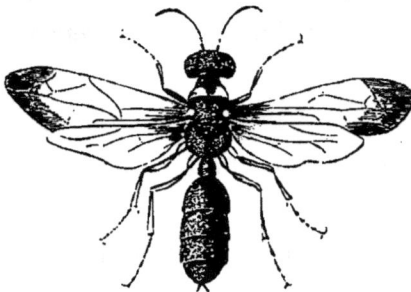

L'insecte s'arrêta sur le monticule, le regarda longtemps et en interrogea minutieusement les moindres parties; il semblait prendre des mesures à l'aide de ses antennes. Ses grands yeux sans échancrure et affairés lui donnaient tout à fait l'air d'un géomètre cadastrant un terrain.

Quand il se fut suffisamment renseigné, le *cerceris* se mit à creuser le sable. A moyen de coups donnés par ses mandibules dentées, qui ressemblent à la fois à une pioche et à un râteau, il fit en quelques minutes un terrier cylindrique qui s'enfonçait en tournant. Il fallait le voir se démenant avec ardeur, rejetant au dehors et repoussant au loin les déblais avec sa grosse tête, munie d'un puissant muscle qui faisait ressort!

Je crus reconnaître à certains indices que ce vaillant ouvrier était une femelle. Je n'eus plus de doute quand je vis un mâle s'approcher d'elle; il voulut lui conter fleurette. Elle lui allongea un vigoureux coup de patte, le jeta étourdi sur le sable, et d'un coup de tête l'envoya tomber à plus de cinquante centimètres de là. Après quoi elle reprit sa besogne.

Quand elle eut terminé le trou qu'elle creusait, elle alla chercher sept ou huit petits cailloux, gros comme des graines d'œillette, et s'en servit avec une adresse merveilleuse pour dissimuler l'ouverture du silo. Après quoi, à l'aide de ses pattes, elle ramena du sable sur les cailloux et parut regarder autour d'elle. Un mâle qui l'épiait, posé sur une fleur voisine, accourut à tire-d'aile, et tous les deux s'envolèrent dans l'espace.

Je compris alors pourquoi la pionnière avait si mal reçu le godelureau de tantôt : elle avait déjà fait choix d'un fiancé. En honnête insecte, non-seulement elle voulait lui rester fidèle, mais encore elle pensait comme César, que la femme d'un *cerceris* ne doit pas même être soupçonnée.

Le lendemain matin, de bonne heure, j'étais à mon poste dans le Jardin botanique et devant le nid creusé, la veille, par le *cerceris* femelle. Sans quelques brins d'herbes qui me servaient de points de repère, assurément je n'eusse point re-

14

connu la place qu'il occupait dans le petit monticule de sable.

Tout à coup je vis la femelle qui volait au-dessus de ce monticule. Elle semblait moins alerte que la veille. Son allure trahissait une sorte de langueur et son abdomen paraissait pesant et soufflé. Elle s'abattit sans la moindre hésitation droit sur le silo. Deux coups de sa grosse tête suffirent pour écarter les petits cailloux qui en fermaient l'ouverture, et puis elle pénétra en toute hâte dans sa demeure souterraine. Cinq ou six minutes après, elle en ressortit; son abdomen, redevenu mince et fluet, indiquait évidemment qu'elle venait de pondre.

Elle ne referma le puits que d'une façon négligente et resta là quelques instants, la tête en l'air et les ailes à demi déployées. Ses antennes se tournaient dans tous les sens avec une grande vivacité.

Auxquels des organes humains correspondent ces antennes? Les uns veulent y voir des oreilles véritables, et les autres contestent cette opinion. Selon nous, organes mixtes, elles servent à percevoir les ondulations de l'air et tiennent à la fois de l'ouïe, de l'odorat et du toucher.

Quoi qu'il en soit, tout à coup les deux antennes se dirigèrent à gauche et se tinrent immobiles dans la direction d'une touffe de gra-

minées. Je portai moi-même mes regards de ce côté, et j'aperçus un gros *charançon speciosus* et un charançon colon long d'environ un centimètre ; les élytres de ce dernier, d'un vert splendide, et ses pattes rouges semblaient dorées.

Le *cerceris* s'éleva d'un bond dans les airs, plana pendant une seconde, s'abattit sur le charançon *speciosus* comme l'eût fait un aigle, le saisit de ses manbibules, revint au silo et s'y précipita sans lâcher sa proie.

L'insecte en fit autant pour le charançon colon et recommença cinq ou six fois une chasse semblable ; après quoi je le vis une dernière fois ressortir, mais faible, chancelant, trouvant à peine un reste de force pour refermer l'ouverture du nid.

Il se traîna péniblement jusqu'à la touffe d'herbe où il avait pris le premier charançon, et il ne tarda point à y mourir.

Quatre jours après, je dégageai délicatement le silo des petits cailloux qui en obstruaient l'entrée, et, à l'aide d'une érigne très-fine, j'en retirai un des charançons. Il vivait encore, quoique les larves à peines écloses du *cerceris* lui eussent déjà dévoré les deux pattes de derrière.

J'eus alors sous les yeux un des plus singuliers phénomènes de l'entomologie.

Lorsque la femelle du *cerceris* a déposé dans le nid, près de ses œufs, les insectes qu'elle a faits prisonniers, elle les pique de son aiguillon ; cette piqûre produit l'effet du chloroforme, mais avec des effets permanents. Les larves peuvent donc sortir de l'œuf quand bon leur plaira : elles se trouveront assurées d'avoir, en naissant, une proie fraîche et vivante.

En effet, je remis le charançon dans le nid. Le lendemain, je l'en retirai de nouveau, et il ne lui restait qu'une seule patte. Les élytres, les ailes, les antennes, les yeux, le corselet, les écailles de la poitrine, du dos et du ventre, disparurent ; les jours suivants la pauvre bête palpitait encore, quoiqu'il ne lui restât même pas forme d'insecte.

Plus tard, mon observation terminée, je retirai du nid tout ce qu'il contenait : il y trouvait huit charançons, qui servaient de proie vivante à huit larves prêtes à se transformer en chrysalides.

Tandis que le jeune homme me parlait ainsi, le prisonnier avait disparu en lui pour faire place à l'entomologiste. Aussi sembla-t-il retomber du ciel sur la terre quand un officier français s'approcha de lui et le rejeta dans la réalité.

— Monsieur, lui demanda cet officier, n'êtes-vous pas le commandant autrichien V...?

— C'est en effet mon nom.

— Je viens vous annoncer, monsieur, que vous êtes libre et que vous pouvez, quand il vous plaira, partir pour Vienne.

— Moi !

— Vous êtes blessé, commandant, et l'empereur Napoléon III vient de déclarer qu'il autorisait tous les blessés autrichiens pris par nos soldats à retourner dans leur patrie. Fait prisonnier à l'entrée de la campagne, vous avez été amené à Marseille, mais aujourd'hui que la volonté de l'Empereur est connue, vous êtes libre.

— Ah! nous sommes véritablement vaincus à présent! s'écria le jeune homme.

— Voici votre passe-port, bon voyage ! continua le capitaine.

Puis, après un moment d'hésitation, il ajouta :

— Si vous manquiez d'argent pour retourner à Vienne, vous permettriez à mes camarades et à moi de vous offrir nos services. Entre soldats.... vous savez.... Acceptez militairement!

Celui à qui s'adressaient ces paroles laissa tomber de ses yeux une larme qu'il ne chercha point à cacher.

— Merci, capitaine, merci! balbutia-t-il d'une voix attendrie. J'accepte vos offres. Grâce à votre souverain et à vous, je vais pouvoir retourner près de ma mère et de ma fiancée, dont je me croyais séparé pour bien longtemps.

Il s'interrompit un moment.

— Je pars heureux et triste à la fois, reprit-il. Heureux de revoir des êtres chéris, heureux d'avoir rencontré de nobles cœurs ; mais triste, bien triste, de voir de si grands exemples donnés à l'Europe par la France. Hélas ! la générosité chevaleresque de cette France, notre ennemie, en fait la première nation du monde !

# CHAPITRE XV

## LES INSECTES ODORANTS — LES LONGICORNES

n ce moment ma sœur entra, un bouquet de roses à la main. En voyant mon cabinet rempli de
la fumée des cigares et la cheminée entourée de
mes amis, elle déposa les fleurs sur mon bureau
et se hâta de sortir.

—Les belles fleurs ! nous écriâmes-nous en chœur.

—Belles et suaves, assurément, dit le père Dominique; mais il
n'y a point que les fleurs qui jouissent du privilége d'exhaler des
parfums.

Si beaucoup d'insectes produisent des exhalaisons nauséabondes,
en revanche, certains autres rivalisent de parfums avec le musc, la
rose, le citron, la pomme de reinette et le fenouil.

Parmi ces insectes privilégiés il faut citer en première ligne la

Les belles fleurs! nous écriâmes-nous!... (p. 214.)

plupart des espèces du *sphinx*, grands et magnifiques papillons nocturnes, dont la famille est aussi nombreuse que variée.

Quand on renferme, pendant quelque temps, dans un vase clos, un sphinx mâle, surtout de ceux qui se nourrissent de convolvulus, le vase s'empreint d'une odeur de musc forte et persistante.

Un autre lépidoptère, le *charaxes jasius*, jouit de la même propriété. C'est un beau papillon de jour, commun sur le littoral de la Méditerranée, que les Turcs nomment le *pacha à deux queues*, et dont le parfum se manifeste particulièrement quand le pauvre animal se débat entre les doigts de celui qui l'a fait prisonnier.

Le papillon *machaon* répand autour de lui un arome de fenouil, que M. Martin explique, il est vrai, par les vésicules d'huile essentielle de même odeur, dont se trouvent parsemées les plantes sur lesquelles vit la chenille du machaon.

Un certain nombre de fourmis sentent le musc, surtout quand on bouleverse leurs habitations.

Vous le savez, un staphylin, assez rare du reste, le *velleius dilatatus*, sent la vanille, et le *staphylin odorant* la pomme de reinette; qualité d'autant plus remarquable que leurs congénères répandent une odeur odieuse que produit une liqueur contenue dans deux vésicules rétractiles placées à l'extrémité de leur corps.

On trouve le second sous les pierres, dans les lieux humides, et le premier, qui est assez rare, dans la forêt de Fontainebleau, où il vit sous les écorces des chênes. Il s'y nourrit de chenilles processionnaires et fait la chasse aux larves de frelons et surtout du sphécode parisien, dans les nids desquels il s'introduit. On le reconnaît à sa couleur d'un noir mat, à ses courtes élytres cou-

vertes de petits points serrés, à la finesse de son abdomen, qui se dresse en l'air à la moindre alarme, et à ses pattes légèrement épineuses.

La *noirdelle champêtre*, le *capricorne du saule* (*aromia moschata*), l'*aromia rosarum*, très-commun en Sicile, est plus joli que celui de France, et des taches de pourpre jaspent son corselet. L'*aromia ambrosiaca*, particulier à la Russie, exhale une si bonne odeur de rose, que certains savants ont voulu reconnaître dans son parfum l'ambroisie des anciens.

Les *callichromis*, beaux capricornes de l'Amérique méridionale, de couleur verte, avec des bandes veloutées, possèdent aussi, au dire des voyageurs, cette même odeur de rose.

Les émanations suaves, comme les émanations fétides, proviennent tantôt de liquides qui suintent de toutes les parties de leurs corps, tantôt de l'appareil buccal ; d'autre fois la partie inférieure de l'abdomen les sécrète.

Des capricornes bien connus et communs sur toutes les hautes

montagnes de l'Europe, en Suisse notamment, la *rosalia alpina*, forment l'une des espèces le plus souvent citées pour son parfum. La Rosalie alpine, élégant coléoptère de forme svelte, long d'environ quatre centimètres, d'un gris bleu velouté avec du feutre et des bandes noires sur le corselet et les élytres, a de longues antennes également annelées de noir et pourvues d'une houppe de poils à l'extrémité de plusieurs de leurs articles.

Naguère les entomologistes parisiens allaient chercher la Rosalie alpine parmi les bois accumulés dans l'île Louviers. Il paraît qu'elle se multipliait dans les énormes troncs apportés des pays montagneux et qui séjournaient là des années sans être employés. Aujourd'hui que l'île Louviers a disparu, il n'y a plus, hélas! à enregistrer qu'un souvenir et un regret chez les entomologistes parisiens qui voudraient voir figurer la Rosalie alpine dans leur collection.

Une jolie *saperde*, commune en Sicile, en Andalousie et en Algérie, l'*agapanthia irrorata*, dont les élytres, d'un bleu foncé, sont parsemées de points blancs formés par un fin duvet, exhale aussi un parfum de rose très-sensible.

La propriété parfumée des insectes est connue depuis longtemps, car Restif de la Bretonne parle, dans son *Pornographe*, de composer, avec les *insectes suaves*, des bouquets vivants; on « renfermerait dans un cornet de gaze ces bêtes qui sentent si bon. » L'idée n'a pas eu de suite jusqu'à présent, et l'on s'en est tenu aux bouquets de fleurs.

— Certains longicornes possèdent surtout le don des parfums; elles exhalent les odeurs les plus suaves et embaument l'air des saulées qu'elles habitent.

C'est, du reste, une famille fort curieuse que celle des longicornes, et M. Mulsant en a fait une charmante peinture.

Leurs larves vivent toutes aux dépens des végétaux.

Elles habitent l'intérieur des arbres ou des plantes dont la vie est assez longue pour entretenir la leur.

A la manière des scolytes, la nature semble leur en avoir distribué toutes les parties, comme un héritage à exploiter.

Ainsi plusieurs de ces larves se contentent de ronger l'écorce, en rampant ordinairement sur l'aubier; la plupart entament les couches ligneuses ou s'enfoncent profondément dans leur sein.

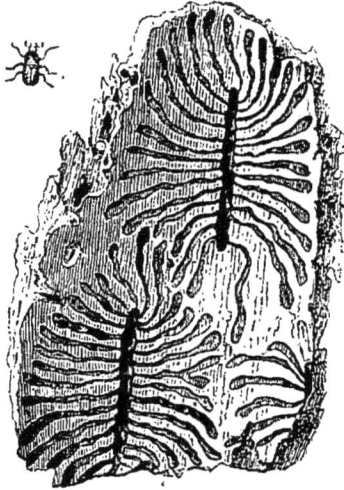

D'autres s'attachent exclusivement, ou à peu près, à la substance médullaire.

Les unes creusent les branches ou les rameaux.

Un grand nombre perforent les troncs et les endommagent souvent d'une manière considérable.

Les autres minent les racines ou réduisent en poussière les souches inutiles que la hache a dédaignées.

En cheminant, elles pratiquent des galeries dont le diamètre augmente avec la grosseur de leur corps. Malgré l'obscurité où elles travaillent, jamais elles ne commettent la maladresse de déchirer le voile qui les couvre, c'est-à-dire d'arriver jusqu'au jour, où des ennemis nombreux menaceraient leur vie. Un sens intime les guide dans leur démarche ténébreuse avec une sûreté parfaite.

Elles peuvent même réduire à la faible épaisseur d'une feuille de parchemin la couche qui les sépare de l'extérieur, sans craindre de lacérer ce rideau protecteur.

Il est facile de mettre à cet égard leur talent à l'épreuve, en leur donnant à ronger un morceau de bois réduit, dans certain point, à un diamètre à peine plus large que celui de leurs anneaux.

Elles sauront, sans trahir leur présence, vider l'intérieur de ce col, fallût-il, durant la traversée de ce passage difficile, tenir leur corps dans un rétrécissement insolite. Leur prévoyance va plus loin pour celer aux regards leurs ravages : au lieu de rejeter au dehors le détritus de leurs aliments, elles en garnissent les tuyaux qu'en avançant elles laissent derrière elles. Si la matière dont elles se

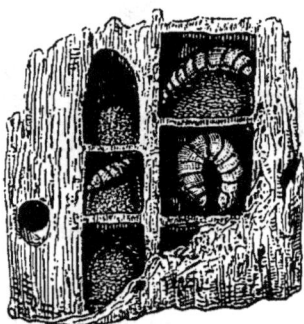

nourrissent est ligneuse ou solide, la vermoulure produite remplit à peu près ces canaux ; si la substance doit, comme la moelle, être réduite par le travail de la digestion à un volume peu considérable, ils restent plus ou moins vides, et leur fournissent, en cas de besoin, une sorte de moyen pour échapper à l'ennemi, en leur permettant de chercher un refuge du côté opposé à celui de l'attaque.

Quelquefois ces larves vivent solitaires dans les tiges de certaines plantes ; mais elles habitent toujours, en nombre plus ou moins grand, un voisinage rapproché. Leur éloignement réciproque, sur le même végétal, n'est soumis à aucune règle.

Ordinairement les distances qui les séparent sont largement proportionnées à la nourriture nécessaire à chaque individu jusqu'à son entier accroissement. Quelquefois cependant cette loi semble mise en oubli.

Quand la nature veut, par exemple, hâter la chute d'un tronc mort ou décrépit, ou rendre plus promptement à la terre, qu'ils doivent fertiliser, les restes inutiles d'un arbre abattu, elle convie à cette œuvre une foule de vers rongeurs, et elle les accumule en nombre surabondant dans les parties végétales dévolues à la destruction.

De ce nombre est le xylopode qui ne fait point partie de la famille des longicornes, mais qui procède à peu près comme eux.

De prime abord ces artisans actifs, dont le concours est nécessaire à l'accomplissement de ses desseins, savent éviter avec un art merveilleux tout empiétement sur les travaux de leurs voisins ; mais dès que le but de leur création commence à être atteint, dès que la matière à réduire en poudre devient moins abondante dans l'espace limité qui les enserre, leur avidité inquiète les pousse à traverser les galeries contiguës à la leur ; de là des rencontres et des combats, dont la suite inévitable doit être la mort au moins pour l'un des champions. Ils se déciment ainsi jusqu'à ce que leur multitude reste réduite à des proportions convenables, c'est-à-dire jusqu'à ce que les survivants soient en quantité assez faible pour trouver dans la matière ligneuse qui reste à dévorer les moyens suffisants d'arriver à leur dernière transformation ; alors ils cessent de s'entre-déchirer.

Avant d'arriver à l'état de nymphe, ces larves changent plusieurs fois de peau.

La durée de leur vie, sous leur première forme, est ordinairement d'un à trois ans ; mais cette durée varie même chez les individus sortis d'une même ponte.

Si des circonstances particulières ont retardé l'accroissement
de quelques-uns, si, à l'époque fixée pour leur passage à un autre
degré de leurs métamorphoses, ils ne sont pas suffisamment prépa-
rés à la crise qu'ils ont à subir, ils prolongent d'un an la vie laborieuse qu'ils traînent.

On peut même opérer ce retard d'une manière artificielle ; il suffit
de troubler l'existence de ces sortes de vers, en les arrachant de
leur retraite une quinzaine de jours avant le temps où devrait avoir
lieu leur transformation.

Toutefois, on n'apporte point impunément le désordre dans la
marche de leur développement : leur corps subit, par suite de cette
violence, un amaigrissement plus ou moins considérable ; mais
bientôt ils reprennent leur genre de vie habituel et poursuivent leurs
travaux destructeurs jusqu'à ce que le cours de l'année ait ramené
la saison où ils se changeront en nymphes.

Nous demanderions en vain à la science l'explication de ce phénomène ; à peine pourrait-elle nous répondre par des hypothèses.
Comment, en effet, ces larves, dont l'accroissement était complet,
sont-elles obligées, par l'effet d'une perturbation passagère, de re-
parcourir le cercle annuel dans son entier avant d'éprouver la métamorphose qu'elles étaient sur le point de subir?

Le besoin impérieux qui, dans leur premier état, pousse les insectes à prendre une autre forme, est donc limité dans sa durée? Il
cesse donc de se faire sentir dès que sont écoulés les moments mar-
qués pour cette opération?

Quelles sont alors les causes capables de le ramener d'une manière si périodique et si régulière, que les influences atmosphé-
riques peuvent souvent en faire tout au plus varier l'époque de
quelques jours?

Quand il s'agit de quitter leur figure vermiforme, les larves, in-
spirées par un admirable sentiment de conservation, prennent toutes

les précautions, tous les moyens de sûreté nécessaires pour assurer leur bien-être et leur avenir.

La plupart agrandissent leur retraite et se pratiquent une espèce de niche ovoïde, pour y couler en paix les jours qu'elles devront user dans un sommeil léthargique.

Celles qui habitent les tiges de diverses plantes, ferment avec un bouchon serré les deux extrémités de la partie du tuyau où elles songent à s'arrêter, afin d'en défendre l'entrée à leurs ennemis. Certaines espèces désertent les écorces dont elles avaient fait leur nourriture jusqu'alors, et se creusent un sépulcre dans les couches ligneuses pour y trouver un abri plus sûr.

D'autres, qui avaient poursuivi jusqu'au cœur des arbres leurs travaux, se rapprochent au contraire de l'extérieur, afin de pouvoir, quand elles seront parvenues à leur dernière forme, sortir avec moins de difficulté.

Ces précautions prises, elles se préparent par le repos à la crise qu'elles doivent subir, et après un temps dont la durée varie, elles se délivrent de leur peau et se trouvent devenues nymphes.

Sous ce nouveau domino elles présentent, de manière à les laisser distinctement reconnaître, toutes les parties propres à l'insecte parfait ; mais plusieurs de celles-ci n'ont pas le développement dont elles sont susceptibles. Les élytres sont raccourcis et déhiscents ; la tête est infléchie ; les antennes sont couchées et recourbées sous la poitrine ; les pieds repliés en dessous ou, chez d'autres, saillants de chaque côté d'une manière anguleuse. Quelquefois l'abdomen est terminé par des espèces de crochets, destinés à donner plus tard à l'animal la faculté de se cramponner, afin de se dépouiller avec plus de facilité de son enveloppe desséchée.

Ces larves restent dans une immobilité analogue à celle de la léthargie ; cependant, si on les inquiète, elles font mouvoir avec assez de vivacité leurs segments abdominaux.

Huit à quinze jours suffisent à la plupart pour leur permettre de parvenir à leur dernière transformation et de paraître sous leur forme la plus belle.

Parvenus à ce terme glorieux, ces insectes, après avoir donné le temps aux diverses parties de leur corps d'acquérir une consistance suffisante, s'occupent à se frayer un chemin pour arriver au jour.

Parfois, soit qu'à l'état de larve leurs soins aient manqué de toute la prévoyance nécessaire, soit que la sécheresse leur ait créé des obstacles inattendus en durcissant les parties végétales qu'ils ont à perforer, il s'épuisent en efforts inutiles et trouvent une mort obscure aux lieux mêmes où naguère ils puisaient la vie.

Ce triste sort, mais dont un petit nombre seulement est frappé, est réservé particulièrement à ceux qui, dans leur jeune âge, s'enfoncent le plus profondément dans l'intérieur des arbres.

C'est ainsi que la nature, par des moyens qui souvent nous restent inconnus, maintient sans cesse dans de justes proportions les espèces les plus nuisibles.

Les individus assez heureux pour échapper à tous les dangers emploient peu de jours à ouvrir la voie qui doit les conduire à la lumière. Cependant, si des froids hâtifs viennent attrister le milieu de l'automne, et surprendre dans de semblables travaux quelques-uns de ceux dont la destinée est de paraître dans cette saison, ces insectes s'arrêtent dans leur marche, et attendent le retour du printemps pour entrer dans la vie nouvelle où ils achèveront de jouer le rôle pour lequel Dieu les a créés.

Une fois hors des sombres galeries dans lesquelles s'est traînée leur enfance, plusieurs longicornes les abandonnent pour toujours; les autres reviennent encore dans les mêmes lieux fuir, pendant le jour, la lumière qui les importune.

Les grandes espèces, fidèles aux ombrages qui ont voilé leur berceau, s'éloignent peu, généralement, des bois témoins de leur naissance. On les voit errer sur les branches ou les rameaux des arbres analogues à ceux qui les ont nourries, et s'abreuver avec délices de la liqueur qui découle de leurs troncs ulcérés.

Les petites espèces, au contraire, volent dans les prés et les champs et y cherchent une nourriture plus exquise dans le calice des fleurs. Leur goût ne les porte pas indifféremment vers toutes les fleurs; on les chercherait en vain sur les plus brillantes de nos jardins et de nos parterres. Leur choix s'arrête sur des plantes plus humbles; il se fixe communément sur les végétaux polyanthés, sur ceux principalement dont les tiges florales sont déployées en ombelles, épanouies en corymbe ou disposées en épi.

Quelquefois la nature, pour soustraire ces insectes à l'œil de leurs ennemis, leur a donné une robe dont les teintes sont en harmonie avec les lieux qu'ils fréquentent.

La plupart des phytæcies sont verdâtres comme les plantes sur lesquelles on les trouve; les ædiles et les ragies sont gris ou ténébreux comme l'écorce des pins dont ils sont les hôtes fidèles.

Les espèces lucifuges ont des couleurs sombres comme la nuit dont elles aiment l'empire. Celles que leur défaut d'ailes attache à la terre portent aussi la livrée du deuil et de la tristesse.

Parmi les autres, plusieurs ont la beauté en partage. Celles-là resplendissent d'un éclat métallique; celles-ci montrent sur leur cuirasse les nuances les plus vives et les plus tranchées : tantôt on dirait que l'orpin a été employé pour les peindre, tantôt on croirait que le carmin ou le cinabre ont été mis à contribution pour les orner. Les unes sont garnies, dans différentes parties de leur corps, de poils qui reproduisent, par certains miroitements, la richesse de l'or ou le brillant de l'argent; les autres se parent d'un habit chamarré de galons, ou semblent revêtues d'un manteau de velours vert ou de satin couleur de feu.

En général, celles dont la destinée est de vivre parmi les fleurs peuvent lutter avec ces filles de la terre d'éclat et de diversité : on dirait que la nature a voulu leur donner une robe de fête pour assister au banquet délicieux qu'elle leur offre de toutes parts.

D'autres affectent des formes à la fois riches et étranges, comme le lophonocère à antennes poilues.

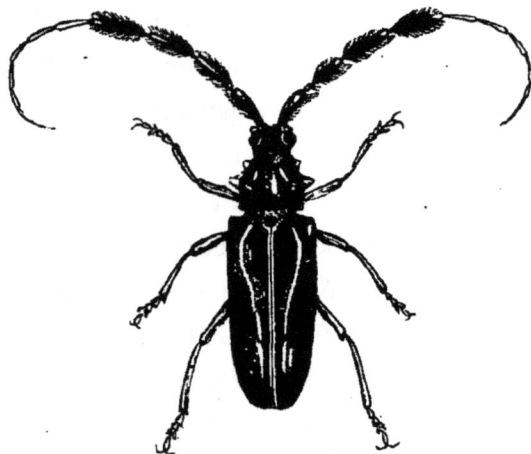

Les longicornes et l'acrocinus de Linné, quand on les saisit, font

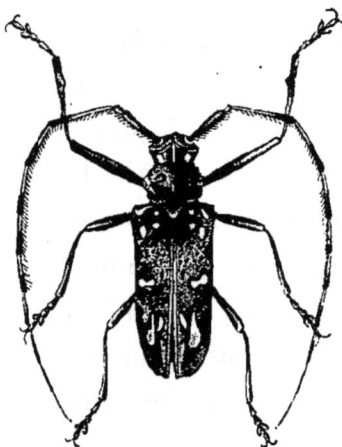

entendre un bruit plaintif et monotone : on dirait le cri touchant de la douleur ou la prière suppliante d'un vaincu. Ce son est produit par le frottement de la paroi interne et supérieure du prothorax contre le scutum du mésothorax, vulgairement appelé le pédoncule de l'abdomen, dont les surfaces respectives sont garnies de rides très-fines.

Les longicornes habitent les diverses régions de la France. On les rencontre sous toutes les zones. Quelques-uns, comme les vespères, les cartalles, les solénophores, sont propres aux chaudes contrées de nos provinces méridionales ; d'autres semblent réservés pour animer les solitudes boisées de nos montagnes alpines.

Aucune heure ne se lève sans en trouver de prêts à l'utiliser à son passage. Les uns sont éveillés aux premiers rayons de l'aurore ; la plupart ne sortent de leur repos qu'après le lever du soleil ; d'autres, ennemis des feux du jour, attendent l'approche des ombres pour quitter leur retraite. Plusieurs commencent à paraître dès qu'avril a fait reverdir les champs ; bientôt ils sont remplacés par d'autres, et cette chaîne, comme celle des fleurs, se prolonge jusqu'à l'approche des frimas. Chaque espèce se montre à son tour sur la scène, et disparaît après l'avoir occupée souvent plus d'un mois, et quelquefois à peine seulement une ou deux semaines.

Avant de terminer leur existence, les femelles songent à assurer le sort de leur postérité. A l'aide de leur oviducte, instrument docile qu'elles font mouvoir avec beaucoup d'adresse, elles introduisent leurs œufs dans les fentes, et les font glisser sous les écorces des végétaux chargés de nourrir les vers rongeurs qui en sortiront.

On pourrait faire le calendrier des longicornes, comme Linné a fait l'*Horloge de Flore*.

Ce n'est point au chêne jeune et robuste qu'elles confient ces germes destructeurs : un instinct providentiel les guide vers l'arbre qui renferme déjà dans son sein des causes de décadence, ou qui penche vers son déclin. Si, par exception à cette règle, plusieurs de ces mères attentent par un de leurs dépôts funestes à la jeunesse de certains arbres, elles s'adressent principalement à ceux, tels que le peuplier ou le saule, dont la croissance rapide et la trop facile reproduction pourraient faire craindre de voir leur nombre s'étendre au delà des limites qui leur furent assignées.

D'autres femelles, en revanche, semblent destinées à faire oublier les ravages des précédentes. Elles placent leur ponte dans les racines ou les couches stériles éparses dans le sol des bois ; elles occasionnent ainsi la pulvérisation plus prompte de ces débris féconds, que la nature cachera bientôt sous un tapis de verdure ou qu'elle couvrira de rejetons nouveaux.

Par une singularité dont il serait difficile de nous rendre compte, on voit souvent des souches subir lentement les lois de la décomposition, sans recéler jamais, comme leurs voisines, de ces larves dévorantes chargées d'activer leur ruine. Le même arbre aussi quelquefois présente un de ses flancs déchiré par ces vers avides, quand le côté opposé reste constamment préservé de leurs outrages.

Quelles causes peuvent faire respecter ainsi ces parties végétales le plus souvent déjà frappées de mort ? La nature manque-t-elle d'artisans de destruction ? ou les femelles de ces insectes trouvent-elles dans les perceptions de leur sens exquis des motifs capables de justifier leurs préférences ou leurs dédains ?

Dès leur sortie de l'œuf, les jeunes larves abritées par les écorces, cachées dans les couches ligneuses où plusieurs ne tardent pas à s'enfoncer, sembleraient, sous des voiles si épais, pouvoir se livrer sans crainte à leur nuisible industrie.

Mais la Providence n'a pas abandonné sans défense nos forêts, nos vergers et nos haies : elle a confié à d'autres êtres le soin de limiter les dégâts de ces races lignivores, en refrénant leur trop grande multiplication.

De nombreuses espèces d'oiseaux grimpeurs visitent nos chênes décrépits pour les délivrer de ces hôtes parasites. Les pics font résonner sous leurs coups de bec les arbres de nos bois, et annoncent au loin par un cri de joie la rencontre heureuse de cette proie succulente.

D'autres ennemis, moins puissants en apparence, mais aussi redoutables en réalité, leur font pareillement une guerre cruelle.

Diverses fourmis, dont la mission est de miner également l'intérieur des vieux troncs, immolent ces larves rivales dans les lieux mêmes témoins de leurs ravages.

Plusieurs autres insectes hyménoptères de la tribu des ichneumonides perforent les écorces à l'aide de leur longue tarière, atteignent ces sortes de vers sous les enveloppes épaisses qui les protégent, et déposent dans leur sein des œufs parasites, qui seront bientôt la cause de leur mort.

# CHAPITRE XVI

## LES MANGEURS D'ÉTOILES

ncore un manuscrit écrit en français, dit Frantz :
*les Mangeurs d'étoiles*.

Pendant la guerre de Crimée, tandis que le
colonel de Saint-A..., marié à peine depuis six
mois, combattait sous les murs de Sébastopol,
la comtesse Blanche, sa femme, habitait sur les bords de la Loire
un château du moyen âge, transformé, à force de goût et d'argent, en habitation confortable. La chambre à coucher offrait surtout un mélange vraiment singulier du luxe sévère du quatorzième
siècle et de la recherche élégante du dix-neuvième. Cependant les

bahuts en chêne noir sculpté, le grand lit à colonnes torses et à baldaquin de tapisserie, les fauteuils à bras fantasquement damasquinés, la cheminée à l'écusson des comtes de Saint-A..., haute comme une mansarde de la rue du Helder, s'harmonisaient d'une façon charmante avec des draperies de brocart, des rideaux de dentelles, des meubles de Boule et un piano, chef-d'œuvre d'Érard. Un tapis de haute lisse remplaçait les jonchées de roseaux qui, quatre siècles auparavant, recouvraient l'aire battue de cette chambre. Il est vrai que l'aire avait cédé la place à un parquet de bois exotique qui, l'été, s'enorgueillissait d'incrustations, d'arabesques et de dessins aussi précieux et aussi riches que les merveilles du tapis qui le recouvrait et le voilait l'hiver.

Or le tapis revêtait encore le parquet; car avril commençait seulement à blasonner de son taureau l'écu du zodiaque; une neige tardive voilait les allées et les plates-bandes du jardin et saupoudrait les rameaux à peine embourgeonnés d'une basse futaie qui s'élevait sous les fenêtres mêmes de la comtesse. Ces grands buissons occupaient l'emplacement d'un fossé profond et plein d'eau au temps féodal, aujourd'hui à sec et en partie comblé par les éboulements, par les envahissements de la végétation et par le patient et infatigable niveleur qu'on nomme le temps.

Un matin que la jolie châtelaine avait reçu de bonnes nouvelles de Crimée, et que, le front appuyé contre une des grandes vitres de sa chambre, elle rêvait à la fois au passé et à l'avenir, elle remarqua machinalement un oiseau tout affairé. Il construisait son nid au sommet d'un vieux saule étêté. De la fenêtre la comtesse dominait l'œuvre qui touchait à sa fin et à laquelle il manquait à peine quelques brindilles pour former une jolie petite construction, composée de mousses et de racines liées les unes aux autres par des joncs. Un lit de laine, de plumes, d'édredon, de soie et de ouate, tapissait mollement l'intérieur du nid.

.La femelle travaillait seule, saisissait soit une feuille d'herbe, soit une tige desséchée, s'arrêtait, courait, regardait, tissait et tressait. Le mâle, perché sur une branche voisine, sifflait ses plus beaux airs, comme un sauvage des montagnes Rocheuses et laissait la besogne du logis à sa compagne; mais aussi, comme le Sioux, il chassait pour elle. Tout en chantant il guettait du regard autour de lui. Au moindre mouvement dans le gazon ou sous la neige, il s'élançait, piquait le sol, apportait à sa femelle et lui fourrait dans le bec, sans rien en garder pour lui, le produit entier de sa traque; pourvu toutefois que, par hasard, cette traque eût été productive. Je dis par hasard, car, hélas! la plupart du temps il revenait désappointé et le bec vide reprendre la place qu'il avait quittée, et recommençait son chant infructueusement interrompu.

La comtesse ne tarda point à compatir au jeune ménage. Elle se fit apporter des larves de ténébrion, destinées à la nourriture des faisans et en jeta une pincée aux deux étourneaux.

Ceux-ci, sans s'effaroucher le moins du monde, accoururent, gobèrent les vers de farine et volèrent ensuite vers la fenêtre pour regarder d'où leur venait cette manne vivante.

La comtesse recommença sa distribution.

Les étourneaux trouvèrent la chose tellement de leur goût, qu'à huit jours de là ils frappaient de leur bec contre les vitres, entraient familièrement dans la chambre, prenaient leur nourriture entre les doigts effilés et blancs de la jeune femme, et au besoin dépistaient avec adresse le vase de porcelaine qui contenait les larves dont ils se montraient si gloutons. Un large bouchon de liége fermait ce vase; en deux coups de bec de l'étourneau et de sa femelle le bouchon sautait et le pillage commençait.

La comtesse, dont la société de ces amis ailés égayait l'esseulement, les laissait faire et les encourageait même. D'autant plus qu'aux cinq œufs d'un beau vert sans tache déposés par la femelle dans le nid, avaient succédé, après vingt jours d'incubation, cinq petits becs jaunes, toujours piaillant, toujours béants et toujours insatiables.

Les oisillons, introduits par leurs parents, en usèrent bientôt envers la comtesse avec le même sans-gêne. Plus d'une fois ils l'éveillèrent au point du jour, tant ils heurtaient fort aux vitres, tant ils jetaient des cris aigus d'impatience et de gourmandise! Il fallait les voir, quand enfin elle se rendait à leur désir, il fallait les voir, dis-je, volant sur ses bras, sur sa poitrine, sur ses cheveux, la becquetant, la caressant, puis, ce tribut d'affection payé, furetant et picorant partout. Ils ne tenaient compte ni des réclamations de la femme de chambre, ni des coups de bec d'un grand perroquet gris, plus brutal, du reste, qu'alerte. Le logis était à eux ; je vous réponds qu'ils en usaient et amplement encore !

A quelques mois de là, vers la fin de septembre, le comte était de retour dans son château, avec sept blessures, heureusement en voie de cicatrisation, avec le grade de général de brigade et le collier de commandeur de la Légion d'honneur. Étendu sur un grand fauteuil, il savourait, pâle et faible encore, l'ineffable bien-être de la convalescence. La comtesse, assise devant le piano, ache-

vait de jouer, ce soir-là, une de ces vieilles mélodies du nord de la
France, dont la grâce naïve et les motifs simples rappelaient au général les souvenirs de ses amours avec Blanche et le beau temps où,
sans lui avoir encore avoué qu'elle l'aimait, elle lui faisait entendre, comme ce soir-là, les chants de son pays.

Quand elle eut quitté le piano et repris dans ses mains les mains
du convalescent, tout à coup des voix aériennes, et qui n'avaient
rien d'humain, répétèrent les dernières phrases du thème qu'avait
joué la comtesse.

— Il y a donc ici d'autres fées que toi ? demanda le général en
souriant, et sans se rendre compte de ce qu'il venait d'entendre.

— Des fées, non ! mais des lutins, oui ! répondit-elle en ouvrant
la fenêtre et en jetant un léger cri d'appel.

On aperçut alors dans les airs sept petites étoiles qui voletaient, viraient, s'élevaient, s'abaissaient et tournoyaient devant la fenêtre.

Puis ces sept étoiles s'éteignirent, et une bande d'étourneaux, sans tenir compte des moustaches du général, envahit effrontément le salon et se groupa sur les bras et sur la tête de Blanche ; après quoi les oiseaux reprirent follement par la fenêtre leur volée dans le jardin.

— Voilà qui m'explique les chanteurs, dit le général. Ce ne sont point d'ailleurs les premiers musiciens de ce genre que j'entends. Rue du Petit-Musc, à la caserne des Célestins, les étourneaux qui nichaient dans les arbres de la cour répétaient les fanfares des trompettes de mon régiment... Mais les étoiles ! les étoiles !

— Elles m'intriguent autant que vous, mon ami. Jamais je n'ai vu briller de cette phosphorescence le bec de mes protégés. C'est peut-être une illumination qu'ils font pour célébrer le retour de leur seigneur châtelain dans ses domaines, ajouta-t-elle en riant.

— Pardieu ! répliqua le comte, je ne suis pas pour rien l'ami et l'élève du général Levaillant. Un jour, sous le feu des Arabes, et en franchissant un fossé pour aller mettre ces drôles à la raison, il aperçut, dans l'herbe de la berge, un insecte fort rare en Algérie, un *empuse gongylode*, arrêta court son cheval, mit pied à terre, ramassa l'orthoptère, le fourra dans un des doigts de son gant, se rassit en selle, et fit ensuite une telle chasse aux Bédouins, que deux heures après leurs chefs demandaient l'aman et amenaient le cheval de soumission. Donne-moi le bras, Blanche, et allons voir dans le jardin ce dont il s'agit.

Il se dirigea vers le parc, s'approcha de la berge et trouva les étourneaux occupés à picorer dans une véritable mare de lumière. A chaque instant un des oiseaux s'envolait, tenant dans son bec une sorte de petite étoile qui brillait quelques secondes et s'éteignait ensuite pour ne plus se rallumer. Après quoi l'oiseau revenait à la

curée et recommençait le même manége. Je vais faire comme le
général Levaillant avec son empuse gongylode, dit le comte.

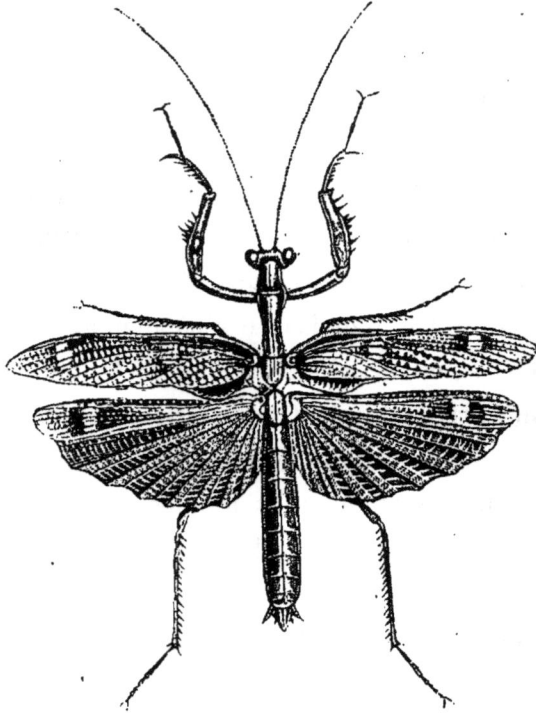

En parlant ainsi, il se pencha, plongea la main dans cette
flamme sans chaleur qui ondulait à la surface du sol, et ramassa
une poignée de terreau dans laquelle il vit cinq ou six insectes

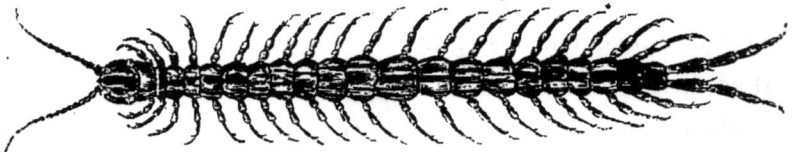

myriapodes que les entomologistes nomment scolopendres, et que
le langage populaire, avec son énergie pittoresque, appelle des mille-

pattes. Ces scolopendres appartenaient à la plus petite espèce, à celle qu'on désigne par l'épithète d'électrique.

La comtesse et le général contemplèrent quelque temps ce spectacle étrange d'une flamme large et longue de cinquante centimètres, ne ressemblant à aucune autre flamme et dans laquelle foisonnaient des centaines de scolopendres. Un jardinier, sur l'ordre du général, fouilla le sol autour de la masse phosphorescente, et le sol remué se couvrit littéralement de gouttelettes de feu. On aurait dit que l'arrosoir invisible d'une fée répandait une pluie lumineuse partout où la bêche touchait la terre. Si l'on écrasait dans les mains un peu de cette terre, elle y laissait des traînées brillantes.

— Tu vois, chère Blanche, dit le général, tu vois comme la nature se plaît à revêtir de ses splendeurs les êtres les plus humbles et les plus obscurs en apparence. Sais-tu pourquoi les scolopendres non-seulement brillent d'un éclat mystérieux, mais encore répandent sur tout ce qui les environne tant d'éclat? La nature les a gratifiés de ce phare pour qu'ils puissent, comme Héro et Léandre, se donner un signal d'amour...

— Et pour qu'il révèle leur retraite à mes petits mangeurs d'étoiles! Les voici qui reviennent tous les sept à la chasse des scolopendres. Laissons-les s'y livrer en liberté. D'autant plus que la nuit est fraîche et que je ne pense pas que l'humidité soit précisément un remède efficace contre les rhumatismes et les blessures mal cicatrisées.

— Elle a raison! soupira le général. Vouloir comprendre les causes finales de la création est un des rêves insensés de l'homme! Comme nous l'enseignait l'aumônier qui nous soignait en Crimée, l'*Imitation* n'a que trop raison de dire : *Falluntur sæpe hominum sensus in judicando.*

— Oui! il ne faut pas se fier aux apparences! interrompit la comtesse en riant. Voici nos belles et mystérieuses étoiles de tout à l'heure qui ne sont plus que des vers, et nos mangeurs d'étoiles que des étourneaux !

— Hélas ! c'est l'histoire de toutes les choses humaines !

De loin c'est quelque chose, et de près ce n'est rien.

— Il y a un siècle, la Fontaine a dit les vérités que nous découvrons en ce moment... je crois même que, de son temps, elles n'étaient déjà plus de la première fraîcheur...

— Tu as raison, nous rabâchons ! répondit le général.

Et posant ses lèvres sur le front de Blanche :

— Il n'y a rien de vrai et de durable que l'amour ! murmura-t-il.

— Oui, lorsqu'il dure ! répliqua-t-elle en riant.

— Depuis quand les anges médisent-ils de Dieu ? demanda le général en s'appuyant avec plus de tendresse encore sur le bras de sa femme.

Et là-dessus ils rentrèrent oublieux de cette belle nuit d'automne, oublieux des mangeurs d'étoiles, oublieux de tout, excepté de leur tendresse.

# CHAPITRE XVII

## LES LIMAÇONS

n ne connaît point assez, dit le père Dominique, les merveilles que la nature place en mille endroits et presque sous nos pieds.

Voici un cahier allemand de notre mystérieux manuscrit, qui parle de la force étrange dont se trouvent doués des êtres en apparence inertes et débiles ; ces hélices, limaçons terrestres, dont les yeux étranges sont de véritables lunettes mobiles et emmanchées sur une pauvre bête lourde, qui remue difficilement, et qui se trouve forcée de traîner en outre sa pesante maison.

Déjà, depuis quelques années, on savait que les limaçons terrestres (les hélices), et particulièrement l'espèce vulgaire des jardins, se réfugiaient, durant l'hiver, dans des nids de pierre qu'ils se creusaient au milieu des rochers, mais on ignorait de quelle façon ces animaux mous et sans squelette arrivaient à perforer les rocs les plus durs.

Était-ce par des moyens mécaniques ou par des moyens chimiques ?

Après de longues et sérieuses études, Constant Prevost adopta la dernière de ces opinions, et voici qu'aujourd'hui M. Bouchard-Chantereaux démontre jusqu'à l'évidence que Constant Prevost a vu juste.

Le *bois des Roches*, situé dans la commune de Réty, sur la droite de la route départementale d'Hardingen, à environ seize kilomètres de Boulogne-sur-Mer, prend son nom des masses considérables de calcaire carbonifère qui, depuis le dernier cataclysme, gisent en affleurement, bouleversées les unes sur les autres, au-dessus de la surface du sol.

Ces blocs, recouverts de ronces, de mousses et de lierre dont les tiges et les racines enveloppent tous leurs contours et semblent les étreindre, sont criblés d'ouvertures, la plupart en forme d'entonnoir. Elles présentent un diamètre ordinaire de trois à quatre centimètres, s'évasent extérieurement, mais se rétrécissent intérieurement de manière à ne laisser à l'entrée tubuleuse de la loge qu'un diamètre de vingt-deux à vingt-six millimètres. La profondeur de ces loges ne dépasse guère douze à quatorze centimètres.

L'intérieur s'agrandit souvent dans tous les sens et forme des chambres plus ou moins boyautées, plus ou moins spacieuses.

On ne saurait nier que les hélices font un choix calculé de la partie de la roche qu'elles veulent habiter, puisqu'on ne constate des loges que sur les parties du roc abritées contre les pluies hivernales.

Les hélices creusent le roc, ou plutôt le décomposent et l'effri-
tent, au moyen de la liqueur que sécrète leur corps.

Par un phénomène remarquable, cette liqueur, quand les hélices
ne travaillent point, ne présente à l'analyse chimique aucune trace
d'acide, et n'altère en aucune façon la couleur du papier de tournesol.

Au contraire, introduit-on sous une hélice, quand elle perfore
des pierres, un petit rouleau de ce même papier de tournesol, il se
teint en un bleu qui démontre la présence d'un acide et la transformation chimique de la matière sécrétée par l'animal.

Quelle est la nature de cette matière? Comment jouit-elle de la
propriété de dissoudre à la façon d'un énergique mordant le marbre
et le granit?

Ici s'arrête la science.

Ajoutons encore, néanmoins, que cette propriété n'est pas exclusivement particulière aux hélices.

Citons, avec M. Bouchard-Chantereaux, les *buccins*, les *pourpres*
et les *rochers* de nos côtes, qui perforent, en quelques minutes, les
valves des coquilles des moules, au moyen d'une liqueur que sécrète
leur estomac et que leur trompe applique directement sur la partie
de la coquille à percer.

Quant au *viou* ou *éponge térébrante* de Duvernoy, on n'a même pas
la ressource d'un suc gastrique pour expliquer ses facultés corro-
sives. On ignore encore s'il possède un estomac. Quel est donc son
appareil sécréteur? Quel est l'instrument de perforation de cette
petite éponge informe, charnue et jaunâtre, souvent grosse à peine
d'un millimètre? Elle pénètre cependant dans tous les corps calcaires
organisés ou non organisés, s'y introduit au moyen d'une perforation parfaitement circulaire, s'étend ensuite dans toutes les couches
en les rongeant en galeries, les traverse et les perfore de toutes les
manières, jusqu'à ce qu'elle en forme un squelette poreux et rigide.

De nombreuses coquilles et des bancs rocheux sous-marins entiers sont minés de la sorte par cet infiniment petit.

Le docteur G. Drumond suppose que ces animaux ont le pouvoir de décomposer l'eau de mer, et d'en extraire un *acide chlorhydrique libre*, qu'ils emploieraient à leur œuvre de destruction.

Après les animaux qui décomposent les pierres les plus solides, doivent ici prendre place naturellement d'autres animaux qui construisent des pierres d'une dureté sans égale et qui, pour ainsi dire, finissent par se transformer eux-mêmes en pierres.

Il s'agit des polypiers pommés, de l'*astroïdes calycularis*, observés sur les côtes d'Afrique par M. Lacaze du Thiers.

« Au mois de juin 1861, tous les polypes des polypiers que je détachais des rochers renfermaient des embryons. Placés dans mes aquariums, ils me donnèrent des masses considérables de jeunes qui vécurent avec une grande facilité, se transformèrent sous mes yeux et formèrent, dans les vases où je les plaçai, leurs petits polypiers.

« Ordinairement ovoïdes, ils s'allongent souvent pour prendre la forme du ver. Ils nagent avec facilité à l'aide de cils vibratiles qui les couvrent. On les voit s'éviter quand ils se rencontrent en suivant les bords du vase qui les renferme. Ils montent et descendent, mais en avançant toujours à reculons.

« Leurs transformations se sont effectuées après un mois ou un mois et demi de vie libre dans les eaux, que je changeais avec soin. Ce qu'ils gagnent en largeur, ils le perdent en longueur, et, de vermiformes ils deviennent discoïdes (*en forme de disque*).

« L'extrémité buccale se trouve au centre du disque et comme rentrée. Puis le disque présente des stries au nombre d'abord de six et ensuite de douze. Alors, l'accroissement reprenant sa marche en longueur, et des tentacules se développant entre chaque strie, on arrive à une forme qui rappelle celle d'une jeune actinie.

« Le jeune *astroïde*, nageant à reculons, a, par cela même, une tendance à s'accoler aux corps qu'il rencontre : si bien que j'en ai vu quelquefois deux, accolés base à base, rester flottants dans l'eau. Lorsque le jeune animal a pris une forme que j'appellerai *actinoïde*,

il commence à sécréter la matière calcaire qui formera son polypier.

« Dans son intérieur, pendant que les modifications extérieures se produisent, une cavité se creuse et se partage en compartiments incomplets par la formation de ces replis bien connus des naturalistes sous le nom de replis *intestiniformes*. Dans l'épaisseur des tissus du corps on voit des petits noyaux de teinte et d'apparence calcaire, faisant effervescence avec les acides qui, s'accumulant en lignes, se multipliant et se soudant, forment bientôt un rayon solide de polypiers.

« La partie du corps en contact avec les objets sur lesquels s'est attaché le jeune polype se calcifie, et le dépôt calcaire qui remplace

la matière animale, en s'étendant, fait disparaître les tissus et se
soude aux rayons déjà formés.

« Les embryons (on aura sans doute remarqué cette particularité
bien curieuse) nagent la bouche en arrière, tandis qu'ils portent
leur grosse extrémité ou leur base toujours en avant. De là vient
que, lorsqu'ils rencontrent des obstacles et qu'ils se butent contre
eux, ils ont une tendance à s'accoler, puis à adhérer, et cela d'autant plus que leurs mouvements de progression favorisent leur
contact en les poussant contre les objets. Ainsi ce sont les mouvements eux-mêmes qui semblent destinés à faire cesser cette période
de liberté en facilitant l'adhérence de la partie du corps qui cor-
respondra, plus tard, à celle qui, dans les Actinies et autres Zoan-
thaires adultes, est fixée aux rochers.

« Je dois faire remarquer qu'il y a un moment où les jeunes animaux paraissent plus particulièrement disposés à se buter contre
tous les objets qu'ils rencontrent : c'est lorsqu'ils vont cesser d'être
allongés et abandonner leur forme de ver. Alors ils s'étalent pour
ainsi dire, et perdent en hauteur ce qu'ils gagnent en largeur ; leur
extrémité la plus effilée, celle qui porte la bouche, rentre, et, en
s'enfonçant au milieu du disque qu'ils forment, s'entoure d'un
bourrelet circulaire.

« Ainsi l'idée que l'on peut se faire de ces premières métamorphoses est simple, elle doit cependant être complétée par ce fait,
que sur le bourrelet péribuccal naissent les rudiments des huit
tentacules, qui ne tardent pas, après s'être montrés sous la forme
de petits mamelons, à devenir caractéristiques des Alcyonnaires en
se couvrant de barbules latérales.

« Le moment de l'année où ces résultats ont été obtenus était trop
rapproché de l'époque de mon départ pour qu'il m'ait été possible de
suivre ces jeunes polypes pendant longtemps et de les voir, après
leur fixation, former leur polypier dans mon aquarium ; mais, en

explorant à la loupe et avec le plus grand soin les pierres rapportées
du fond de la mer par les filets des corailleurs, j'ai trouvé de très-
jeunes pieds de corail qui étaient plus petits que
ceux formés et fixés dans mon aquarium. Alors,
revenant pour ainsi dire en arrière, j'ai pu reprendre mes études sur ces individus apportés du fond
de la mer, en les suivant jusqu'à leur entier développement. Mais il est ici nécessaire d'indiquer
quelques faits importants.

« On ne doit jamais perdre de vue, quand il
s'agit des polypiers, que leurs animaux jouissent
de la propriété de produire par voie de bourgeonnement des êtres en tout semblables à eux, absolument comme
un végétal produit des branches et des feuilles, et que ces nouveaux individus restent le plus souvent accolés, soudés à leurs
parents. Ces immenses polypiers, qui dans les mers chaudes forment des îles et des récifs bien connus des navigateurs, sont dus à
ce mode remarquable de multiplication.

« Dans des proportions moindres et dans un temps plus long, l'accroissement d'une branche de corail est aussi la conséquence du
bourgeonnement.

« Relativement à l'organisation, il faut remarquer (et cela est bien
connu depuis longtemps) que le corail vivant est formé de deux
parties distinctes : l'une centrale, solide, résistante, c'est l'*axe*;
l'autre extérieure, molle, rappelant tout à fait une écorce, c'est la
*couche polypifère*. Celle-ci doit sa couleur à une multitude de corpuscules (spicules ou sclérites) calcaires d'une forme particulière et
caractéristique, semés dans toute l'étendue de ses tissus.

« Revenons maintenant aux embryons. Quand ce jeune corail a
perdu sa forme de ver et pris celle d'un disque lenticulaire, il ne
tarde pas non plus à passer du blanc au rose, et puis au rouge vif.

Cela tient au développement des corpuscules calcaires corticaux dont
il vient d'être question. Il n'a pas encore d'axe, et sa partie solide
est représentée seulement par ces corpuscules. C'est en prenant pour
guide la forme caractéristique de ces petits éléments qu'il m'a été
possible de retrouver, sur les débris des bancs rapportés par les
pêcheurs, les plus jeunes individus; car, au milieu des très-nombreuses taches rouges formées par les lobulaires, les alcyons, etc.,
il serait impossible, sans le secours du microscope, de reconnaître
le très-jeune corail.

« Les petits individus que j'ai rencontrés n'avaient qu'un quart
ou un demi-millimètre de diamètre, et ils ne renfermaient encore
qu'un seul polype. Rien ne saurait rendre la délicatesse et l'élégance
de ces petits êtres lorsqu'ils épanouissent leur couronne de tenta-

cules. Ils rappellent alors une charmante fleur couvrant de ses
blanches et gracieuses découpures un petit mamelon rose qui repré-
sente parfois une petite urne. Il est peu exact, on le voit, d'appeler

le corail *fleur de sang*, ainsi que l'a fait un écrivain célèbre dans son livre sur la mer. En multipliant les recherches, j'ai pu réunir tous les états intermédiaires, entre les plus petits individus simples, et les branches les mieux développées ou les plus complètes; alors, ayant sous la main les éléments nécessaires pour résoudre les questions relatives à l'origine, à la nature et au mode d'accroissement de l'axe, je me suis appliqué à en chercher la solution.

« Que l'on se figure un très-petit individu presque cylindrique, quoique très-court, n'ayant encore qu'un seul animal, mais en pleine activité de bourgeonnement; que sur ses côtés l'on admette, ce qui est exact, qu'il se produit un, deux, trois, quatre bourgeons parcourant les mêmes phases de développement que le petit disque lenticulaire primitif dont il a été précédemment question, et l'on comprendra que ce premier animal se trouve peu à peu éloigné de sa base de toute l'étendue qu'occupent les nouveaux individus.

« En suivant cette colonie naissante, dont chaque polype devient à son tour un centre de bourgeonnement, on voit le nombre de ses habitants augmenter peu à peu et ses limites s'étendre. Si l'activité du bourgeonnement est plus grande dans telle ou telle partie, l'allongement est aussi plus considérable dans telle ou telle direction. C'est à ces inégalités d'accroissement qu'il faut rapporter la naissance des rameaux et des branches.

« Il est possible, en étudiant ces jeunes colonies en voie de formation, de reconnaître l'origine et la nature de l'axe. On peut, en effet, voir, sur de très-jeunes individus que les corpuscules calcaires, semés d'abord également dans toutes les parties des tissus, se multiplient et s'accumulent dans des points distincts; que la production d'un ciment de même nature les englobe et en forme un premier noyau en les unissant.

« Il y a donc deux choses distinctes dans les parties dures et solides du corail : les corpuscules, qui paraissent les premiers; le ciment, qui se dépose après eux. Celui-ci, en les englobant et en envahissant les tissus, arrive jusqu'aux objets sur lesquels s'était posé le jeune polype, et soude la colonie pour toujours dans un lieu qu'elle n'abandonnera jamais. Voilà le point de départ de l'axe.

« Cette origine et ce mode d'accroissement du polypier se retrouvent non-seulement dans les jeunes individus, mais encore dans les extrémités des rameaux, où il existe un état de jeunesse permanent, en raison de la croissance continuelle qui s'y produit. Là, en effet, on peut voir que sous l'écorce l'axe est irrégulier, lamellaire, souvent à peine formé et tout hérissé par les aspérités des éléments soudés et agglomérés en nodules. Il n'est pas rare de rencontrer sur les bords de ces lamelles, représentant l'axe à son origine, des corpuscules enfermés dans une couche de ciment rose et transparent, dont la consistance et l'épaisseur ne sont pas encore assez grandes pour les masquer et les faire disparaître.

« Toutefois, dans les branches adultes, vers la base, le ciment se dépose en plus grande quantité que les corpuscules, et cela par couches régulièrement concentriques. C'est à lui qu'est due dans ces points la plus grande partie de l'accroissement.

« Au point de vue de la zoologie générale ou de la philosophie de la science, la détermination de l'origine de l'axe a une valeur qu'il importe de faire ressortir.

« On sait que dans quelques familles du groupe des coralliaires l'axe du polypier est flexible, quelquefois transparent et qu'il rappelle les productions cornées ou épidermiques ; telles sont les gorgones, avec qui le corail a les plus grandes affinités zoologiques. Considérant donc le polypier flexible des gorgones comme étant épidermique, on a dû, malgré sa dureté, ranger le corail dans le groupe des *alcyonnaires épidermiques*.

« Or, d'après les recherches précédentes, il devient difficile d'admettre que le polypier du corail soit dû à l'endurcissement d'une partie extérieure, puisque dans son intérieur on trouve des éléments semblables à ceux qui sont disséminés dans toutes les parties de l'économie.

« On remarquera sans doute ici une application directe des recherches embryogéniques. Lorsque les bases des classifications sont tirées de la nature des choses, il est important d'avoir une idée nette de cette nature. Or, comment s'en rendre un compte exact sans le secours de l'embryogénie? Ce n'est, en effet, qu'en étudiant les parties dès leur origine, dès le commencement de leur apparition, que l'on apprécie avec exactitude ce qu'elles sont et ce qu'elles deviennent. »

# CHAPITRE XVIII

## AU BORD DE LA MER

uel monde que celui que contient la mer, et quel malheur de ne point en connaître les habitants! m'écriai-je.

— Faute de mieux, dit Melchior, je puis au moins vous parler de quelques-uns de ceux qu'on trouve au bord de la mer.

Paris port de mer a été une des préoccupations du premier Empire : à cette époque, on ne parlait de rien moins que de creuser un bassin immense aux portes de la capitale et d'y faire arriver, par de larges canaux, des bâtiments de toute espèce. Les chemins de fer se sont chargés de réaliser ce rêve de nos pères. Aujourd'hui, Paris est un véritable port de mer, car il ne se trouve plus qu'à quatre heures de la Manche.

Donc il est loisible, à qui le veut, de partir de bon matin le dimanche, de passer ce jour de repos au bord de la mer, de revenir avant minuit retrouver son lit accoutumé et de s'y endormir paisiblement, pour reprendre, frais et dispos, le lundi matin, sa tâche habituelle.

Que de merveilles on peut découvrir et admirer dans ces quelques heures passées au bord de la mer !

Asseyez-vous au pied d'une falaise au moment du reflux, et regardez ! Le sable se durcit à mesure que les vagues s'éloignent, de longues traînées d'écume blanche, dont les clochettes éclatent au contact de l'air, indiquent la dernière limite atteinte par le flot, et une couche de goëmon olivâtre dépose et exhale ces mystérieuses senteurs, âcres et douces à la fois, qu'on ne respire que près de la mer.

Examinez ce goëmon ! Il foisonne d'œufs de raies et de mollusques ; vous reconnaîtrez les premiers à leur coque noire, terminée par quatre bras, comme un brancard ; les œufs du *buccin* affectent au contraire la forme d'une boule de corne, tandis que ceux de la *pourpre des teinturiers* figurent des cornets fragiles attachés à un appendice commun; enfin ceux de la sèche, toujours fixés à des brins de varech, ressemblent à de petites bourses.

Il y a encore çà et là des coquillages en forme de défenses, ce sont des *dentelles*, appelées par nos marins *fuseaux* ou *tuyaux de mer*. Ils sont l'œuvre d'un annélide.

Les annélides, les seuls animaux sans vertèbres dont le sang paraisse rouge, possèdent des yeux et une bouche armée de mâchoires. Un grand nombre d'entre eux vivent dans la mer, et on attribue à une transsudation qui leur serait particulière le tube calcaire qui enveloppe certaines espèces. D'autres, dépourvus de cette propriété, se contentent d'agglutiner autour de leur long et mince corps des grains de sable et des débris de coquillages. Pour la plupart carnassiers, ils s'attaquent souvent à des poissons plus gros

Que de merveilles on peut découvrir et admirer....
au bord de la mer! (p. 250)

qu'eux. Ils jouissent encore de la propriété de briller la nuit d'une vive phosphorescence.

Ramassez maintenant ce vieux morceau de bois, venu Dieu sait d'où, porté et ballotté depuis des mois, des années peut-être, par le caprice des vagues... Des coquillages bleuâtres et à cinq pans le recouvrent et s'y tiennent vigoureusement attachés ; ce sont des *anatifes*. Une sorte de pédoncule rose et allongé soutient ces mollusques étranges.

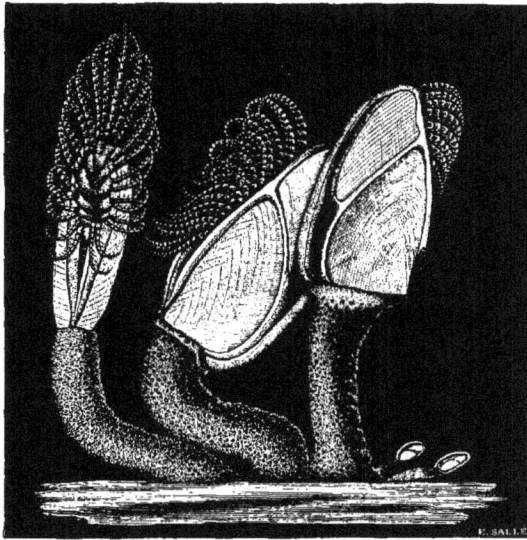

C'étaient d'abord des nageurs intrépides, sans coquilles et qui pêchaient en liberté des infusoires. Leur coquille venue, l'amour du repos leur est aussi venu, et ils ne quitteront plus qu'en mourant le débris flottant sur lequel ils ont élu domicile.

L'anatife a joui longtemps d'une réputation entourée de superstitions et de mystères. Vous trouverez encore des pêcheurs qui prétendent que certains oiseaux de mer naissent de cet être singulier, particulièrement des canards sauvages. Enfin, au moyen âge, on le regardait comme un des aliments les plus fortifiants qu'on pût trouver, et il passait pour rendre la vigueur aux tempéraments quelque épuisés qu'ils fussent.

Dans les dernières années de sa vie, le roi Louis XI, enfermé au donjon de Plessis-lez-Tours, se faisait apporter tous les matins un potage aux anatifes, que son médecin André Coictier lui préparait de ses propres mains, « avec force poivre, graines de cresson, vin de Touraine et *aqua vitæ*. » On appelait cette potion *la boisson de saint Gengulphe*, et voici comment une légende, qui passait alors pour une histoire authentique, en racontait l'origine :

« Saint Gengulphe, à force de macérations et de nuits passées en prière, était devenu un véritable squelette vivant; — encore l'épithète de vivant se trouvait-elle à peine juste! — car ses jambes fléchissaient sous lui, ses bras pouvaient à peine se soulever pour bénir les moines dont il était l'abbé; enfin on n'entendait plus sa voix expirante quand il donnait un ordre.

« Saint Gengulphe avait pourtant beaucoup d'ordres à donner, car il faisait bâtir une magnifique église près de son couvent. A sa demande, des pèlerins venaient de toutes les parties de la France consacrer les uns un mois, les autres un an de leur travail à la construction du saint édifice, selon la vivacité de leur ferveur, la componction de leur repentir, et l'état plus ou moins net de leur conscience.

« Le saint mort, les maçons pèlerins s'en fussent allés, et l'église fût restée inachevée.

« Donc le pieux abbé, malgré son impatience de quitter cette vallée de larmes et de retourner dans le sein de Dieu pour se mêler aux chœurs célestes qui chantent éternellement : *Sanctus, sanctus, sanctus, Deus sabaoth in excelsis*, regrettait un peu de ne point rester ici-bas quelques années encore afin de mener à bonne fin l'œuvre pie à laquelle il s'était consacré.

« Un matin qu'il contemplait tristement l'édifice en construction et qu'il se sentait mourir de faiblesse, deux jeunes moines qu'il ne connaissait pas apportèrent devant lui une planche couverte d'anatifes. Ils se mirent à les broyer et à les mélanger avec toutes sortes de drogues, et ils en formèrent ainsi une pâte qu'ils déposèrent dans un vase d'or et qu'ils présentèrent à saint Gengulphe.

« Le vieillard hésita, car à cette époque les poisons jouaient un grand rôle, et le saint ne comptait pas peu d'ennemis ; il redoutait entre autres un abbé peu orthodoxe du voisinage, qui voyait avec dépit s'élever une église et un cloître rivaux de son propre couvent.

« Cependant les jeunes moines semblaient si doux et si honnêtes, que saint Gengulphe mangea le mets bizarre qu'ils lui présentaient.

« A peine eut-il vidé le vase d'or, qu'il sentit la vie renaître en lui ; il se leva, il marcha, et sa voix retentit comme une trompette.

« Quand il se retourna pour remercier ses bienfaiteurs, ils avaient disparu ; seulement, deux magnifiques touffes de lis en fleur balançaient leurs belles tiges à la place où les mystérieux médecins avaient préparé leur merveilleux ragoût.

« Saint Gengulphe ne douta pas qu'il n'eût affaire à deux anges, et comme il avait bien observé leur manière de confire les anatifes, il donna ordre que tous les matins on lui servît un pareil déjeuner. Aussi vécut-il jusqu'à l'âge de cent trente ans, et ne mourut-il qu'après avoir consacré son couvent et sa chapelle complétement achevés. »

On comprend sans peine que Louis XI, qui mêlait tant de superstition à tant de génie, et qui, comme saint Gengulphe, se sentait mourir d'épuisement avant que son œuvre fût achevée, eût signalé à son médecin une panacée qui rendait centenaires ceux qui s'en nourrissaient. Hélas ! cette fois le miracle ne s'opéra point ! Le vieux loup mourut dans sa tanière en promettant en vain à saint Gengulphe d'élever, sous son vocable, une église qui compterait autant de

piliers que son intercession vaudrait de mois de répit au royal malade.

Je ne vous ai encore parlé que de ce qui se trouve à la surface du
sable. Fouillez ce sable avec votre canne, et vous en verrez sortir de
longs vers bruns, dont les pêcheurs font grand cas pour armer leurs
lignes et amorcer le poisson. Ce sont des *arénicoles*. D'autres hôtes,
les *sabelles* et les *vrilles* ou *taribelles*, trahissent leur présence par
de petits tubes saillants autour des-
quels bondissent de mignonnes *crevettes fusicoles* et des *talitres*, sauterelles grosses comme des pucerons.

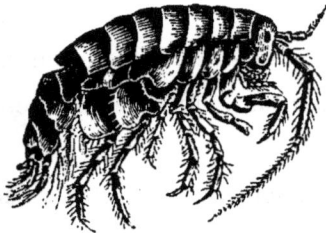

Quelle est cette masse gluante, gelée, douée de vie, qui s'étale là, expirante au soleil, qui ne tardera pas à
la décomposer rapidement? Elle porte le nom de *méduse*, sans
doute parce qu'elle possède cent yeux, et que ses huit bras se
brisent plutôt que de lâcher la proie qu'ils étreignent.

La méduse subit d'étranges métamorphoses. Son œuf donne naissance à une larve en forme d'œuf, armée de cils vibratoires, et qui
passe les premiers jours de son existence à parcourir le fond de la
mer.

Elle s'y fixe ensuite, se déforme, s'allonge et prend l'aspect d'une
tige de polypier, c'est-à-dire d'un petit arbuste délicat, composé de
cônes, placés la pointe en bas et enfilés les uns dans les autres.

Cette tige ne tarde point à produire des polypiers qui bourgeonnent et enfantent d'autres polypiers, tout en restant fixés au tronc
maternel.

Puis, la maturité arrivée, ces bourgeons prennent tous les caractères des méduses, se détachent et remontent à la surface de la mer
pour y pêcher et y naviguer à leur gré.

Maintenant, pieds nus et armés d'un filet, allons un peu plus avant.

Approchez-vous des rochers que la marée laisse à découvert, et prenez garde que votre pied ne glisse sur ces larges ulves verdâtres ou d'un ton vineux qui se drapent sur les pierres et les couvrent d'une glu vivante. On les nomme *laitues de mer*, et plusieurs peuples du Nord les mangent après les avoir dessalées. S'il faut en croire Pallas, elles jouissent de grandes propriétés médicinales.

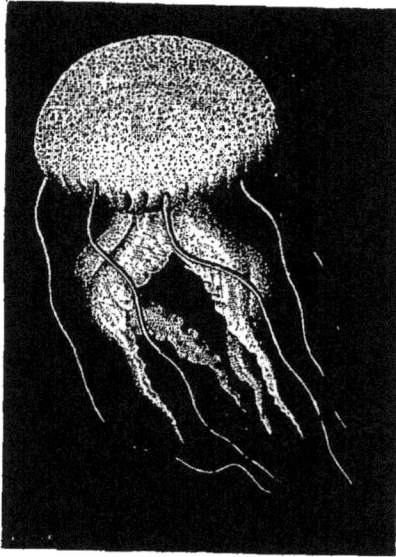

Ce voyageur raconte qu'un jour un des jeunes naturalistes qui l'accompagnaient dans son expédition à travers la Sibérie fut atteint d'une ophthalmie des plus violentes.

Les médicaments emportés par Pallas, loin de soulager le malade, ne faisaient qu'empirer l'inflammation de ses yeux.

Pallas lui-même ne tarda point à recevoir à la jambe une blessure qui s'envenima rapidement et le mit dans l'impossibilité de continuer son voyage. Il lui fallut donc s'arrêter au bord d'un fleuve sur le rivage duquel il s'estima fort heureux de rencontrer une chétive cabane habitée par un vieux pêcheur et sa femme.

A peine ceux-ci eurent-ils vu l'aveugle et le blessé, qu'ils leur dirent qu'à huit jours de là ils seraient guéris.

En effet, le pêcheur alla recueillir au bord du fleuve une espèce d'ulve d'eau douce, qu'il désigna par le nom de *beurre d'eau* (*ulva pruniformis*), et il en fit un cataplasme pour les jambes de Pallas et un autre pour les yeux de l'aveugle. Huit jours après, la plaie se trouvait complétement cicatrisée et la cécité avait disparu.

Dans les parties creuses des rochers où la mer, en se-retirant, laisse de petits viviers d'une eau transparente, une nuée de crustacés prisonniers se débattent. Regardez! comme s'agitent leurs quatre antennes! leurs yeux saillants, leur tronc divisé en sept anneaux qui supportent chacun une paire de pattes, et leur abdomen recourbé en dessous, ne permettent pas d'oublier leur physionomie une fois qu'on l'a vue. Ce sont des *corophies*.

A la marée montante, on voit des myriades de ces petits carnassiers, dont je vous ai déjà entretenus ailleurs, nager en tous sens à la surface de la vase, la battre de leurs grandes antennes et y chercher une proie. Malheur aux vers qu'on nomme annélides! Fussent-ils cent fois plus gros que les corophies, ceux-ci se réunissent en meute pour les attaquer, les dépècent en tronçons et les dévorent. Rien ne leur résiste, ni mollusques ni même petits poissons. En un clin d'œil le gibier aquatique est chassé, pris et mangé.

A la surface des rochers abondent les *glands de mer* ou *balanes*, qui leur donnent un aspect raboteux. Leur test, — leur coquille, — d'un blanc plus ou moins jaunâtre, atteint quelquefois jusqu'à trois centimètres de diamètre, et rappelle, par ses huit valves ou battants mobiles, une tulipe entr'ouverte.

Jeune, le balane possède un œil unique; mais, une fois attaché à toujours par le dos sur une pierre, il perd cet œil désormais inutile, et passe sa vie à pêcher et à dévorer les petits animaux qui nagent autour de lui. Son filet consiste en bras articulés qu'il sort de sa forteresse et qui produisent un courant d'eau pour attirer une proie, qu'ils saisissent avec une précision et une force remarquables.

Sous l'eau végètent de véritables forêts de varechs, parmi lesquels, avec un peu d'attention, on ne tarde point à distinguer les chapelets du fucus à nœuds, les franges délicatement découpées du fucus à feuille de chêne, et çà et là des céramiaires, longs filaments de pourpre qui produisent des capsules bizarres.

Ces coquilles à une valve qui se pressent contre les balanes sont des *littorines :* elles recherchent les parties aiguës des rochers ; car Dieu a assigné à chaque être de la création le milieu dans lequel il doit vivre et la place où il trouvera les meilleures conditions d'existence.

« La famille des littorines est nombreuse, dit M. de Richemond, elle couvre le rivage sous les noms de *guignette*, comestible, verte avec raies brunes, de *granulée*, de *carénée* et de *toupies* ou de *trognes*, comprenant la *cendrée* aux bandes violettes, la *toupie mage* aux riches teintes roses. »

Citons encore les *turbos*, dont on a comparé la coquille à un sabot ; les *porcelaines*, les *monodontes*, qui rappellent la fraise par leurs

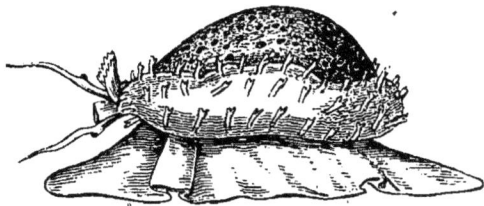

mamelons rouges ; les *patelles*, mets excellents, nommées, je ne sais pourquoi, *jambes*, car elles restent immobiles et clouées aux rochers ; les *buccins* (*buccinum lapillus*) ou *burgauds*, dont on mange la chair assez coriace ; les *pourpres*, dont nous avons décrit déjà

les œufs, et qui fournissent, quoique en petite quantité, une
liqueur violacée; les *murex* ou *rochers*, dont les aspérités valent à
l'espèce commune l'épithète de hérisson (*erinaceus*); enfin les *nas-
ses*, à la coquille réticulée d'un violet foncé.

Tous ces mollusques analogues au limaçon, et, à la limnée des
étangs comme eux, rampant sur le ventre, appartiennent à la

grande classe des *gastéropodes*. Leur appareil respiratoire se compose de branchies en forme de peignes; tous possèdent deux tentacules à la base desquels s'ouvrent les yeux, quelquefois portés
sur des pédoncules distincts; leur bouche ressemble à une trompe
et renferme une langue armée de petits crochets. Une porte cornée
ou opercule protége l'animal rentré dans sa coquille.

Voyez maintenant, sur les parois de cette pierre, une demi-boule
rougeâtre. Bordée d'une raie bleue à sa base qui s'arrondit, elle
ressemble à une chose percée au sommet. La boule se gonfle, fait
jaillir une gerbe d'eau pure, et puis s'affaisse, s'allonge, prend les
formes les plus diverses, et enfin s'épanouit comme une fleur, comme
une belle anémone. C'est à la fois un *zoophyte*, un animal-plante
par son aspect, et un *polype* par la multiplicité de ses bras ou tentacules; on la nomme *actinie pourpre*.

On trouve sur les coquilles, les rochers et tous les corps sous-
marins, des *serpules*, petits vers qui construisent des tuyaux ser-

pentant de mille façons (*serpula vermicularis*). Parfois ils se hasar-
dent à sortir de cette gaine une tête rouge richement panachée et munie d'une trompe d'une admirable délicatesse. Une fois la proie saisie, la serpule disparaît dans son réduit mystérieux.

Gardez-vous de tirer de l'eau ces jolis buissons de bruyère (*cystoseria ericoïdes*) qui brillent des nuances nacrées les plus riches. Hélas! dès qu'on les amène à l'air ils noircissent, et leur robe d'émeraude prend de sombres teintes. Près de la *cystoserie* s'étale une belle algue dont l'aspect et les couleurs rappellent la queue du paon. Parfois des grappes de petites moules violettes (*mytilus edulis*)

pendent à ses larges feuilles, et la *spirorbe nautiloïde* y arrondit ses cornets d'albâtre, tandis que la *flustre envahissante (flustra telacea)* enlace la verte fronde dans son réseau corné. Ses tiges aplaties et partagées en deux s'arrondissent à l'extrémité; chacune d'elles est longue de sept ou huit centimètres; des épines bordent les cellules qui leur tiennent lieu de fleurs et de fruits.

On raconte, dans nos villages maritimes, qu'un jour une jeune fille vint trouver un vieux moine et lui demanda un amulette qui pût la prévenir quand elle serait prête à commettre une faute.

— Rien de plus facile, mon enfant, lui répondit-il. Demain, à la marée basse, descendez au bord de la mer, cherchez-y une belle algue qui ressemble à une queue de paon, cueillez-la, après avoir fait le signe de la croix, et apportez-la-moi en récitant, chemin faisant, cinq *Pater* et trois *Ave.*

La jeune fille suivit à la lettre les instructions du vieux religieux, et lui apporta une magnifique cystoseric récoltée suivant les prescriptions indiquées. Le moine broya l'herbe, l'enveloppa dans un sachet auquel il fit coudre deux cordons de soie, et ordonna à la jeune fille de le placer à son cou.

— Quand, dit-il, vous vous sentirez une mauvaise pensée, ce collier se serrera et vous avertira du danger où vous êtes de mal faire.

En effet, à quelque temps de là, un beau marin étranger rencontra la pêcheuse et lui tint de si doux propos, que déjà elle lui laissait prendre sa main, quand tout à coup le collier lui serra fortement la gorge.

Elle n'eut que le temps de se sauver et d'aller remercier le moine du talisman auquel elle devait son salut.

— Mon enfant, lui répondit-il en souriant, Dieu a mis dans votre cœur un talisman plus efficace que tout ceux que j'aurais pu vous procurer. Gardez donc l'herbe que vous portez sur la poitrine ; elle ne possède aucune propriété : c'est votre conscience qui vous a avertie et vous a fait croire que le collier vous étreignait le cou.

Ce qui n'empêche point, aujourd'hui encore, que, si une jeune pêcheuse veut se préserver d'un séducteur, elle place sur sa poitrine, dans un scapulaire, une feuille de cystoserie. Plaise à Dieu qu'il n'y eût point, dans nos villages maritimes, de superstitions moins innocentes que celle-là !

Le Caucase produit une plante qui jouit du même privilége, et avertit des fautes qu'on a commises : c'est une espèce de *potentilla*.

Hadji Mourad, l'un des chefs de la cavalerie de Schamyl, avait fait sa soumission aux Russes en 1852. Il vivait d'une façon obscure et paisible, en Transcaucasie, dans les environs de Noucka.

Un jour qu'il se promenait dans la campagne à cheval, et en compagnie de quelques officiers de cosaques, la petite troupe mit pied à terre et s'assit à l'ombre près d'un tombeau.

Mourad cueillit en devisant une tige de potentilla et la porta machinalement à ses lèvres, tandis qu'un des officiers racontait que dans le tombeau dont l'ombre les protégeait reposait un chef célèbre qui avait préféré la mort à la honte de se rendre.

Mourad, pendant ce récit, broyait sous ses dents la fleur. Tout à coup il s'écrie : « Cette herbe me reproche ma lâcheté et me conseille de m'en purifier. »

Et il saisit ses pistolets, les décharge sur les cosaques, et prend
la fuite. On le poursuit, on le cerne, et après une résistance achar-
née, il tombe criblé de blessures.

— Coupez-moi la tête maintenant, murmura-t-il, le conseil de
cette herbe m'a rendu l'honneur.

C'est M. Gilles qui raconte cet épisode dramatique dans ses *Lettres sur le Caucase.*

Notre ami s'interrompit un moment et reprit haleine. Flock
profita de cet instant de repos pour se lever et se glisser près de
mademoiselle Mine ; il lui tira gentiment la queue, et tâcha de
la déterminer à jouer avec lui. Mademoiselle Mine qui n'a pas toujours le réveil agréable, riposta à cet agacerie par une paire de
soufflets vivement appliqués. Le pauvre chien, désappointé, sans
protester autrement que par une petite plainte, vint se réfugier
sous ma chaise, et le calme s'étant rétabli par cet incident, Melchior
continua en ces termes :

— D'où venez-vous, mon ami ? me demanda l'autre jour une de
nos plus célèbres et de nos plus jolies artistes que j'ai autrefois
bercée enfant sur mes genoux. Voici quatre grands jours qu'on ne
vous a vu ! Où étiez-vous donc dimanche dernier, que votre place à
notre table est restée vide ?

— Dans la forêt de Fontainebleau, à étudier ce qu'on trouve
sous une pierre.

— Et le dimanche précédent, méchant ami ?

— A Dieppe, pour étudier ce qu'on trouve sur une pierre.

— Vous voilà bien ! s'écria la jeune femme en levant les bras au
ciel, par un geste à la fois comique et plaintif : vous voilà bien !
Toujours prêt à quitter des amis qui ne peuvent se passer de vous !
Et qu'avez-vous vu sous cette pierre dans la forêt de Fontainebleau,
et sur cette pierre à Dieppe au bord de la mer ?

— Ce que j'ai vu à Dieppe? répondis-je en souriant : tout un
monde, mon enfant. Sans compter les êtres microscopiques, dont
il s'y trouvait sans doute un million ou deux, j'ai distingué trente-
huit espèces d'animaux sur cette pierre, grande tout au plus comme
vos deux mains, qui ne sont pas grandes, répliquai-je en portant
une de ces mains à mes lèvres.

La mer, par un mouvement de recul plus violent que les autres,
l'avait laissée à découvert. Un coup d'œil me suffit pour voir les richesses qui recouvraient ce fragment de granit dont la surface ressemblait à un morceau de velours vivant. Aussi n'hésitai-je point,
au risque de me mouiller les pieds, à courir jusqu'à lui, sur le

sable humide, à le saisir, et le cœur palpitant de joie, à le rapporter
sur la plage. Là, adossé à une falaise, qui m'abritait contre le vent,
je m'assis sur un tas de galets, je plaçai la pierre sur mes genoux,
je tirai ma loupe de ma poche, et je passai deux ou trois bonnes
heures.

— Meilleures que celles que vous passez près de moi?

— Pas tout à fait…, mais elles avaient bien aussi leur prix !

— Ah! les savants! les savants!

—Il y avait sur ma pierre deux sortes d'habitants, les uns établis à demeure comme de véritables citadins, les autres formant une population nomade et fort empressés de regagner la mer.

Je m'occupai d'abord de ceux-là.

Les plus agiles et les plus pressés de tous étaient des *néréides*,

petits vers vifs, au corps irisé de charmantes couleurs, et qui portent dans chacun des anneaux mobiles dont se compose leur corps des appendices qui leur tiennent lieu tout ensemble de nageoires et de pattes.

Une fois hors de l'eau salée et en contact avec l'air atmosphérique qui les impressionnait désagréablement, elles se réfugièrent dans deux petits buissons hauts comme l'aiguille à coudre que vous tenez, et larges comme le dé qui orne votre doigt mignon. Le premier se composait de sept ou huit brins de *coraline*, et l'autre de trois ou quatre de *sertulaire naine*. Vous connaissez la coraline sous le nom de mousse de Corse, et les médecins la prescrivent comme un excellent vermifuge. Sont-elles des plantes, sont-elles des animaux? — Oui et non, car ce sont des polypes, êtres collectifs qui sont à la fois un et plusieurs, qui végètent, bourgeonnent et se nourrissent de proie.

Des *porcellanes*, crabes en miniature, se traînent aussi vers les petits buissons, grimpent péniblement à leurs rameaux et s'y cramponnent à l'aide de leurs pinces.

Les *ophyures* agitent les rayons de leur étoile pour se blottir sous des *anémones de mer* et des *actinies*, des ascidies sociales, nommées par les habitants des côtes l'*épinard* et la *rose de la mer*. J'ai vu encore des *doris*, qui ressemblent à des limaçons, traîner leur coquille, et le cloporte maritime, l'*oscabrion*, qui se replie sur lui-même comme son congénère terrestre.

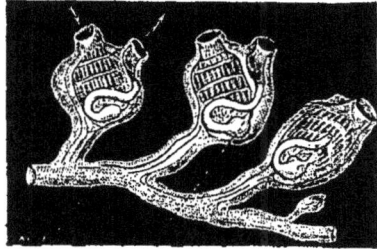

L'oscabrion se rencontre dans toutes les mers. D'une extrême petitesse sur nos côtes, il atteint des proportions gigantesques dans le détroit de Magellan. Les indigènes du golfe de Guinée en forment des colliers et des boucles d'oreilles fort à la mode parmi les beautés au teint d'ébène, avec le teint noir desquelles contrastent les lames articulées de son bouclier, polies et blanchies par des procédés particuliers et ressemblant à de l'ivoire.

Le premier qui ait étudié l'anatomie de l'oscabrion et qui ait précédé de Blainville dans cette voie est un naturaliste-belge, mort en 1820, à un âge avancé, dans un petit village maritime près d'Ostende; il a été le héros d'un roman fort singulier.

— Dites vite ce roman, mon ami.

— Si bizarre et si intéressant qu'il soit, il l'est moins assurément que les merveilles que j'ai trouvées hier sur ma pierre, au bord de la mer.

— N'importe, dites votre histoire.

Ians Plinden était le fils d'un riche armateur d'Ostende. Il s'éprit de passion pour une de ses voisines, charmante orpheline d'un vieux commis du voisinage, et commença avec elle un de ces romans pleins de naïveté et de fraîcheur qui caractérisaient alors les mœurs de cette partie des Pays-Bas. Pendant cinq ans il allait tous les soirs chez sa fiancée et formait avec elle des rêves d'avenir pour le jour où le père de Ians consentirait enfin à unir la pauvre fille à l'unique héritier de sa grande fortune.

Hélas ! cette grande fortune ne résista point au torrent de la révolution française, et le père de Ians, à peu près ruiné, mourut de chagrin dès les premières années de cette révolution.

Ians recueillit les débris de l'héritage paternel, épousa sa fiancée et chercha à rétablir ses affaires ; l'invasion française acheva de le ruiner.

Peu à peu la gêne pénétra dans le logis.

Alors Ians, qui était énergique et persévérant, réalisa le peu qui lui restait, en donna les trois quarts à sa femme, dont ils assuraient l'existence, fort modestement, je l'avoue, et partit avec le reste pour Saint-Domingue dans l'espoir de rentrer en possession de biens immenses qu'y possédaient son père.

— Je reviendrai riche et heureux de t'entourer du bonheur que tu mérites si bien, dit-il à sa femme en se séparant d'elle.

Elle se jeta à ses pieds, et le supplia en pleurant de l'emmener avec lui. Vivre sans toi, lui dit-elle, c'est pis que la mort.

Il fallut bien du courage à Ians, désespéré lui-même, pour ne point céder à ces prières. Mais un homme seul, et un homme résolu à réussir ou à mourir, pouvait courir les chances plus que périlleuses d'un voyage si aventureux.

Ians Plinden, qui comptait rester absent d'Ostende pendant deux ans tout au plus, passa vingt-cinq ans à Saint-Domingue, tantôt prisonnier des nègres, tantôt des Français, tantôt des Anglais, exposé cent fois par jour à la mort, et subissant les chances les plus fantasques de la fortune. . .

Enfin, ce quart de siècle écoulé, il put revenir en Europe, rapportant une jolie fortune et de magnifiques collections de conchylio-

logie, collections sa consolation pendant les épreuves qu'il avait
subies, et maintenant sa joie et son orgueil.

Chaque fois qu'il avait cru possible de faire parvenir de ses nouvelles à sa femme, il lui avait écrit, plus affligé que surpris de ne
point recevoir de réponses à ses lettres, au milieu des guerres et des
tourmentes politiques qui bouleversaient le monde à cette époque.

Il débarqua donc par une soirée de 1820, à Ostende, et se rendit à sa maison, qu'il reconnut à peine, tant elle avait subi de modifications.

Une jeune fille lui ouvrit et le regarda avec des yeux effarés, quand
il demanda : « Madame Mitje Plinden? » — Je ne connais personne de
ce nom, dit-elle, et cependant voici vingt ans que mon père habite
Ostende et cette maison.

Ians Plinden se retira triste et rêveur. Le lendemain il prit de
toutes parts des informations dans la ville sur sa femme.

Il ne retrouva point un seul de ses contemporains; un quart de
siècle et les révolutions qui avaient bouleversé le pays avaient fait
disparaître de la ville tous ceux qui connaissaient autrefois Plinden.

Il fit mettre un avis dans les journaux pour demander des renseignements, mais ce moyen n'amena aucun résultat, et la mort dans
l'âme il partit pour Bruxelles.

Un dimanche matin, qu'il se rendait à l'église de Sainte-Gudule,
il se trouva face à face avec une grosse dame blonde, accompagnée
de sept jeunes filles, et s'appuyant sur le bras d'un mynheer de
bonne mine, quoiqu'il semblât friser la soixantaine.

A la vue de cette femme, le cœur de Ians se serra douloureusement. Il suivit la famille bruxelloise, qui se dirigea vers la rue de la
Montagne-aux-Herbes-potagères, et entra dans un magasin d'épiceries sur lequel on lisait : Mitje Vankopen, *épouse Brousmiche. —
Épiceries et autres*.

C'était bien elle! c'était bien Mitje, sa femme!

Comment Ians ne tomba-t-il point roide sur le pavé? Il n'en sut jamais rien lui-même, et il se retrouva à une heure de là, pâle, le front baigné de sueur, et parcourant à grands pas le *parc*, où les promeneurs effarés le regardaient errer les cheveux en désordre, comme une véritable fou.

Il reprit le chemin de Sainte-Gudule, ne sortit que vers le soir de cette église, et repartit pour Ostende.

Il acheta, dès le lendemain, à peu de distance de cette ville, dans un village au bord de la mer, une maisonnette et s'y enferma, demandant à l'étude des consolations qu'elle lui donna parfois. Il écrivit plusieurs mémoires scientifiques, et entre autres la dissertation sur les oscabrions qui vous vaut le récit de cette histoire.

Cinq ans après, l'épouse Brousmiche, comme disait l'enseigne de l'épicier, reçut la visite d'un notaire qui demanda à l'entretenir sans témoins.

— Je vous apporte l'extrait mortuaire de votre premier mari, lui dit-il; et en le faisant j'accomplis sa dernière volonté.

Mitje prit le papier et pâlit en voyant que l'extrait mortuaire ne datait que de huit jours.

— Voici, en outre, reprit le notaire, cent mille florins et les titres de propriété de la maison où est mort mynheer Plinden.

La grosse femme s'efforça de pousser un soupir.

— Le plus grand secret sur ceci! dit-elle au notaire, en serrant les papiers. Vendez la maison d'Ostende, sans que mon mari en apprenne rien. Pauvre Plinden! je le croyais mort depuis vingt ans.

Ce fut là toute l'oraison funèbre de ce cœur dévoué, généreux et qui avait poussé si loin l'abnégation.

— Que vouliez-vous donc que fît l'épouse Brousmiche? interrompit en riant mon interlocutrice... Mais vous ne m'avez point achevé la description des autres objets trouvés sur votre pierre au bord de la mer.

— Ce sera pour un autre jour, repartis-je en prenant ma canne et mon chapeau.

Tandis que notre ami découvrait les merveilles qui se trouvent au bord de la mer, dis-je, moi je devais au hasard d'étudier et d'admirer quelques merveilles du monde des insectes.

Vous vous souvenez de la violente chaleur qu'il faisait jeudi dernier. Malgré mes habitudes casanières, cette chaleur me détermina à prendre la grande résolution d'aller passer une demi-journée à la campagne.

Au moment où je me dirigeais vers une station de remise pour y prendre une voiture et me faire conduire dans une des charmantes petites villas qui entourent le bois de Boulogne, tout à coup un omnibus vint à passer.

Son itinéraire, peint en grosses lettres, indiquait précisément la route que je voulais parcourir. Aussitôt, par un regain de jeunesse, sans y réfléchir et sans tenir compte du soleil dont les rayons tombaient d'aplomb et de l'orage qui menaçait d'éclater bientôt, je m'élançai, avec une légèreté inattendue qui me fit sourire de satisfaction, sur l'impériale de cette voiture, et je m'y installai, joyeux comme un enfant.

D'abord mon attention se fixa sur les monuments qui se montraient partout autour de moi et le long du chemin : le Louvre, le Palais-Royal, les Tuileries, le Ministère de la marine, le Garde-Meuble, l'Élysée et l'arc de triomphe de l'Étoile.

Mais bientôt en approchant du bois de Boulogne, je vis une sauterelle sauter sur l'omnibus, et je reconnus en elle la sauterelle à sabre.

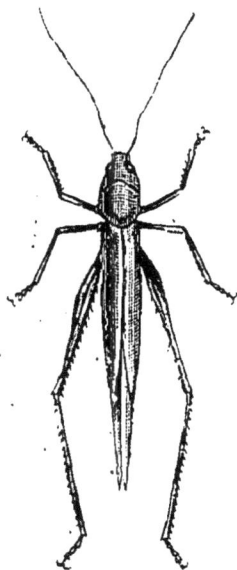

Tandis que je l'examinais, tout à coup survint un grand insecte à tête fauve et à longues ailes. Cette fois, c'était une phrygane.

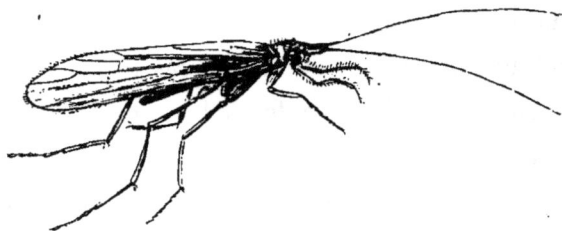

La phrygane vit dans l'air, et sa larve est aquatique. Cette larve, sort d'œufs que renferment des boules formées d'une sorte de gelée, jetées dans l'eau par la pondeuse et fixées aux pierres. Fort vorace, elle dévore toutes les autres larves, ses voisines, et comme elle est nue, elle se construit un vêtement qui tient à la fois de la cuirasse et de la maison.

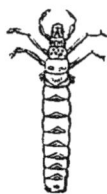

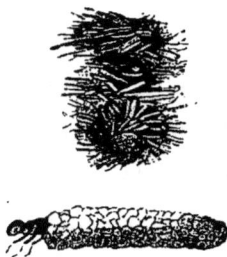

Elle se sert pour cela de brins d'herbes, de petites pierres, de grains de sable et de fragments de bois. Elle attache à une pierre ou à un roseau cet étui, qu'elle ferme par un caillou plat, à l'aide de fils végétaux.

Quand vient le moment de se changer en nymphe, elle clôt de tous côtés son étui jusqu'au jour où elle pourra sortir de l'eau et s'envoler dans les airs.

A peine avais-je vu la phrygane qu'un phœne-lancier apparut au-dessus de l'omnibus, mais il s'envola bientôt au loin, sans doute pour chercher dans le bois quelque chenille, dans le corps de laquelle il put déposer ses œufs.

Ces œufs, transformés en larves, rongent l'intérieur du corps de la chenille sans toucher à ses parties vitales, et ne la tuent que lorsqu'ils se sentent prêts à subir leur métamorphose.

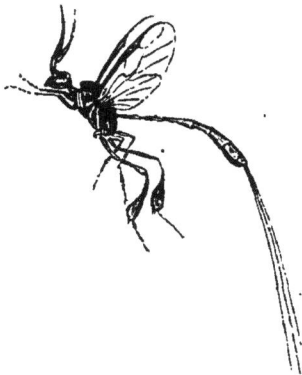

Tandis que je suivais des yeux le phæne-lancier, un bourdonnement agaçant se faisait entendre à mes oreilles. Il ne tarda point à attirer mon attention et à me faire chercher ce qui produisait un bruit si irritant. Une grosse mouche velue s'obstinait à voler en cercle autour de ma tête. Je la chassai d'abord de la main, puis ensuite à coups de mouchoir. Mais, avec l'obstination qui caractérise ses congénères, elle revenait à la charge et me menaçait sans cesse de quelques-unes de ces piqûres qui, parfois, produisent de redoutables conséquences. Résolu à ne pas m'exposer à cette mauvaise chance, je pris si bien enfin mes mesures que, d'un coup sec de mon chapeau, je l'abattis à mes pieds.

Je la ramassai, je la pris dans mes doigts et je l'examinai attentivement. Elle était longue de deux centimètres environ, fauve et recouverte d'un duvet grisâtre et soyeux, ainsi que ses antennes et ses pattes d'un brun clair. Enfin, elle avait deux ailes bleu sâle, traversées d'une bande brune et marquées de deux taches à peu près rondes.

Je l'avoue, je ne sus pas tout d'abord déterminer à quelle espèce de dyptère appartenait cette mouche. Peut-être même fut-ce l'impatience que me causait mon peu de savoir qui finit par me faire jeter l'insecte par-dessus la voiture, dans la poussière de la route, où je le vis se débattre pendant quelques secondes.

Je l'y croyais parfaitement enseveli; mais la voiture s'était à peine éloignée de cent mètres, que le bourdonnement se fit de nouveau entendre autour de ma tête. Il me fallut donc aussi de nouveau battre l'air de mon mouchoir. Je faillis même atteindre une seconde fois l'agressive bête. Aussi cessa-t-elle brusquement ses menaces en s'envolant plus haut dans les airs, où elle disparut à mes yeux.

A deux ou trois minutes de là, mes regards se portèrent sur les chevaux attelés à l'omnibus. C'étaient deux magnifiques bêtes à la robe blanche, aux formes vigoureusement accentuées, et qui, en dépit de la chaleur, menaient grand train et sans fatigue apparente la lourde voiture, ses vingt-six voyageurs, son conducteur et son cocher.

La méchante mouche qui m'avait tant agacé s'en prenait maintenant aux chevaux.

Planant au-dessus des deux percherons, elle semblait se complaire à les intimider par le bruissement provocateur de ses ailes, et elle n'atteignait que trop son but. En effet, les pauvres animaux baissaient les oreilles, tournaient la tête avec inquiétude, et la levaient vers l'insecte autant que le leur permettaient les entraves de la bride et du harnais. Tout à coup, la mouche, le corps maintenu dans une position presque verticale, s'abattit sur l'attelage, effleura les jambes et la partie interne de l'épaule du cheval de droite, et revint ainsi une vingtaine de fois à la charge. Elle s'éloignait un

peu, agitant son ventre, après quoi elle recommençait le même
manège.

Insensiblement, son vol me sembla perdre de son énergie.

Vaincue par une défaillance évidente, elle finit même par abandonner le cheval et par se poser sur la balustrade de l'omnibus, où
elle se laissa prendre sans difficulté et déposer dans le creux de ma
main sans chercher à fuir.

Je compris alors qu'elle se mourait, comme tous les insectes qui
ont terminé leur mission, qu'elle venait d'accomplir la sienne en
déposant ses œufs sur le cheval et que j'avais affaire à une œstre.

Je prévins aussitôt le cocher du danger que courait son cheval,
danger dont le pauvre animal n'avait que trop conscience, car, tout
effaré, il secouait la tête et s'efforçait de gratter et de lécher les
parties que l'œstre avait touchées.

— Sois tranquille, mon bonhomme! lui cria le cocher. En arrivant à la station, je te laverai comme il faut l'épaule et les jambes
avec une dissolution de vinaigre, et j'aurai soin que tu ne puisses
approcher de tes piqûres ni la tête ni la langue.

— Figurez-vous, bourgeois, continua-t-il en se tournant vers
moi, que ces gueuses de mouches, chaque fois qu'elles touchent un
cheval, laissent tomber sur lui un œuf à peine visible, entouré
d'une sorte de colle liquide et qui s'attache comme les cinq cents
diables au poil. L'œuf détermine dans la peau du cheval une insupportable irritation qui l'oblige à se lécher. Il avale ainsi l'œuf et
l'amène sans s'en douter dans son estomac. Là, cet œuf ne tarde
point à éclore et devient une sorte de ver...

— Une larve? interrompis-je.

— Une larve ou un ver, peu importe! reprit le cocher, je ne parle
pas grec; tout ce que je sais, c'est que cela se compose d'un corps
à onze anneaux garnis d'épines solides et jaunes, dont la pointe
aiguë se dirige en arrière.

— Oui, ajoutai-je, et au bout de ces anneaux se trouve une
bouche transversale, avec deux lèvres qui, en s'ouvrant, laissent
voir des dents écailleuses. Les larves vivent dans l'estomac aux dépens du *chyme* que cet organe sécrète, et s'y maintiennent grâce
aux piquants qui hérissent leurs corps. Elles causent des douleurs
intolérables aux chevaux, parfois les rendent fous, et même les
tuent. En 1715, d'après Vallisnieri, une épidémie d'œstres fit périr
presque tous les chevaux du Véronais et du Mantouan.

— Un beau jour, quand ces vers, — je les appelle des vers, moi,
— dit-il avec un peu de l'aigreur qu'y aurait mise un nomenclateur
de l'Institut défendant ses théories, — quand ces vers, dis-je, ont
assez tourmenté les chevaux, ils se laissent tomber dans le fumier,

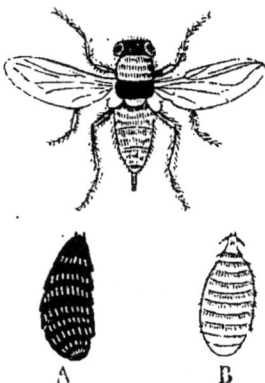

A          B

où ils deviennent une bête noire (une chrysalide), qui se change
bientôt en mouche comme celle qui a piqué ma bête.

Tandis qu'il parlait encore, l'omnibus s'arrêtait, arrivé au terme
de sa course. Le cocher dételai son cheval, devenu presque furieux,
lava avec une éponge rude imprégnée de vinaigre les parties touchées par l'œstre, et ensuite les brossa vigoureusement.

Le cheval, qui d'abord se démenait, finit par comprendre le service qu'on lui rendait, se laissa faire paisiblement, et, calme et ras-

suré avant de rentrer à l'écurie, il frotta affectueusement de sa bonne grosse tête les mains du cocher.

— Merci, monsieur, me dit ce dernier, que j'avais secondé de mon mieux dans les soins qu'il donnait au cheval. Merci, ça prouve du cœur que d'aimer les bêtes.

Je lui offris un cigare, et je m'en allai rêvant au petit drame qui venait de se passer sous mes yeux et me demandant comment la larve de l'œstre pouvait vivre dans l'air vicié et dans la température élevée de l'estomac d'un cheval.

Je n'ai pas besoin de vous dire que je ne résolus pas une question restée jusqu'ici insoluble pour Réaumur, Vallisnieri, Gaspari et Émile Blanchard.

# CHAPITRE XIX

## LE MONDE INVISIBLE

ous voici bien loin des insectes! objectai-je en riant.

— La conversation est une folle, qui entraîne souvent bien loin du but de son départ, repartit le père Dominique.

— Certainement, dit Frantz; elle est sœur de l'imagination, et l'imagination n'est ni moins vagabonde, ni moins écervelée; je l'ai nn éprouvé pas plus tard que ce matin.

La neige ne nous a point, hélas! manqué cet hiver. J'en voyais encore, à travers ma fenêtre, des flocons qui tombaient lentement d'un ciel gris et bas et noircissaient les pavés de larges taches, en fondant à leur surface.

Comment la neige se forme-t-elle? La science ne sait encore rien de bien exact sur un phénomène qui frappe pourtant les yeux de l'homme depuis la création. Les nuages qui lui donnent naissance se composent-ils de parcelles déjà glacées? Sont-ils encore à l'état de vapeur vésiculaire? Comment se créent les flocons? Existent-ils directement dans les flancs mêmes des nuages? Leur accroissement, au contraire, est-il dû au trajet qu'ils parcourent en quittant la nuée maternelle pour traverser les couches inférieures de l'air? Quelle est leur température? Quelles circonstances déterminent leur volume et leur forme étrange? Quel rôle l'électricité joue-t-elle dans leur création? Nul n'en sait rien! Les plus grands physiciens en restent réduits à des conjectures et à des hypothèses. Oh! que Socrate avait raison *de professer qu'il ne savait qu'une chose, c'est qu'il ne savait rien*, et Montaigne de s'écrier : *Que sçais-je?*

Nos savants d'aujourd'hui ne sont guère plus avancés que Montaigne et Socrate. A propos de bien d'autres merveilles vulgaires, hélas! *oculos habent et non videbunt*, ils ont des yeux et ne voient pas, suivant la belle expression du psaume.

L'opinion la plus répandue, toutefois, veut que la neige doive son existence « à la congélation des vapeurs aqueuses qui, saisies par une température plus fraîche, dans leur chute à travers l'atmosphère, passent à l'état de solide. »

Malte-Brun pense que « les premiers cristaux de la neige, nés au haut de l'atmosphère, à mesure qu'ils descendent, déterminent, par l'excès de leur pesanteur spécifique, la cristallisation des vapeurs aqueuses que, sans leur présence, l'air environnant aurait retenues en dissolution. » Monge partage cette opinion.

Les formes de la neige varient suivant les climats. En France le microscope nous montre ses flocons semblables à des agglomérations d'étoiles à six rayons ; au Spitzberg et au Groënland, les cristallisations deviennent beaucoup plus compliquées ; tantôt c'est une étoile, dont chaque rayon se trouve dentelé; tantôt un hexagone au centre duquel se montre une étoile entourée d'autres lignes qui, toutes elles-mêmes, forment de nouveaux hexagones.

Je pourrais vous dire encore qu'en 1760, de Saussure a vu sur le Buvern de la neige rouge, et, en 1778, sur le Saint-Bernard ; que Ramon a constaté le même phénomène dans les Pyrénées, le capitaine Ross dans la baie de Baffin, et les capitaines Pary, Scoresby et Franklin dans les latitudes de la Nouvelle-Shetland.

Francis Baüer a découvert que cette couleur rouge était due à des globules microscopiques, petits champignons du genre *Uredo*, qu'il finit par pouvoir en quelque sorte semer et faire croître à volonté sur de la neige blanche.

Il reste, toutefois, à expliquer comment cette étrange moisissure se trouve naître sur la neige, et comment les premières graines sont amenées.

Peut-être les curieuses observations que M. Pouchet père vient de faire serviront-elles à jeter quelque jour sur une question demeurée jusqu'ici insoluble.

Ces observations ont eu lieu le 24 février 1862, à Rouen, dans un lieu élevé.

L'atmosphère était calme et la neige tombait presque perpendiculairement, en flocons gros et très-serrés, de manière à balayer tranquillement de haut en bas la masse d'air placée entre les nuages et le sol.

M. Pouchet recueillit une certaine quantité de cette neige, dans une grande cour carrée, entourée de bâtiments élevés, où elle formait une couche de quatre à cinq centimètres. Il plaça sa récolte dans des bassins en cristal qu'il recouvrit de cloches de verre.

D'abord d'un blanc pur, cette neige en se fondant se couvrit peu à peu d'une couche franchement noirâtre, à la surface de laquelle se formaient de petits îlots flottants, d'aspect oléagineux.

De plusieurs centaines d'observations que M. Pouchet fit au microscope sur cette neige fondue, il résulte qu'elle contenait en abondance des parcelles de noir de fumée, une assez grande quantité de globules d'amidon, dont certaines parties se trouvaient teintes en bleu, comme si elles eussent été mises en contact avec de l'iode, des grains de silice et de calcaire, des œufs et des cadavres d'infusoires, trois *navicules*, trois *bacillaires*, et deux *bactériums*, sortes de corpuscules microscopiques, doués de la faculté de se mouvoir, et sur la nature mystérieuse desquels on ne sait trop à quoi s'en tenir.

Parmi les matières d'origine végétale, il y avait encore quelques plaques d'épiderme munies de stomates, des fragments de tissus fibreux, des filaments de coton blanc et quelques grains de pollen de diverses espèces mal caractérisées.

Les débris animaux ne se composaient que de filaments de laine : un bleu, un jaune et un vert, et d'un brin de duvet d'oiseau. Enfin, cette neige contenait une quantité notable de *matière verte organisée*, tantôt en plaques irrégulières, tantôt en grains semblables à de petits œufs, et d'un vert magnifique.

Les curieuses études de M. Pouchet confirment, on le voit, les expériences de M. Pasteur sur les poussières fécondantes errant dans l'air, dont nous causions l'autre jour avec nos lecteurs.

Ces observations, faites pendant la période la plus rigoureuse de l'hiver, c'est-à-dire au moment où la végétation et la reproduction sommeillent engourdies, ne peuvent donner qu'une idée faible et incomplète de ce que l'air, au printemps et à l'été, doit renfermer de germes et d'œufs.

— Les petits êtres contenus dans les étoiles de la neige me font souvenir, dis-je, de l'histoire d'un savant qui, à force de chercher à résoudre les problèmes insolubles de la nature, avait fini par devenir pensionnaire d'une maison de fous. Quand le pauvre homme rencontrait un auditeur complaisant, il racontait des aventures dont

il était toujours le héros, et qui rappelaient les contes les plus fantastiques d'Hoffmann ; c'était un étrange mélange de science et de
folie dont on riait et dont on frissonnait à la fois.

Ce vieillard au front large et chauve, aux traits réguliers, à la
physionomie douce, au sourire triste et fin, aimait surtout à dire un
voyage qu'il avait fait dans les airs. Au moyen de je ne sais quel
procédé de son invention pour dilater, captiver et diriger la vapeur,
il était parvenu, prétendait-il, à arriver jusqu'aux dernières couches
de l'atmosphère, formées par divers bancs de neige, allant toujours
s'épanouissant de plus en plus, et finissant par former une glace
d'une épaisseur et d'une solidité incalculables.

Dans un livre, devenu fort rare aujourd'hui, intitulé : *les Vraies
aventures d'un savant*, et publié en 1851, quelque temps avant que
l'auteur entrât à Bicêtre, voici ce qu'il écrit :

« Lorsque entraîné par mon appareil, de la direction duquel je
n'étais plus maître, j'arrivai brusquement à l'extrême couche de

glace qui ferme et termine l'atmosphère, je m'y heurtai si violemment la tête que je perdis à peu près connaissance, et tombai de

mon char de vapeur. En revenant un peu à moi, je me sentis traverser, en tourbillonnant, les diverses couches de l'air, passer au milieu de neiges solides que mon corps, malgré son poids, avait bien de la peine à rompre, et arriver à des neiges moins denses et à des régions tièdes. Enfin je tombai sur le sommet d'une montagne.

« Quand je touchai la terre, j'étais complétement enfermé dans un véritable œuf de neige, qui amortit ma chute. Pendant huit jours que je vécus au milieu de cette singulière enveloppe dont je ne pouvais me débarrasser, je m'y nourris de fécule de blé, d'insectes et d'autres menues créatures entraînées avec moi du haut des airs. »

Ces aventures étranges, folles et impossibles, viennent de se réaliser cependant pour les êtres vivants que M. Pouchet a trouvés dans la neige. Peut-être un jour se réaliseront-elles pour l'homme. L'impossible d'aujourd'hui n'est-il point parfois le possible de demain?

Qui de nous eût voulu croire hier qu'un flocon de neige était habitable et habité, et qu'à l'heure qu'il est, on le démontrerait *par A plus B*, comme dit Rabelais?

— Quant à moi, dit Melchior, tout à l'heure, comme je traversais une de ces rues sans air, étroites, malsaines, dont les vieilles mai-

sons tombent sous le marteau des ouvriers pour faire place à de
grandes voies de communication, je fus enveloppé par un nuage de
poussière. Cette poussière m'aveugla un moment et pénétra jusqu'au
fond de ma gorge.

Tandis que je toussais et que je m'essuyais les yeux, une idée
s'offrit tout à coup à mon esprit : combien d'êtres fossiles viens-je
d'avaler? me demandai-je.

Cette idée, si folle qu'elle paraisse au premier abord, ne manque
pourtant pas de raison, je vous l'assure ! Je vais tâcher de vous le
démontrer.

Les maisons qu'on démolit sont bâties en moellons ; ces moellons
proviennent, la plupart, des carrières de Creil, de Clamart, de Meudon
et d'Issy : or, en examinant au microscope une seule particule des
pierres que fournissent ces localités, on y trouve des centaines de
foraminifères.

Foraminifère veut dire qui *porte des trous ;* on pourrait le traduire
familièrement par le mot *écumoire.*

Un pouce carré de moellon contient environ un million de foraminifères. Ce n'est pas moi qui les ai comptés, mais un naturaliste,
M. Pictet, pour le moins autant expert ès sciences que le M. Prud'-
homme d'Henri Monnier est expert ès écriture près les cours et tri-
bunaux.

Votre surprise deviendra plus grande encore quand vous saurez
que le ciment calcaire qui unit entre eux ces squelettes pétrifiés ne
se compose lui-même que de débris d'êtres dont le microscope, de
quelque pouvoir grossissant que le dotent les progrès incessants de
l'optique, n'a pu montrer encore les formes. Le microscope, hélas !
comme tous les instruments scientifiques, a son *ne transieris ampliùs ;*
il le dépassera plus tard lorsqu'il plaira à Dieu. Quant à présent, il
faut qu'il en reste là.

M. d'Orbigny et M. Dujardin, qui se sont consacrés à l'étude des

catacombes mystérieuses dont je vous entretiens, ont partagé les foraminifères en cinq familles. Ces familles contiennent elles-mêmes
je ne sais combien de genres, et plus de sept cents espèces.

Les foraminifères que l'on rencontre le plus communément dans
les craies des environs de Paris, et auxquels on a laissé leur nom
générique, se composent d'une coquille à plusieurs cloisons et percée de trous communiquant d'une cloison à l'autre. Quant aux animaux que logeait cette singulière enveloppe, ils devaient présenter
l'aspect d'une petite bourse gélatineuse dont la partie postérieure se
trouvait renfermée dans le fond de la coquille. On n'a pu encore
constater la forme de leur bouche et de leur canal alimentaire ; on
ne leur connaît que des sortes de tentacules contractiles fort longs.

Les foraminifères, ou du moins des espèces analogues, forment
dans la mer des bancs qui obstruent parfois les golfes, les détroits,
et préparent des pierres de taille pour les générations futures. Dans
une seule once de sable des Antilles, M. d'Orbigny a compté trente-
huit mille foraminifères.

Les foraminifères ne sont pas tous microscopiques. Dans les éclats
de pierre amoncelés au pied des pyramides d'Égypte, on rencontre
de amas de grains assez semblables à des lentilles ; beaucoup des
voyageurs ont même cru y voir des restes pétrifiés de la nourriture
des ouvriers égyptiens.

A quelle période de la création appartiennent les foraminifères ?
Quelles étaient leurs mœurs ? De quelles proies se nourrissaient-
ils ? Étaient-ils aquatiques ou terrestres ? Personne ne peut répondre
à un seul de ces points d'interrogation. On ne sait rien de tant
d'êtres mystérieux que l'on rencontre à la fois dans les terrains ju-
rassiques, dans les terrains secondaires des Pyrénées, dans les calcaires grossiers et dans les craies des environs de Paris.

Quant à leurs mœurs, on ne peut guère s'en former une idée que
par analogie Peut-être les foraminifères avaient-ils quelques rap-

ports avec les animalcules que M. Laurent raconte avoir observés dans les infusions végétales.

S'il faut en croire sur parole ce naturaliste, quand on fait décomposer les débris de végétaux dans de l'eau soumise à une température de quinze à vingt degrés, on y voit naître des infusoires qui se multiplient d'une façon fantastique, et ne tardent point à se former en bandes disciplinées. Conduites par des chefs que l'on reconnaît aux proportions plus fortes de leur taille, ces bandes se réunissent en corps réguliers, obéissent aux ordres qu'elles reçoivent, et, à un signal donné, commencent à se mettre à l'œuvre pour construire, à l'instar des abeilles, une ruche et des alvéoles destinées aux petits qui viennent de naître.

Dans un liquide d'infusion, on voit, indépendamment des infusoires, de nombreux détritus de toutes sortes, des globules infiniment petits, des débris de tranchées minimes. Eh bien ! si l'on suit avec soin les diverses phases par où passe le liquide suffisamment animalisé, au moyen de surin étendu d'eau, on verra d'abord les infusoires nombreux qui y circulent aller se charger chacun de ces bouts de filaments, pour venir tout de suite, de concert, les disposer en rangées plus ou moins longues, occupant une largeur variable. Bientôt d'autres filaments sont placés de manière à croiser les premiers, et les bords de l'ouvrage sont sensiblement construits avec une solidité beaucoup plus grande que le milieu ; souvent même ils sont défendus par des faisceaux de filaments réunis par des cordelettes.

C'est avec des tranchées dont les spirales sont faciles à voir et qui, dans beaucoup de cas, viennent se réunir en. éperon à chacune des extrémités de la construction : pendant qu'une première membrane supérieure se fait au-dessous d'elle, une toute pareille se confectionne par les mêmes moyens et d'autres ouvriers que les premiers. Mais ce n'est pas tout : de toutes parts accourent, avec un zélé infatigable, des myriades de travailleurs qui apportent de jeunes germes encore inertes, lesquels ayant encore besoin d'être protégés, sont placés dans les mailles des tissus supérieurs et inférieurs; c'est là que comme les larves d'abeilles dans les alvéoles de la ruche, ils attendront pour sortir et vivre en liberté que les forces nécessaires leur soient acquises.

M. Laurent, jusqu'ici, est le seul observateur qui ait publié des faits de ce genre; faits d'ailleurs qui n'ont rien que de vraisemblable. Beaucoup de naturalistes les nient; nous nous garderons bien de les imiter. Ce qu'on regardait hier comme impossible et comme absurde n'est-il point vulgaire et accepté de tous aujourd'hui? On viendrait me dire, comme à saint François de Sales : Voici un bœuf qui vole dans les airs, que je répondrais : Cela n'est pas possible!... Mais qui sait? allons toujours voir!

Frantz interrompit Melchior :

— Vous avez bien raison, dit-il. — Mon ami, me disait un jour Pierre Boitard, ce naturaliste à qui, depuis qu'il est mort, on semble tenté de rendre justice; mon ami, le premier à qui l'on a raconté qu'en caressant un chat dans l'obscurité et par un temps sec, on voyait des étincelles jaillir de la fourrure de la bête, haussa les épaules et traita de menteur l'observateur qui lui attestait ce phénomène.

Mais, à son tour, qu'eût pensé celui qui avait vu jaillir les étincelles si quelqu'un lui eût affirmé qu'en frottant de la cire ou de l'ambre sur sa manche il donnerait à cet ambre ou à cette cire la propriété d'attirer et d'enlever des barbes de plume et de la poussière, comme l'aimant attire le fer?

Or, l'homme à la cire et à l'ambre en aurait-il cru Franklin, écrivant qu'une verge de fer pointue, placée au haut d'un monument, attire la foudre, et que ce terrible agent, dirigé par de simples fils de fer, s'en va complaisamment aboutir, sans fracas et sans secousse, là où il plaît au constructeur du paratonnerre.

Franklin lui-même, avouons-le, eût ouvert de grands yeux, en présence du télégraphe électrique, et y eût regardé maintes et maintes fois avant de croire qu'une dépêche transmise d'Angleterre arrive en France en quelques secondes, et qu'un Parisien peut allumer, place de la Bourse, son cigare à une étincelle venue de la cité de Londres.

C'est pourtant un fait vulgaire aujourd'hui.

Eh bien ! continuait le vieillard, il en est de même pour tout en matière de science. On croit toujours atteindre le but et ce but fuit sans cesse, comme il arrivait à certain voyageur de la légende qui voulait atteindre l'horizon. A mesure qu'il avançait ceux qui se trouvaient derrière lui levaient avec admiration les mains au ciel et criaient : « Voilà qu'il touche à l'horizon! » En effet, il semblait y atteindre !

Mais, au rebours, à chaque pas qu'il faisait, il voyait, de plus en plus, devant lui se reculer cet horizon.

Telle est l'histoire de la science !

— Passons maintenant, reprit Melchior, à quelques-unes des merveilles du monde microscopique qui vit dans notre atmosphère.

Par un beau soleil qui vous obligeait à fermer à demi vos rideaux, qui de vous n'a remarqué une colonne lumineuse tombant à travers les interstices mal clos de la draperie? Au milieu de cette colonne tourbillonnaient des millions d'atomes, de toutes les formes, de toutes les allures. Les uns ressemblaient à de petits serpents qui se tordaient de cent façons diverses, les autres à des plantes dont les feuilles s'agitaient à la façon d'ailes. Il y en avait qu'on eût pris pour des ballons armés de parachutes, comme les graines du chardon et du pissenlit; il y en avait qui gravitaient les uns autour des autres, comme les satellites d'une planète autour de leur astre. La lumière les dorait et les irisait des plus riches couleurs ; l'ombre leur donnait un aspect sévère et uniformément grisâtre. Que sont ces atomes?

Jusqu'à présent on l'ignorait; on en restait réduit à des conjectures plus ou moins
probables, à de fantas-
tiques hypothèses, à
des théories sans ba-
ses et sans principes.

M. Pasteur, par des
procédés ingénieux,—
je devrais dire par des
procédés de génie, —
a démontré récem-
ment que ces atomes
étaient, comme on le
soupçonnait, de véri-
tables corpuscules or-
ganisés, des germes
féconds de productions
végétales ou d'infusoi-
res, qui vont se dépo-
ser partout où ils trou-
vent des traces d'hu-
midité, et y éclosent.
Il tord ainsi le cou à
toutes ces folles théo-

ries de création spontanée dont on nous entretient depuis quelque
temps, étagées sur l'échafaudage branlant d'observations hasar-
deuses ou fausses. Prônées outre mesure, elles ne tendaient à
rien moins qu'à entraîner la science dans une fausse direction. Or,
en matière de science, quand on fait fausse route, il faut longtemps, hélas! pour reconnaître qu'on parcourt une voie vicieuse, et
pour retrouver le vrai chemin!

Voici comment a procédé M. Pasteur :

Au moyen d'un aspirateur à eau, il a fait passer une grande quantité d'air ordinaire dans un tube bourré de fulmi-coton.

On le sait, le fulmi-coton est une substance ligneuse qu'on obtient en traitant du coton par un mélange d'acide sulfurique et de nitre. On lave ensuite et on fait sécher ce produit.

L'air aspiré par le tube s'est peu à peu tamisé, s'est purifié et a laissé, sur le fulmi-coton qu'il traversait, des traces noirâtres : c'étaient les corpuscules microscopiques que cet air tenait en suspension.

M. Pasteur, profitant de la propriété soluble du fulmi-coton, a ensuite dissous, au moyen d'un mélange d'alcool et d'éther, la bourre qui remplissait le tube.

Après vingt-quatre heures de repos, il a séparé du liquide le dépôt que formaient les corpuscules tombés, par leur propre poids, au fond de la dissolution, les a lavés plusieurs fois avec de l'alcool éthéré frais, et les a laissés se dessécher lentement.

Il les a examinés ensuite au microscope.

Jugez de sa joie ! le microscope lui a fait voir des germes de productions végétales et des œufs d'infusoires !

Pour démontrer la propriété fécondante de ces corpuscules, M. Pasteur a eu recours à plusieurs méthodes. Nous n'en citerons qu'une seule ; elle consiste à mettre les poussières de l'air dans une atmosphère tout à fait inactive, et en présence d'eau sucrée albumineuse.

Au bout de trente-six heures, l'opérateur a obtenu des productions diverses et plusieurs des mucédinées qu'eût produites la liqueur sucrée si on l'eût exposée à l'air libre.

Donc l'air contient, charrie et sème des germes et des graines microscopiques.

Les *mucédinées* composent, dans la tribu des cryptogames, une

Le soleil se levait, et il vit quatorze anges... (p. 289.)

mystérieuse tribu de végétaux sur laquelle la science possède encore bien peu de données certaines.

On sait seulement qu'à l'exemple des conferves, les mucédinées présentent l'aspect de tubes courts ou allongés, simples ou rameux, contenus dans des loges ou divisées par des cloisons transversales.

Elles naissent sur des corps de toute nature, sur des pierres, sur du bois pourri, sur des végétaux. Avant M. Pasteur, si l'on n'avait point de preuve de leur provenance, du moins on semblait s'accorder à supposer que l'air transportait et se chargeait de semer leurs semicules, dont M. A. Brongniart le premier a fait une étude sérieuse.

Aujourd'hui, grâce à M. Pasteur, cette supposition est devenue une certitude.

Ainsi, nous ne respirons point seulement de l'air, mais nous avalons encore, à chaque seconde, sans nous en douter, des milliers de graines, de plantes et probablement d'êtres vivants.

Je ne sais où j'ai lu l'histoire d'un alchimiste du moyen âge qui fit pacte avec le diable pour voir tout ce que les autres mortels ne voyaient pas, et ce que contemplaient les élus dans leur gloire infinie. Il espérait ainsi arriver à découvrir les secrets du grand œuvre qu'il poursuivait désespérément depuis tant d'années.

Le traité conclu et signé, Satan passa le bout d'une de ses griffes sur les yeux de son client. La première chose qu'aperçut celui-ci fut son ange gardien qui, la tête voilée de ses ailes, s'en retournait dans les cieux. Mais le spectacle admirable qui s'offrit tout à coup aux regards de l'alchimiste lui fit presque aussitôt oublier ses remords. Le soleil se levait, et il vit quatorze anges vêtus de pourpre qui ouvraient à l'astre les portes de l'Orient, tandis que des phalanges de chérubins achevaient de répandre les dernières gouttes de la rosée sur les prairies. Les uns semaient les graines des plantes sauvages à la culture desquelles l'homme ne s'astreint pas, et qui foisonnent partout si vigoureuses et si verdoyantes; les autres indiquaient de quels côtés les vents devaient souffler, pétrissaient de leurs doigts effilés les formes fantastiques des nuages, et veillaient à ce que rien ne troublât la divine harmonie de la nature.

Ce n'est point précisément le même spectacle qui frapperait aujourd'hui les yeux de l'alchimiste; mais ce spectacle serait-il moins merveilleux?

Les atomes, les poussières fécondes emportées par l'air dans lequel elles flottent et volent, la force inexplicable qui les fait s'arrêter d'elles-mêmes là où se trouvent réunies les conditions indispensables à leur éclosion et à leur développement, les corpuscules dont le microscope le plus puissant parvient à peine à entrevoir les formes, l'eussent-ils moins étonné que les phalanges angéliques? Quels cris d'admiration n'eût-il point jetés en présence du mécanisme des nuages? Exhalés par l'humidité de la terre, après avoir erré dans le ciel, ils retombent en pluie sur le sein maternel, nourrissent les plantes, s'infiltrent à travers les molécules du sol, et, par des voies inconnues, vont se réunir aux ruisseaux, dont les eaux se joignent elles-mêmes aux eaux des rivières, des fleuves et de la mer, pour remonter de nouveau en vapeur vers le ciel?

Tout cela ne serait-il point, pour l'œil humain qui pourrait le voir, aussi étonnant que les troupes d'anges parcourant la terre et les cieux?

A cette pensée, le poëte Klopstock s'écrie avec enthousiasme :

« Voilà le bonheur auquel nous sommes réservés! Oh! mon âme, mon âme! sois pure et sainte ici-bas, afin que, dégagée des liens terrestres, tu puisses un jour, dans le sein de Dieu, contempler et comprendre les merveilles visibles et invisibles de la création, et t'enivrer éternellement de science et d'amour! Saint Paul l'a dit : *Alors nous nous verrons face à face!* »

— Les découvertes de M. Pasteur se confirment chaque jour, ajouta le père Dominique.

Une des grandes préoccupations du Parisien est surtout un désir incessant de n'introduire dans sa poitrine que de l'air pur et dans son estomac que de l'eau purifiée de toute substance étrangère.

Aussi le voit-on, dès qu'il le peut, sortir du cœur de la ville pour aller respirer à pleins poumons en dehors de l'enceinte des fortifications, enceinte qui lui semble un cercle sinistre au delà duquel se trouvent seulement la santé et le bien-être physique. Quant à l'eau, il ne veut la boire qu'après lui avoir fait traverser une couche de pierre poreuse, pièce fondamentale de tous les appareils à filtrer auxquels on donne, ironiquement sans doute, le nom de fontaine.

Voyons donc ce que contiennent en réalité cet air et cette eau; le premier, indépendamment du cinquième d'oxygène, des quatre cinquièmes d'azote et de la petite quantité d'acide carbonique qui constituent son volume, d'après Lavoisier ; la seconde, en outre de l'oxygène et de l'hydrogène qu'on lui donne comme base.

M. Gaston d'Auvray a trouvé le moyen d'extraire de l'air et de l'eau tout ce qu'ils contiennent, et d'arriver au triage, par *ordre de grosseur*, des myriades de corpuscules microscopiques qu'ils tiennent en suspension.

Il se sert, pour arriver à ce résultat passablement fantastique, d'un appareil qu'il nomme *biodyaliseur*. Cet appareil consiste en une série de plaques de substances poreuses, à l'aide desquelles on met en jeu la force mystérieuse d'absorption qu'on nomme *endosmose* (impulsion au dedans).

Une eau naturelle quelconque tient en suspension un nombre infini de corpuscules microscopiques que leur ténuité a soustraits jusqu'ici aux regards de la science.

Soumet-on une portion de cette eau à l'action de l'appareil de M. d'Auvray? Ces corpuscules se distribuent dans divers compartiments, de sorte que tous ceux de même taille finissent par se trouver réunis dans un même compartiment.

On soumet les corpuscules, rangés par catégories de dimension, à un grossissement suffisant du microscope, et on peut constater que les uns sont d'un gris verdâtre et que les autres sont d'un blanc de nacre.

Les gris affectent la forme sphérique, et leur diamètre varie entre $0^m,00024$ et $0^m,00034$.

Il y a trois sortes de corpuscules blancs qui diffèrent de grosseur, deux sont sphériques et une ovoïde.

Nous le répétons, toutes les eaux naturelles renferment de ces corpuscules. Ils sont d'autant plus nombreux que l'eau est plus impure. Ainsi, par exemple, il en existe moins dans l'eau de la Tamise en amont de Londres que dans l'intérieur de la ville. Les eaux des marais en sont chargées ; celles des égouts en sont littéralement infectées.

Une eau courante en contient plus pendant la saison chaude que pendant l'hiver. Ils pullulent dans les brouillards épais qui parfois enveloppent Londres, où ces expériences ont été faites. Toutes les matières végétales et animales en regorgent ; l'eau distillée elle-même en contient ; on en retrouve dans tous les acides étendus.

L'appareil modifié de manière à devenir propre aux études de microscopie aérienne, révèle la présence des mêmes corpuscules dans l'air atmosphérique.

Cet air en contient d'autant plus qu'il est plus près de la surface du sol et plus agité. L'air recueilli au-dessus des marécages ou en contact avec l'eau des égouts en foisonne ; on en recueille plus dans l'air des villes que dans l'air des champs.

De l'air pris le 25 juillet 1863 au haut de la cathédrale de Saint-Paul renfermait infiniment moins de corpuscules que la même quantité d'air recueillie sur la place de l'église. Un matras, rempli dans une ascension aérostatique à 4,400 mètres d'élévation, n'en offrait pas de traces. De deux échantillons d'air pris à la même heure à Sydenham, le 30 août 1863, à deux stations distantes seulement de 3 à 400 mètres, l'un renfermait un très-grand nombre de corpuscules, l'autre n'en contenait pas du tout.

Notez que je passe sous silence les débris organiques que renferme constamment l'air des villes, tels que filaments de matières textiles, plaques d'épiderme, grains de pollen, plumules de papillons et parcelles de fumée.

— L'Académie des sciences, dis-je, publie, dans son *Bulletin* du 17 août, un travail de M. Gratiolet et du docteur Lemaire, qui place encore sous un jour plus clair, par une expérience des plus simples, l'histoire des êtres et des germes mystérieux qui peuplent les airs.

Je vais vous lire cette étude, qui présente un si vif intérêt.

Voici comment s'exprime le docteur Lemaire.

« Dans le travail dont je donne ici l'extrait, je commence par résumer l'état de la discussion engagée entre les hétérogénistes et les panspermistes. Beaucoup de savants demandent de nouvelles expériences pour être éclairés. De leur côté, les hétérogénistes demandent que dans cette étude, toute physiologique, l'emploi de l'acide sulfurique et du feu soit banni. Mes recherches répondent à ces vœux. C'est dans la vapeur d'eau atmosphérique condensée par le froid que j'étudie les microphytes et les microzoaires. Cette vapeur condensée est recueillie dans des tubes que l'on bouche ; on la place en présence d'une grande quantité d'air naturel à la température ambiante, et l'on étudie au microscope sa composition au moment de sa condensation et ultérieurement...

« J'ai recherché les microphytes et les microzoaires dans l'air, en Sologne, à Paris et à Romainville.

« *Air de la Sologne.* — J'ai choisi le voisinage du village de

Saint-Viâtre, appelé aussi Tremblevif, parce que c'est là que sévissent avec le plus d'intensité les fièvres paludéennes. Nous avons opéré avec mon ami, le professeur Gratiolet, le 20 juillet dernier, de onze heures à quatre heures, par un soleil très-chaud, sur les bords de deux grands étangs de profondeur différente, mais contenant beaucoup de vase. Le moins profond est couvert de joncs, de roseaux, de nymphæa, etc., tandis que l'autre n'en présente que sur ses bords. Ils exhalent une odeur marécageuse particulière, perceptible à une assez grande distance. Leur eau est limpide : l'un d'eux sert d'abreuvoir ; la saveur de cette eau est fade, elle était sans action sur les papiers de plomb, de curcuma et de tournesol. La vapeur d'eau a été condensée à plus d'un mètre de distance de la surface des deux étangs.

« Au moment de sa condensation le liquide était incolore, limpide ; son odeur et sa saveur rappelaient celles de l'eau des étangs. Elle était sans action sur les papiers réactifs. Elle contenait des spores sphériques, ovoïdales et fusiformes ; puis un grand nombre de cellules pâles de diverses dimensions. Nous trouvâmes en quantité considérable de très-petits corps semi-transparents, de formes diverses, sphérique, ovoïdale, cylindrique, régulières ou irrégulières ; ces corps, comme je le dirai plus loin, me paraissent reproduire des microphytes et des microzoaires ; enfin quelques corps bruns, qui nous parurent d'origine végétale, des grains d'amidon, de la poussière et des cristaux cubiques. La liqueur condensée fut abandonnée à la température ambiante (25 à 30 degrés centigrade) en présence d'un égal volume d'air dans un flacon bouché.

« *Examen microscopique*. — Quinze heures après, l'odeur marécageuse était plus prononcée, et le liquide n'exerçait aucune action sur les papiers réactifs. De petites cellules bourgeonnaient. Nous trouvâmes dans une seule goutte de ce liquide plus de deux cents *bacterium termo*. Quarante heures après, le liquide était trouble. Le nombre des cellules avait augmenté; il en existait de bijuguées. Il contenait des *bacterium*, des vibrions linéoles, des *spirillum volutans* et des monades en quantité telle, que le liquide en fourmillait. Le nombre des petits corps semi-transparents dont j'ai parlé avait beaucoup diminué. Il existe certainement un rapport entre la diminution de leur nombre et l'augmentation de celui des microphytes et des microzoaires. Soixante heures après, le liquide, troublé par des matières en suspension sous forme de nuage, offre une odeur putride prononcée. Ce dépôt est entièrement formé par des *bacterium*, des vibrions et des *spirillum* immobiles. Indépendamment de spores, de cellules isolées et bijuguées, nous trouvâmes de ces dernières réunies en chapelet. Il existait aussi des tubes ramifiés mêlés à des spores qui, peut-être, leur appartenaient. Des corps en forme de baguette, immobiles, nombreux, formaient des masses enchevêtrées. D'autres, plus nombreux que les précédents, mais plus petits, immobiles aussi, étaient isolés; quelle est la nature de ces corps? Ils ressemblent tellement à des *bacterium termo* et à des vibrions, que je suis porté à penser que ce sont ces animalcules immobiles. Enfin, des bactéries, des vibrions, des spirilles et des monadiens très-nombreux exécutaient leurs mouvements habituels. Ainsi, deux jours après avoir recueilli cette vapeur d'eau, tout un monde de microphytes et de microzoaires la peuplait. En présence de ce résultat imprévu, les hétérogénistes nieront-ils encore l'existence de germes dans l'atmosphère? Poursuivons notre étude, qui intéresse d'autres questions. A partir du quatrième jour, le nombre de spores, de cellules et de tubes commença à diminuer, et, le 28 juillet, le microscope ne révélait plus l'existence de ces petits végétaux. La liqueur ne contenait plus que des animalcules; ces derniers disparurent peu à peu à leur tour. Ils commençaient par devenir immobiles. La disparition des bactéries, vibrions et spirilles mit plus de quinze jours à s'accomplir. Puis vint le tour des mona-

des : ce sont les petites espèces qui firent défaut les premières.
Aujourd'hui, près d'un mois après la mise en expérience, de rares
monades, seules, existent dans ce liquide.

« *Air du Jardin des Plantes.* — La vapeur d'eau a été recueillie le
27 juillet, de deux à quatre heures, par un beau soleil, à deux
endroits : au sommet de l'amphithéâtre de chimie et à deux mètres
de distance du gazon de la pelouse qui est devant cet amphithéâtre.
Au moment de sa condensation, l'eau était limpide, inodore et sans
action sur les papiers réactifs. Elle contenait des spores ovoïdes et
fusiformes, des cellules pâles et un grand nombre de petits corps
sphériques, ovalaires, cylindriques, semi-transparents, semblables
à ceux dont nous avons constaté l'existence en Sologne. De plus,
j'y trouvai quelques grains d'amidon, de la poussière en quantité
considérable et des cristaux cubiques. Ce liquide fut soumis à la
température ambiante, en présence de deux fois son volume d'air,
dans un tube bouché. La température a varié de 28 à 30 degrés
centigrade. Vingt-quatre heures après, les cellules présentaient de
petites propagules. Une grande quantité de *bacterium termo*, de
vibrions linéoles, de *spirillum* et de monades s'étaient développés.
Le nombre des petits corps semi-transparents avait diminué. Quarante-huit heures après, je retrouvai les mêmes choses. La liqueur
se troublait et offrait une faible odeur putride. — 31 juillet : léger
dépôt, sous forme de nuage; il était entièrement formé par des
*bacterium* et des vibrions immobiles. Il existait beaucoup de monades de diverses espèces, très-agiles. Les microphytes avaient
disparu ; l'odeur putride était plus prononcée et le liquide sans action sur les papiers réactifs. A partir de ce moment, les bactéries,
les vibrions et les spirilles diminuèrent peu à peu, la mauvaise
odeur disparut, le liquide redevint clair, et, le 16 août, il ne contenait plus que de rares monades peu agiles, quelques corps semi-
transparents et de la poussière.

« La vapeur recueillie au sommet de l'amphithéâtre ne contenait pas de spores ; les cellules étaient moins nombreuses, plus petites que dans la précédente ; il y avait moins de poussières, mais les mêmes espèces d'animalcules y ont été constatées aux mêmes époques en aussi grand nombre.

« *Air de Romainville.* — L'expérience a été faite à dessein le même jour que les précédentes, pour comparer les résultats. Romainville, qui est situé à 90 mètres au-dessus du niveau de la Seine, est le pays le plus salubre du département de la Seine. La vapeur d'eau a été recueillie à deux endroits : au centre de grands terrains en culture, à deux mètres de distance du sol, et sur la terrasse d'une maison située au milieu d'un grand jardin. Elles n'ont pas présenté de différences appréciables. Au moment de la condensation, indépendamment de poussières et de filaments divers, elle contenait de rares spores ovoïdes et un grand nombre de petits corps semi-transparents que j'ai signalés dans les autres observations. Vingt-quatre heures après, je trouvai quelques cellules bijuguées fort petites, de rares bactéries, vibrions et monades. — Quarante-huit heures : je ne trouvai plus ni spores, ni cellules ; les bactéries et les vibrions étaient immobiles, mais les monadiens, assez nombreux, étaient très-agiles. A partir de ce moment (29 juillet) jusqu'au 10 août, je ne trouvai plus que des monades dont le nombre diminuait chaque jour. Aujourd'hui, 16 août, ce n'est qu'à grand'peine que je puis en trouver quelques-unes. Un fait digne de remarque, c'est que ce liquide est resté limpide et n'a présenté ni mauvaise odeur, ni saveur appréciables.

« Ces recherches me paraissent prouver qu'en Sologne, où règnent les fièvres paludéennes, l'air contient une quantité considérable de microphytes et de microzoaires, tandis que celui de Romainville, pays très-sain, n'offre qu'une minime proportion de ces petits êtres. L'air du Jardin des Plantes diffère de ces deux localités,

mais il se rapproche beaucoup de celui de la Sologne. La position
particulière du Jardin des Plantes, qui est voisin de la rivière de la
Bièvre, de deux amphithéâtres d'anatomie, d'un grand hôpital, et
qui renferme dans sa ménagerie, dans le fumier, dans quelques
collections d'eaux stagnantes pour les besoins de la culture, des
causes d'insalubrité, explique ce résultat. Je ne saurais, d'ailleurs,
assez répéter que les matières organiques ne sont dangereuses
qu'autant qu'elles contiennent des microphytes et des microzoaires.
Des expériences que j'ai faites avec l'acide phénique mettent ce fait
hors de doute.

« Je terminerai par l'interprétation d'un fait que j'ai souvent
constaté dans ces diverses expériences : c'est l'ordre dans lequel
ont disparu les microphytes et les microzoaires. Les végétaux disparaissent les premiers, puis ce sont les plus petits animalcules ;
enfin, les monades restant seules, les petites espèces disparaissent ;
ce sont les plus grosses qui restent maîtresses du terrain. Que
conclure de ces observations? Je pense que dans ce monde aérien
les choses se passent comme sur notre globe. Les végétaux servent
de nourriture aux animalcules. Lorsqu'ils sont consommés, les
plus petits deviennent immobiles et servent de pâture aux monades ; enfin, celles-ci, se dévorent. Ce sont les plus grosses espèces
qui survivent, en vertu de la loi du plus fort. Ce qui me paraît con-
firmer cette manière de voir, c'est que dans la vapeur d'eau recueillie en Sologne, qui était riche en microphytes, les bactéries,
les vibrions et les spirilles ont vécu une quinzaine de jours, tandis
que dans celle de Romainville, où les microphytes étaient rares,
ces animalcules avaient disparu au bout de trois jours. Dans celle
du Jardin des Plantes, qui contenait plus de microphytes que cette
dernière, les bactéries, les vibrions et les spirilles existaient encore
six jours après le début de l'expérience. Ces observations me paraissent être la démonstration que, dans les fermentations sponta-

nées, les matières albuminoïdes servent d'aliment aux infusoires. »

— Voilà un rude coup porté à la théorie de la création spontanée! s'écria le père Dominique.

— M. Flourens, lui répondit Frantz, combat les idées de création spontanée qu'on cherche encore assez étourdiment, selon nous, à remettre en circulation aujourd'hui, et qui ont fleuri depuis Épicure jusqu'en plein milieu du dix-septième siècle.

A cette époque, en effet, on professait que la terre-mère et la putréfaction engendraient les insectes et même certains animaux.

Chaque espèce de chair corrompue produisait, selon les singuliers naturalistes de ce temps, son espèce particulière d'insectes.

La chair de cheval donnait naissance aux guêpes, celle du taureau aux abeilles, celle de l'âne aux scarabées, celle de l'écrevisse à des scorpions, et celle des canards à des corbeaux.

Redi, en 1668, s'éleva le premier contre ces fables et en démontra l'absurdité; Swammerdam, Malpighi, Vallisnère, Réaumur, V. de Geer et Leuwenhoeck confirmèrent par leurs travaux la vérité dont, le premier, Redi avait proclamé l'évidence.

M. Flourens termine son mémoire par une courte et lumineuse analyse des récentes études de M. Van Benedeck, sur les *transmigrations des vers parasites*.

Pour que ces parasites arrivent à se formuler à l'état complet, il faut qu'ils aient successivement vécu aux dépens d'abord d'un herbivore et ensuite d'un carnivore.

Prenons, par exemple, le *tænia* ou ver solitaire du chien et du loup.

L'œuf de l'animal, pondu dans les intestins du carnivore par un *tænia* complet, est entraîné au dehors et s'attache à quelque brin d'herbe.

Ce brin d'herbe est brouté par un lapin.

A peine l'œuf pénètre-t-il dans l'estomac du lapin qu'il en sort un embryon nommé *ver vésiculaire*, conformé pour fouir les organes internes comme la taupe fouit le sol et pour pénétrer par des galeries qu'il creuse et qui se referment immédiatement derrière lui jusqu'au viscère propre à le nourrir.

Là tombent les crochets dont il se trouve armé, et qui. lui deviennent inutiles désormais.

Ensuite apparaissent des milliers de *cysticerques*, vésicules vivantes qui, le plus souvent, tuent le lapin.

Voici la photographie d'une tète de cysticerque reproduite par les procédés de M. Bertsch.

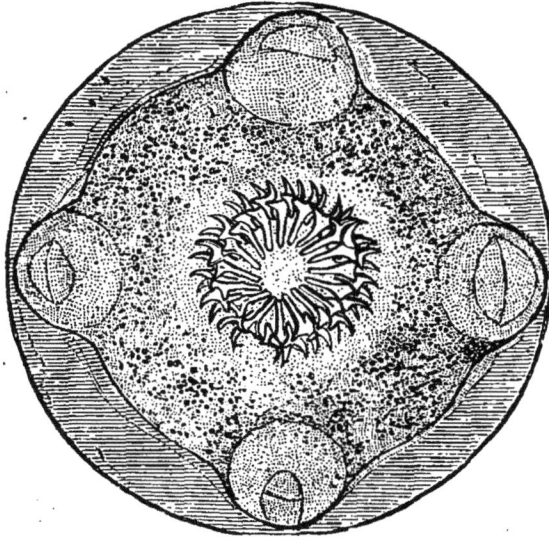

Si le lapin n'est point mangé par un carnivore, ces *cysticerques* meurent eux-mêmes.

Au contraire, qu'un chien ou qu'un loup mangent le lapin, le cysticerque, introduit dans leur estomac avec la chair de ce dernier, pénètre dans les intestins, s'attache à leurs parois, et là, comme un végétal, il pousse de nombreux segments ou tronçons qui, tout en restant des individus séparés, forment cependant, par leur assemblage, un être unique, long ruban vivant qui porte le nom de *tænia* ou *ver solitaire*.

Ne reste-t-on pas ému d'admiration en présence de ces métamorphoses et des conditions difficiles que le Créateur impose à la multiplication d'êtres qui, sans ces entraves, détruiraient bientôt tous les mammifères ?

Malgré les illusions d'hommes de talent, l'histoire naturelle des infusoires ne tardera point, il faut l'espérer, à trouver aussi ses observateurs et ses historiens, qui feront justice de toutes ces folles idées de générations spontanées, vieux reste des légendes de l'antiquité, du moyen âge et de la Renaissance.

Comme dit M. Flourens en terminant son mémoire, « il y va de l'honneur du siècle. »

Du reste, la génération spontanée, telle qu'on l'enseignait au moyen âge, ressemble par bien des points à celle qu'on professe aujourd'hui. L'auteur du *Malleus maleficorum* raconte tout du long comment s'y était pris, pour fabriquer un homme, un juif du nom de Samuel Delbora, que le savant inquisiteur fit, par parenthèse, brûler vif à Lyon.

Delbora commençait par faire infuser certaines herbes cueillies sur le bord d'un ruisseau, à minuit et au clair de lune ; le tout accompagné de cinq *Pater* récités à rebours.

Il naissait, dans cette infusion, des milliers de petits insectes que Delbora desséchait au soleil, broyait et remettait dans l'eau.

Aux insectes succédaient des vers, des mouches aux vers, des limaces aux mouches et des crapauds aux limaces.

Avec les crapauds on obtenait des serpents, avec des serpents des lézards, avec des lézards des rats et avec les rats des loups.

Puis, avec les loups égorgés et pilés, on façonnait la figure d'un homme ; on invoquait le diable, et on possédait une créature moitié homme et moitié démon, dépourvue de tout sens moral. Il ne fallait pas moins de sept générations pour que ce monstre devînt un homme ordinaire. Encore conservait-il des traces irrécusables de son origine, et se sentait-il disposé à faire le mal plutôt que le bien. « Je pense, conclut l'inquisiteur lyonnais, que beaucoup des sorciers qui hantent le sabbat proviennent d'*homunculi* fabriqués par des nécromans. Or, comme le diable a mis en eux l'âme d'un damné prise au plus profond de l'enfer, il n'est point étonnant que ces *homunculi* appètent ardemment le sabbat et les liaisons avec le diable. »

C'est avec ces jolis raisonnements qu'on jetait alors aux flammes des centaines de victimes.

Grâce à Dieu, les partisans de la création spontanée ne mènent plus leurs sectaires au bûcher, mais, hélas! leurs recherches et leurs doctrines ne ressemblent-elles pas un peu à celle de ce pauvre Samuel Delbora, brûlé vif au marché aux pourceaux de Lyon?

La fermentation et ses produits, comme la plupart des phénomènes de la nature, sont et resteront encore longtemps lettres closes pour la science.

M. Joly, de Toulouse, a communiqué récemment à l'Institut des recherches sur *l'origine de la germination et de la fructification de la levûre de bière.*

D'après lui, cette levûre se compose d'abord de simples vésicules.

Les vésicules ne tardent point à germer et passent alors à l'état de *gemmule* (de *gemma*, perle).

Ces gemmules, cédant à une attraction mystérieuse qui les entraîne les unes vers les autres, se touchent, se soudent entre elles, forment des filaments plus ou moins longs, plus ou moins cloisonnés, plus ou moins ramifiés, et se transforment ainsi en *penicillium*, sorte de cryptogames microscopiques.

Alors ils fructifient et donnent naissance à de nouveaux spores.

Ils quittent ensuite le fond du liquide où ils sont développés, feutrés, métamorphosés, forment une sorte de nuage floconneux et jaunâtre, montent à la surface, s'y établissent, s'y étalent en pellicules, d'abord blanches et soyeuses, et deviennent ensuite d'un vert glauque et velouté.

Les uns veulent voir dans ces phénomènes une création spontanée des sporules.

Les autres persistent à croire que les spores de la levûre naissent de vésicules ou de graines existant dans l'air, et je partage leur opinion.

Une série de faits qui se reproduisent constamment sous le même aspect et avec des circonstances rigoureusement identiques, ne sauraient appartenir à une création spontanée.

# CHAPITRE XX

## UN MICROSCOPE VIVANT

uel malheur, dit Pietro, qu'il faille recourir à l'aide fatigante d'un microscope pour voir ces merveilles invisibles !

— Ne croyez pas cela, répondis-je. M. Auguste Bertsch, à qui la science microscopique doit tant d'admirables découvertes, a un jour possédé l'heureuse propriété de voir ces infiniment petits au moyen de ses yeux seuls, et je vous assure que le récit qu'il en a fait n'est pas de nature à donner le désir de jouir d'une pareille faculté.

— Je voudrais bien connaître ce récit.

— Rien de plus facile, dis-je, en prenant un livre dans ma bibliothèque. Il vous suffira d'écouter.

Et je lus ce qui suit :

Il n'y a pas bien longtemps qu'un matin, après avoir passé la nuit à travailler à la clarté de ma lampe, je fus éveillé par mon ami le docteur Sam.

Je m'assis sur mon séant. Jugez de mon effroi quand je m'aperçus de l'état étrange dans lequel je me trouvai.

Il faisait grand jour, et cependant je ne pouvais distinguer aucun objet. Tout s'en allait se perdre dans un horizon bleuâtre prolongé jusqu'à l'infini, et je voyais, en baissant mes paupières, des poutres massives, longues, rugueuses, passant et repassant devant mes yeux.

Ah! docteur, fis-je en restant toujours immobile, que m'est-il arrivé cette nuit? je ne vois rien que des poutres allant et venant devant moi, la lumière du jour et l'horizon bleuâtre.

— Vous rêvez, me dit le docteur, et il me secoua les épaules. Mais quand il se fut assuré que je ne dormais pas, son étonnement le rendit immobile.

— Mon Dieu, s'écria-t-il, ne me voyez-vous pas?

— Non, je ne vois qu'une ombre confuse, des poutres qui passent et l'immensité, lui répondis-je.

Alors il plaça quelque chose tout près de mes yeux en me demandant ce que je voyais.

— Est-ce vous qui portez cette lourde barre d'acier? lui répondis-je; c'est un gigantesque paratonnerre avec un énorme câble auquel il me paraît suspendu.

— Rassurez-vous, votre maladie dépend du système nerveux, d'un défaut d'équilibre dans les forces organiques; nous pouvons vous dire que le fluide vital, marchant en sens contraire le long de vos nerfs optiques, intervertit l'ordre de la sensation; que c'est un état flegmatique de vos pupilles qui fait diverger le rayon visuel au lieu de le concentrer, une constriction de la rétine, une surexcitation maladive, une *névrose* enfin.

— Le remède! demandai-je aussitôt.

— Le temps, la patience et la nature, me répondit-il.

Les veilles, la fatigue et l'action de la lumière de la lampe, vous ont affligé d'une névrose. Le foyer de la vue est à quelques lignes de vos yeux ; là les objets sont singulièrement agrandis ; mais, plus loin, ils deviennent invisibles, et l'infini se trouve à la longueur de votre main. Les poutres qui passent devant vous, ce sont vos cils s'élevant et s'abaissant avec vos paupières. Une fine aiguille, un fil de soie, voilà le paratonnerre et l'énorme câble de tout à l'heure. Soyez tranquille, pourtant, la maladie ne peut durer plus de trois jours, et, si vous m'en croyez, tant qu'elle durera tâchons d'en profiter en examinant dans quelques-uns de ses détails le monde des infiniment petits.

L'espérance est si prompte à rentrer dans le cœur d'un malade, il croit si aisément à la guérison qu'il désire et s'étourdit si vite, que les dernières paroles du docteur me rendirent à la vie.

Qu'on se figure un homme dont les yeux, par une suite de causes incompréhensibles, sont devenus incapables, à la distance d'un ou deux pouces, de voir autre chose que la lumière du jour et pour lequel les objets dont il s'approche se trouvent agrandis plusieurs milliers de fois ; un homme condamné par une étrange perturbation du sens de la vue à se trouver au milieu d'une chambre de vingt pieds carrés, isolé, perdu comme en un désert ; à ne voir dans son ami qu'une ombre immense, confuse et lointaine, tandis qu'il est à trois pas, à l'entendre parler près de ses oreilles du sein de l'infini.

Ce furent des sensations si insolites, si bizarres, si imprévues, que si je les racontais, il faudrait avoir été comme moi microscope, pour penser que je n'exagère pas. Ne distinguant ni le parquet ni les murailles, je n'osais me lever, de crainte de tomber dans je ne sais quel gouffre béant autour de moi ; je demeurais comme pétrifié dans mon fauteuil, et, ne pouvant me voir moi-même, doutant que je fusse bien là en chair et en os, il me prit fantaisie de regarder ma main pour m'assurer que c'était bien moi. Ah! mon Dieu! qu'ai-je donc sur la main, quelles sont ces montagnes, ces inextricables réseaux de lignes tortueuses parsemées de larges trous? demandai-je en tremblant au docteur. Il se mit à rire. C'est votre peau, me dit-il; ne vous semble-t-elle pas singulièrement enlaidie depuis hier?

— Mais je suis un monstre!

— Du tout; seulement vous vous voyez un peu plus gros. Ah! vous ne connaissiez pas encore la peau de votre main et vous trouviez hier le monde trop petit; quelle ignorante vanité! Regardez maintenant de combien d'écailles ce mince épiderme est formé; que d'orifices viennent s'y rendre; on en compterait plus d'un mille sur une surface d'un pouce, et, par conséquent, environ deux millions quatre cent mille sur toute l'étendue de votre corps. Cette pellicule, qui vous semble si épaisse, n'a guère plus d'un centième de ligne, et cependant quelle complication, quelle résistance. Mais voulez-vous voir une chose plus curieuse encore? Il me prit la main : Regardez maintenant par ici, un peu plus à droite, vous y êtes.

— Ah! grand Dieu, cher docteur, me voici tout ensanglanté, que m'avez-vous fait là?

— Rien qu'une simple piqûre d'aiguille, et si légère encore que j'ai peine à distinguer un imperceptible point rouge.

— Mais moi je vois une ouverture béante d'où s'échappent des flots de sang. C'étaient comme des œufs transparents au milieu desquels s'agitait un point noir.

— Le sang, me dit le docteur, est un liquide incolore au sein duquel nagent par milliers de petits globules rouges qui se suivent et courent en roulant sur eux-mêmes. Vous devez en voir des centaines sur votre piqûre; ils semblent doués d'une espèce de vie, se contractent et se meuvent isolément comme un animal. Ils ont une grosseur d'un cent cinquantième de millimètre environ, une forme arrondie chez les mammifères, elliptique chez les oiseaux, les reptiles, les poissons et les insectes. Ils sont composés d'un noyau central renfermé dans un sac membraneux, et rampent dans les plus petites ramifications des veines et des artères, s'allongent si l'espace est trop étroit, et courent avec une agilité remarquable, se poursuivant les uns les autres. Si l'un d'eux, plus lourd et moins agile, essaye de rester un moment en place, les globules, ses voisins, le poussent avec une sorte d'acharnement, jusqu'à ce qu'ils soient parvenus à le faire avancer de force et à l'entraîner avec eux dans le torrent de la circulation. Un observateur raconte qu'un jour ayant coupé une des branches d'un petit vaisseau sanguin bifurqué, il vit les globules arriver jusqu'à la section, hésiter un instant, plusieurs continuer leur course et tomber, tandis que les autres, après s'être arrêtés comme étonnés, reculèrent pour rentrer dans la branche non coupée.

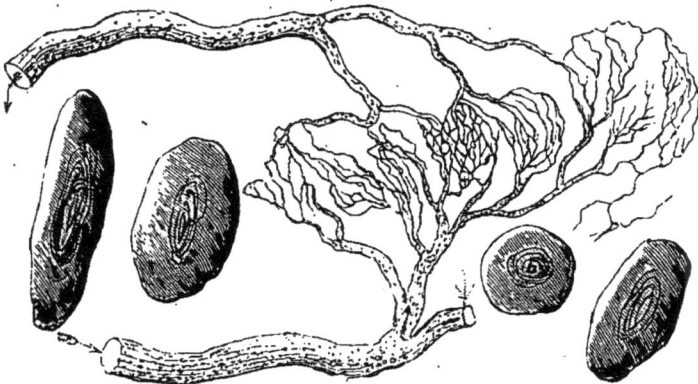

— Ils s'attirent, lui dis-je, et semblent ensuite se repousser de proche en proche. C'est peut-être au fluide électrique que sont dus leurs mouvements. La vie ne serait-elle pas animée par une décomposition incessante de ce fluide agissant sur nos nerfs?

— La science reste muette à de telles questions ; Dieu seul pourrait y répondre, reprit le docteur.

Peu à peu mon sang s'était coagulé ; les globules, rangés d'abord en rayonnant de la circonférence au centre, se changèrent en filaments parallèles. Qu'est-ce que cela? dis-je aussitôt.

— C'est le tissu musculaire qui s'organise, les vaisseaux déchirés qui se soudent. La plaie se cicatrise, l'épiderme renaît.

— Quel travail pour une piqûre! m'écriai-je; une larme d'admiration m'échappe.

— Arrêtez, me dit le docteur, comme j'étendais le bras pour me lever. Savez-vous ce que c'est qu'une larme? Regardez celle qui vient de tomber sur votre main; là, un peu plus à gauche. Laissez-la s'évaporer un instant.

Je vis une grande mare se rétrécissant peu à peu, et, à mesure qu'elle diminuait, de longues aiguilles diaphanes, de formes diverses, se mouvoir en tout sens, et, après mille circuits, se rassembler dans un ordre symétrique et parfait. Les semblables se cherchaient comme par instinct, se trouvaient toujours et se rangeaient l'une contre l'autre avec une précision surprenante.

Vous saurez qu'une larme, dit le docteur en me voyant tout ébahi, contient du phosphate de chaux, de la soude et du sel marin. N'est-il pas curieux d'observer la manière dont se fait la cristallisation de ces différentes substances; et chaque cristal ne vous paraît-il pas doué de la vie? Il se promène, hésite, court à la rencontre du cristal qui lui ressemble. Ne craignez pas qu'il se trompe, il saura trouver sa place, s'y ranger et attirer à lui les autres jusqu'au dernier.

Ainsi s'opère, mon cher ami, la cristallisation de tous les sels. D'abord, un cristal d'une forme simple et que nous appelons *pri-*

*mitive*, autour duquel viennent se grouper des lames d'une forme secondaire. Le cristal primitif est déjà formé d'un nombre considérable de molécules polyèdres de la plus grande simplicité, qui, elles-mêmes, comme le savant Haüy l'a démontré, sont composées de molécules encore plus simples, qu'il nomme *soustractives*, de sorte qu'il y a l'infini dans un grain de sel.

— Pendant que vous parlez si bien, cher docteur, moi j'ai compté sur le sommet de ce gros poil, que j'ai là, près du doigt, trois cent quatre-vingt-onze aiguilles cristallines à six faces, et toutes semblables.

— Je ne vois pas même le poil, me dit le docteur, mais à coup sûr, vous vous êtes trompé d'un cristal, car dans ce système d'arrangement le nombre impair est impossible.

Il disait vrai, dans mon calcul j'en oubliais un que le souffle de ma respiration avait jeté à deux ou trois pas ; c'est-à-dire à quelques millièmes de ligne.

J'en étais encore à promener mes yeux sur les diverses parties de ma larme desséchée, quand un long et gros tuyau transparent vint à tomber dans ma main.

— Qu'est-ce ceci? demandai-je à mon savant.

— C'est bien peu de chose, me dit-il, un de vos cheveux.

— Vous plaisantez, mon ami, un cheveu n'est pas armé d'épines comme la tige d'une rose, ni creux comme une plume.

— Si fait vraiment, le cheveu est d'une nature très-complexe. D'abord, vous pouvez y distinguer une enveloppe cornée, transparente, conique, parsemée de ces petites éminences que vous nommez épines, puis un long canal dans lequel circule un liquide brun dans celui-ci, blond, noir, roux dans d'autres : c'est la matière colorante. Avec l'âge, le canal se rétrécit, s'oblitère ; la liqueur ne peut y pénétrer, le cheveu blanchit, les racines, auxquelles viennent se rendre sept filets nerveux et un grand nombre de vaisseaux sanguins, perdent de leur souplesse, se dessèchent comme l'épiderme sous lequel elles s'étendent, le sang n'arrive plus pour apporter la vie, le cheveu meurt et tombe.

Frappé de ces merveilles, je ne pouvais me lasser de promener mes regards le long de mon cheveu, quand j'en fus détourné par un léger chatouillement que je sentis au bout du doigt, et je ne tardai pas à voir un gros animal ailé qui m'étreignait de ses griffes.

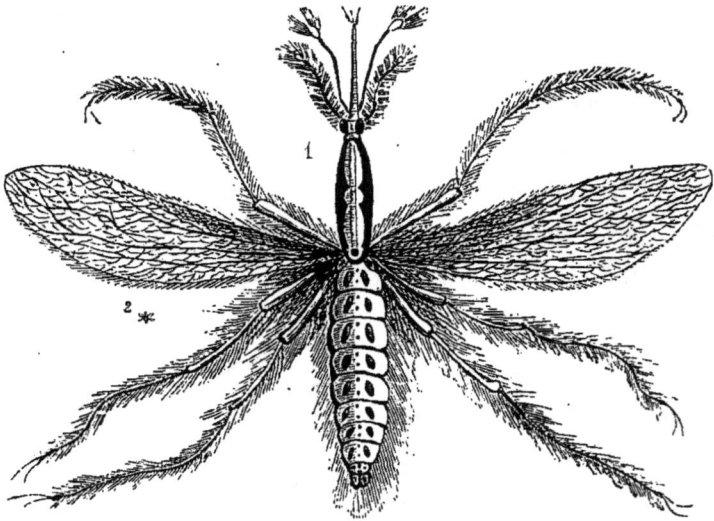

— Ne bougez pas, me dit le docteur ; examinez un peu ce moucheron que je vois à peine.

— Comment un moucheron ; mais c'est un monstre tel que je n'en ai jamais vu de plus hideux. Par exemple ses ailes sont admirables ; on dirait un réseau de la plus fine dentelle, et sa tête est ornée de quatre plumes magnifiques ; mais il a le corps velu comme celui de l'ours et les ongles crochus comme ceux du tigre.

— Ce n'est pourtant qu'un cousin de la plus petite espèce, de ceux qui, le soir, bruissent dans les airs par myriades et que le moindre souffle emporte dans les nuages. Regardez bien ce qu'il va faire ; tout petit qu'il est, c'est un animal carnassier, et, si vous ne craignez pas une légère morsure, restez immobile et laissez-le prendre son repas. Voyez-vous sa trompe qu'il promène sur votre doigt pour y chercher la place où l'épiderme est le moins épais ? il sait que sa nourriture est au-dessous. Songez-y bien, ce n'est qu'un insecte dont la morsure sera si petite que je ne saurais la distinguer avec une loupe.

— En effet, je vis l'animal incliner la tête, prendre son point d'appui sur ses grandes pattes, poser sur mon doigt sa vaste trompe, si transparente, qu'à travers je pus observer de grands dards terminés en scies comme les lances des sauvages, allant et venant jusqu'à ce qu'ils eussent entamé la peau. Aussitôt, à l'aide de sa trompe, aspirant avec rapidité, j'eus un moment la crainte qu'il ne bût tout mon sang.

— Le cousin, n'est-il pas plus féroce que le tigre ? demandai-je au docteur.

— Assurément, me répondit-il en riant, le tigre, comparé à un moucheron, est presque un agneau.

Je voulus le regarder encore, mais quelque chose de bien étrange avait pris sa place : des plantes gigantesques, des lianes grimpantes, un dédale inextricable de rameaux de toutes les formes, colorés des nuances les plus riches, depuis le carmin éclatant jusqu'au vert tendre de l'aigue-marine, des globes transparents balancés au sommet de tiges flexibles et délicates, une véritable forêt dans le creux de ma main !

— Voilà qui est admirable ! m'écriai-je.

— Vraiment ! me répondit le docteur après avoir longtemps regardé, il m'a fallu à moi, deux minutes pour distinguer le moindre objet : c'est quelque chose qui inspire ordinairement le dégoût et donne l'idée de la destruction. Que ne fait-on pas dans nos maisons pour en garantir les aliments, les murailles, les habits. Vous avez

négligé de faire peindre au printemps le linteau de votre fenêtre :
le soleil, l'humidité, en ont pourri le bois, il s'est couvert de moisissure, de lichens, une légère parcelle vient de s'en détacher, le hasard l'a fait tomber dans votre main, et vous croyez voir une immense forêt de végétaux inconnus.

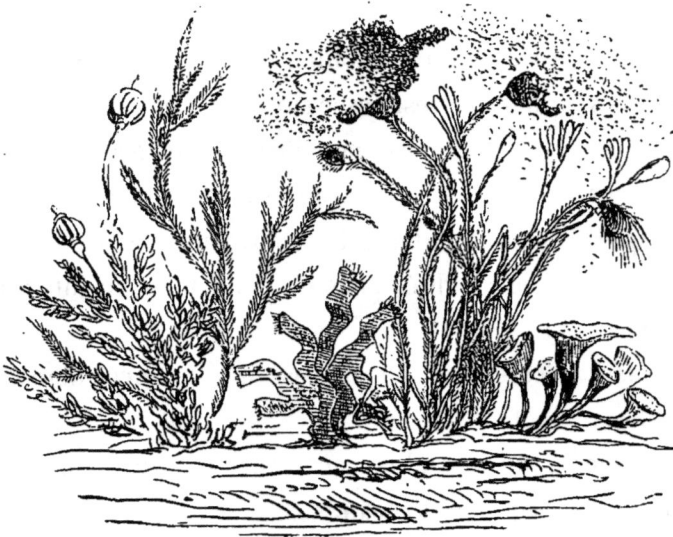

— Ce n'est pas le hasard, c'est Dieu lui-même, pour humilier
mon ignorance. Quoi ! la moisissure est si curieuse à considérer de
près ; j'étais, je vous le jure, bien loin de m'en douter.

— La moisissure, encore aujourd'hui sujet d'études sérieuses, de
patientes observations pour le botaniste, est un composé de végétaux d'une finesse et d'une fragilité si grandes, que le moindre
souffle les brise et les disperse. Ébauche primitive d'une végétation
plus complète, la moisissure est un assemblage de plantes capillaires cloisonnées, terminées par de petits réceptacles renfermant...

— Chut! taisez-vous, docteur; laissez-moi regarder.

— Et quoi donc?

— Une chose curieuse : vous savez ces petits globes dont je viens de vous parler, les voilà qui s'agitent, se tordent, s'allongent; tout est en mouvement; quel feu d'artifice! ils éclatent comme des bombes et lancent de tous côtés une fine poussière d'or et de pierreries; c'est un spectacle admirable!

— J'allais justement, reprit le docteur, vous expliquer le phénomène, quand vous m'avez interrompu.

Ces petits globes, comme je vous le disais tout à l'heure, sont des réceptacles : dès que la plante est arrivée à sa croissance, ce qui se fait en moins d'une heure, les réceptacles font explosion; il s'en échappe une poussière colorée dont chaque grain renferme le germe d'un nouvel être; cette poussière, emportée par la moindre agitation de l'air, se répand de tous côtés, et qu'elle vienne à rencontrer une pierre, un morceau de bois humide, elle s'y accroche, le germe se développe, grandit et lance sa graine à son tour, de sorte qu'en moins d'une nuit un seul grain de cette poussière pourrait couvrir de moisissure un arpent de terrain.

— Quelle fécondité!

— C'est par la moisissure que commence la série des plantes que les botanistes appellent cryptogames et qui renferme les lichens et les mousses. Si vous voulez me le permettre, en détachant un petit morceau de bois de votre fenêtre, je vais vous placer sous les yeux quelques espèces curieuses de ces dernières.

— Avant que je lui eusse donné la permission, je sentis qu'il me posait quelque chose de très-léger dans la main, et je fus aussitôt à même de considérer de nombreuses variétés de petites plantes délicates, gracieuses, du plus beau vert et du bleu le plus doux, une charmante forêt en miniature, fraîche, vigoureuse et touffue.

— Tout cela, me dit mon savant, prend racine sur de vieux morceaux de bois de la même manière que la moisissure, et se reproduit par un mécanisme à peu près semblable. Remarquez combien le nombre en est grand. Le botaniste en compte plus de douze cents espèces, car tout se classe et prend un nom dans le livre de la science, depuis ces mousses et ces lichens imperceptibles jusqu'au cèdre géant. Du pôle à l'équateur les mousses couvrent la terre des couleurs les plus vives et du tapis le plus moelleux ; insensibles au froid de l'hiver, elles sont les premières à reposer notre vue fatiguée par l'éclat de la neige ; el-

les végètent au pied des glaciers, toujours jeunes, toujours nuancées des couleurs les plus agréables, et s'avancent, toutes fragiles qu'elles paraissent, jusque sous la zone torride. Celles que vous avez dans votre main sont de la plus petite espèce. Quelles ravissantes créations que ces petites plantes si légères, si brillantes, si polies, si douces au toucher ! ne sont-elles pas partout comme un linceul vivant et gai jeté par la nature sur les débris abandonnés par l'homme ? Combien nos basiliques tant admirées perdraient de leurs beautés extérieures si ces plantes ne venaient revêtir leurs

arêtes, leurs découpures, en harmonier les teintes et cacher à nos yeux les traces blanches du ciseau de l'artiste ! Que la pierre neuve

et polie serait froide et triste, si les mousses n'y germaient bientôt pour en arrondir les angles, et les lichens pour en colorer la surface.

— Oh! si l'on savait combien une simple mousse est gracieuse, lui dis-je, que d'heures perdues ne passerait-on pas à l'observer!

— Oui, me répondit le docteur en soupirant. L'ignorant gratte et balaye sans cesse du seuil de sa maison des richesses que le philosophe ramasse avec respect, et dont l'étude le fait pleurer d'admiration.

— Mais ce n'est pas tout, docteur, je vois comme des animaux de formes étranges marcher à travers les allées de cette forêt mignonne.

— C'est que, mon cher ami, rien n'est désert dans la nature, aucune place n'est vide, et nous ne pouvons faire un pas sans écraser des peuplades immenses de petits êtres dont chacune a ses mœurs, ses habitudes, son industrie, ses amours et ses guerres. Les insectes qui vivent sous ces mousses fragiles ne sont pas encore assez petits pour être classés parmi les animaux microscopiques : ce ne sont pour la plupart que des vers, des mille-pieds et des larves.

— J'en vois un, docteur, qui grimpe avec peine au sommet d'un rameau; son corps est couvert de pierreries de toutes sortes; il a les ailes bleues, la tête rouge, le ventre vert; il brille comme une escarboucle : quel est son nom?

— Sans doute le plus petit des charançons; aussi malfaisant qu'il est gracieux de forme. C'est un animal redoutable dont la voracité peut nous réduire à la famine en dévorant nos moissons.

— Comment donc, un insecte que vous dites si petit?

— Voici pourquoi il détruit en fort peu de temps des masses énormes de blé : la femelle pond jusqu'à huit cents œufs et s'y prend d'une manière fort curieuse pour mettre sa progéniture à l'abri du besoin; elle grimpe jusqu'à l'épi, enfonce dans chaque grain une petite sonde, puis y dépose un œuf. La peau de la graine se cicatrise, le blé mûrit, la récolte se fait ; puis, aux premières chaleurs du printemps, l'œuf du charançon donne naissance à un ver imperceptible qui fait à la fois du grain de blé sa demeure et sa nourriture. Il en mange peu à peu la substance, ayant soin d'en épargner la peau ; son corps, grossissant, remplit l'espace de la farine mangée, de sorte que la graine, quoique vide, conserve sa forme ; et qu'on vienne ensuite à moudre le blé, on en retire... du son.

— Pourquoi la nature produit-elle de semblables monstres ?

Rien n'est nuisible ou même inutile dans la nature; chaque être marche, par une route tracée dès l'origine et dont il ne peut s'écarter, vers un but concourant à l'harmonie générale; chaque créature forme un anneau de la chaîne admirable et non interrompue qui s'étend depuis la parcelle de sable jusqu'à l'infini des cieux. Une seule race perdue amènerait peut-être les plus grandes perturbations sur la terre, une révolution du globe.

Tenez, il y a là-bas dans le jardin un baquet rempli d'eau de pluie, c'est tout un monde précieux à observer. Restez sur votre fauteuil, je vais l'apporter devant vous sur ce tabouret.

Pauvre ignorant que j'étais hier : je croyais tout connaître, et voilà qu'aujourd'hui, sans quitter ma place, là, dans le creux de ma main, mes yeux ont contemplé merveilles sur merveilles.

Pendant que je faisais cette réflexion, mon docteur apporta le baquet, et comme il penchait la tête pour le poser sur le tabouret, je vis une partie de sa figure; elle me fit horreur. Si la belle Hélène, lui dis-je, avait eu le nez aussi velu et aussi raboteux que le vôtre, la bouche aussi large et les dents aussi longues, je doute que la ville de Troie eût été réduite en cendres à cause de sa beauté.

— La beauté n'est certes qu'une illusion, car Hélène avait sans

doute aussi la peau écailleuse et parsemée de trous, les cheveux creux
et tordus, le visage couvert de poils ; mais elle semblait belle à Pâris,
à qui la nature de sa vue ne permettait pas d'apercevoir les vallées
profondes creusées sur ses joues. Si nous possédions tous des yeux

microscopes, que deviendrait pour nous le sentiment du beau ? Incapable de saisir l'ensemble des choses, la pureté des lignes, l'harmonie des formes, l'opposition des couleurs, les jeux de la lumière ;
ne pouvant nous attacher qu'aux détails, nous ne verrions dans la
plus belle statue qu'une agrégation monstrueuse de cristaux de
marbre, et dans nos semblables que des montagnes mouvantes. Ne
pouvant nous apercevoir nous-mêmes que par petites parties à la
fois, nous en serions encore réduits aux conjectures sur la manière
dont nous sommes construits. Les jouissances de la vue, loin de
s'étendre jusque dans les cieux, seraient toutes confinées dans la
contemplation de petits êtres impalpables que nous briserions en
les voulant toucher, et nous discuterions s'il est vrai qu'il existe un

soleil, une terre, de grands animaux et des arbres. Hors cette classe, nommée microzoaire, nous ne connaîtrions rien, et nous serions peut-être devant une simple rose sans plus d'idée de son ensemble qu'une fourmi en présence d'une des pyramides d'Égypte.

Si nous conservions sur la terre notre position verticale, ne distinguant rien à nos pieds, nous serions comme perdus dans un brouillard épais. Il faudrait pour voir quelque chose marcher sur les mains et raser le sol. Nous mettrions une heure pour parcourir des yeux un cailloux gros comme le poing; et au lieu de nous demander s'il est des mondes encore au-dessus des étoiles, nous ne saurions de quel flambeau lointain la lumière du jour nous arrive.

Pendant que mon ami parlait, je me mis à jeter les yeux sur le mystérieux baquet.

Puis-je nommer baquet un lac incommensurable, une mer sans fond parsemée d'îles, de récifs, de continents renfermant des plantes extraordinaires, des milliards d'animaux transparents, fantastiques, monstrueux, sillonnant en tous sens ces îles et cet océan; des salamandres, des serpents, des dragons, se livrant des batailles acharnées, se tuant les uns les autres, se heurtant avec une telle force que, me croyant au milieu de démons enragés, j'étais étonné de ne rien entendre et de ne pas me sentir dévoré?

Le vertige me prit, je voulus me sauver.

Croyez-vous embrasser à la fois et d'un seul coup d'œil les profondeurs et les détails de cet abîme, quand une seule parcelle, grosse comme une tête d'épingle, vous fournirait un jour d'observations? Restez tranquille, donnez-moi votre doigt, que je le trempe dans l'eau. Là, je n'ai fait qu'effleurer la surface, regardez maintenant.

J'eus à peine fixé mes yeux sur mon doigt, qu'un spectacle aussi nouveau qu'intéressant absorba toute mon attention.

— Procédons par ordre, me dit le docteur, nos observations en seront plus claires et moins longues en même temps.

— Pardon, mon ami, mais quelle est donc cette baleine qui va sillonnant mon doigt et dévorant tout sur son passage ?

— Nous y reviendrons tout à l'heure ; encore une fois, taisez-vous et laissez-moi vous guider dans ce nouveau monde où vous ne connaissez aucune route. D'abord, ne voyez-vous pas de petits globules transparents qui se meuvent avec vivacité?

— Oui, parfaitement, et quand ils se rencontrent ils se collent l'un à l'autre jusqu'à trois ou quatre.

— Ces globules, mon ami, sont pour ainsi dire les premiers corps chez lesquels la vitalité se manifeste ; aussi les appelle-t-on *monades*. Un mouvement circulaire et de progression, voilà les seuls signes auxquels on peut reconnaître qu'ils vivent. Vous voyez que leurs fonctions se réduisent à bien peu de chose.

— Et leurs plaisirs, lui dis-je, sont donc de tourner sans cesse ?

— C'est au moins leur unique occupation jusqu'à ce qu'ils aient rencontré un de leur camarade avec lequel ils se confondent pour former un animal plus complet. Alors on distingue un canal dans toute l'étendue du corps, et la nutrition commence à s'opérer.

Regardez avec attention et vous ne tarderez pas à observer le phénomène dont je vous parle.

— C'est peut-être, dis-je aussitôt en prenant l'air grave d'un homme qui vient de trouver tout à coup la solution d'un important problème ; c'est peut-être par l'agrégation successive de semblables globules que se sont formés, avec le temps, les êtres les plus compliqués dans leurs fonctions !

— Cela pourrait tout au plus être vrai, me répondit le docteur, pour quelques espèces de plantes dont les organes sont très-simples ; mais dès qu'il s'agit seulement d'un puceron, votre idée devient ridicule. Au reste ce fut l'opinion d'un grand nombre de matérialistes peu instruits ; et cela me rappelle un certain savant hollandais, dont le nom m'échappe en ce moment, qui parcourait un jour les rues de

Rotterdam, un microscope à la main, en criant, comme Archimède,
je l'ai trouvé, je l'ai trouvé ! — « Quoi donc ? lui demanda un cordonnier. — Le secret de la création ! — Vraiment ? »

Et comme s'il avait affaire à un académicien : « Vois-tu, lui dit-
il, le premier homme n'est pas l'œuvre de Dieu ; c'est la réunion
d'animalcules produits eux-mêmes par la pourriture des végétaux.
Un noyau s'est formé d'abord, autour duquel ensuite se sont accrochés d'autres animalcules. La tête est devenue visible, les bras se sont
allongés, le cœur a battu, et l'enfant s'est mis à crier ! — Mais, repartit le cordonnier, qui donc aurait nourri et enveloppé de lan-
ges ce chétif enfant ? »

Le savant laissa tomber son microscope.

— Grand merci de la leçon, docteur.

Je vous disais donc que les monades, reprit Sam, sont les plus
petits des êtres que nous connaissions ; elles roulent continuellement sur elles-mêmes et finissent par s'agréger plusieurs ensemble
pour former un animal arrondi qu'on appelle *volvox*. Le volvox pos-

sède jusqu'à quarante estomacs, dont les fonctions sont très-visibles à travers son corps transparent; il passe sa vie à tourner et à manger. C'est le plus joyeux gastronome du monde invisible, mais c'est aussi celui dont la vie est le plus éphémère. Moins d'une heure lui suffit pour naître, croître, manger, produire dix générations, tourner et mourir.

— Je voudrais savoir, demandai-je, si ces animaux voient que nous les examinons, et quelle idée ils peuvent se faire de notre masse.

— S'il nous faut une loupe pour les apercevoir, il leur faudrait, à eux, un énorme télescope pour distinguer quelque chose hors de leur goutte d'eau; leur univers finit là, et ils ne se doutent certes pas qu'un œil humain les considère.

J'entendais à peine le docteur, tant j'étais occupé à considérer cinq ou six *volvox* dont les manœuvres bizarres avaient captivé toute mon attention.

Comme une foule d'autres espèces, ces animaux affectionnaient sur mon doigt une place distincte qu'ils parcouraient toujours en tournant sur eux-mêmes et sans jamais en sortir. Cette place, assez petite pour que la tête d'une forte épingle pût la couvrir tout entière, n'en était pas moins pour eux un vaste pays. Ils y naissaient, y passaient leur vie à tourner, manger, dormir, et, vieillards d'un instant, y terminaient paisiblement leur carrière. C'était leur véritable patrie.

On va voir que dans le monde microscopique, comme dans le nôtre, il y a des êtres insatiables, curieux et hardis qui, non contents du sol où ils sont nés, et sur lequel ils pourraient jouir d'une heureuse existence, veulent savoir ce qui se passe au delà.

Les cinq ou six volvox dont je viens de parler gesticulaient avec une agitation morale visible, paraissant tout occupés de quelque grande chose. Dès qu'ils rencontraient un confrère, ils l'arrêtaient et semblaient avoir avec lui une conversation très-animée : ce qu'ils

lui disaient, je ne pouvais l'entendre, mais, à coup sûr, il s'agissait
de l'enrôler, car la nouvelle recrue ne manquait jamais de se join-
dre à eux. Longtemps je les vis répéter cette manœuvre, et la
troupe devint à la fin considérable. Ces préparatifs piquaient singulièrement ma curiosité ; je me demandais quel en serait le but, et
je les suivais des yeux avec cette attention mêlée de surprise que
doivent naturellement inspirer des marques d'intelligence de la
part d'êtres si petits que plus d'un mille ne sauraient être visibles
pour d'autres yeux que les miens, à ce que m'avait dit le docteur.

Tout d'un coup ils se formèrent en bon ordre, puis, comme au
signal d'un chef, partirent tous ensemble, en tournant sur eux-
mêmes avec rapidité. Alors je crus comprendre qu'ils entreprenaient
un voyage de découverte sur le bout de mon doigt, comme nous-
mêmes, volvox d'une nature plus grande, nous nous hasardons sur
l'Océan.

Je vis donc mes volvox, quittant leur patrie, s'aventurer tous ensemble à travers des parages inconnus avec les précautions et la
prudence de nos navigateurs.

Leur première station fut une île assez éloignée, de magnifique
apparence, toute verdoyante et parsemée d'oasis délicieuses.

— De quoi se composent les îles microscopiques? dis-je alors au
docteur.

— Peut-être d'un grain de sable, répondit-il, peut-être d'une
diatomée.

— Qu'est-ce qu'une diatomée ?

— Les diatomées sont de petits corps, visibles seulement au
microscope et qui semblent appartenir à la fois au règne végétal
et au règne animal. Sont-ce des silices de plante? sont-ce des
carapaces d'êtres infusoires? on n'en sait rien, hélas ! Mais attendez que j'y regarde de plus près.

— Non assurément, repris-je, ce corpuscule n'est point une diatomée, car il a l'aspect de nos prairies, et, d'ailleurs, elle flotte à la surface, tandis qu'un grain de sable ou une diatomée iraient au fond.

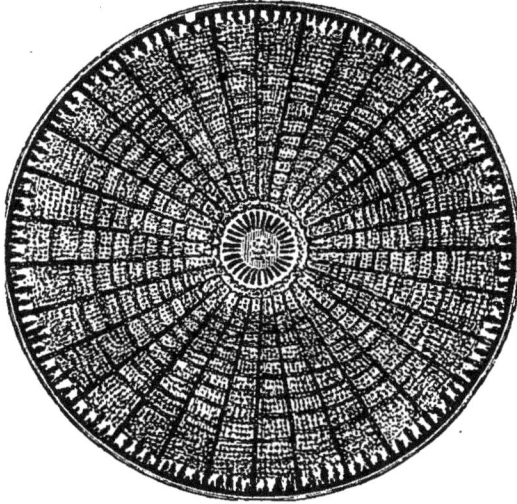

— Alors c'est quelque plante de la famille des algues, de l'espèce que l'on nomme *conferve*.

— Mais je ne leur vois point de racine.

— Justement, les conferves n'en ont point : on les distingue à la surface des eaux comme une espèce d'écume, le plus souvent verte, mais quelquefois d'un beau rouge ou d'un jaune d'or éclatant. Ces plantes se composent de filaments capillaires dans lesquels circule la matière colorante et croissent avec une rapidité incroyable. Quand la mare où elles végètent se dessèche, elles se réduisent en poussière, le vent les emporte et leur fait parcourir ainsi des distances énormes ; puis, si l'air reprend son calme, elles retombent, et, dès qu'une parcelle vient à rencontrer un peu d'eau tranquille, elle recommence à y vivre et multiplie ses rameaux à l'infini.

— En effet, mon île s'agrandissait à vue d'œil.

— Je ne vois pas celle que vous avez sur le doigt, reprit le savant, parce qu'elle est de la plus petite espèce, mais il en est une qu'on nomme le *fucus géant*, dont les rameaux, n'ayant pas moins de soixante mètres, se croisent et se mêlent avec tant de profusion dans les eaux tranquilles des mers équatoriales, qu'ils arrêtent la marche des vaisseaux, souvent des mois entiers, et sont presque aussi dangereux que les banquises des pôles. Ainsi, comme vous voyez, l'infiniment petit touche à l'infiniment grand par des rapports de conformation et des analogies frappantes : les algues sont proportionnées aux petites sources qu'elles recouvrent comme au vaste océan sur lequel elles étendent leurs redoutables rameaux.

Aussitôt il me vint à l'esprit que mes volvox, enlacés dans les mille filets de cette plante, avaient à lutter contre le péril imminent dont parlait le docteur. Les imprudents, attirés sans doute par le délicieux aspect de cette forêt flottante, s'y étaient presque tous accrochés comme les moucherons sur la toile d'une araignée.

Grâce à leur persévérance, je dirais presque à la sagacité de leurs manœuvres, la plupart sortirent sains et saufs de la conferve, mais plusieurs cependant y périrent victimes de leur imprévoyance et maudissant peut-être le fatal instinct qui les avait poussés à quitter leur pays.

Je vis ensuite ceux qui restaient poursuivre leur proie, la cerner, rétrécir le cercle qu'ils formaient autour d'elle, et faire enfin leur repas d'animaux à peine visibles, qu'ils avalaient avec voracité. Ce repas eut pour moi tout l'attrait d'une chose nouvelle et fantastique. A travers leur corps, aussi transparent que le cristal, j'apercevais les aliments passer du premier estomac dans le deuxième, et ainsi de suite, jusqu'au quarantième, avec une promptitude inconcevable.

Après ce singulier repas, ils continuèrent à explorer cette mer sillonnée par des milliers de monstres qu'ils évitaient avec prudence, ayant à leur tête comme des éclaireurs auxquels ils avaient confié sans doute les destinées de l'expédition.

Que d'écueils, que de périls de toute espèce pour mes infortunés voyageurs dans cette incommensurable goutte d'eau! Qui pourrait apprécier les difficultés sans nombre de leur audacieuse entreprise, s'il n'avait vu comme moi le plus léger mouvement de la main, changeant tout à coup le niveau de leur océan, submerger les îles, mettre à découvert des abîmes profonds, où souvent un grand nombre trouvaient la mort, et déterminer des courants rapides qui les entraînaient pour ainsi dire d'un bout du monde à l'autre? A peine eurent-ils échappé aux perfides réseaux de la conferve, que je vins, par malheur, à respirer sans prendre le soin de détourner la tête, pour eux ce fut comme un ouragan terrible qui détruisit sur son passage volvox, montagnes, îles et continents. Les trois quarts de la troupe en perdirent la vie.

Puis, à quelque temps de là, comme mes voyageurs, restés immobiles, me semblaient occupés à je ne sais quelle observation hydrographique, un rocher colossal vint à tomber au milieu d'eux. Combien il en écrasa dans sa chute, et de quelle terreur il dut frapper ceux qu'il avait épargnés! Quel épouvantable aérolithe!

Les premiers moments de terreur passés, mes volvox se mirent à faire le tour du monolithe pour en reconnaître les dimensions et la nature; puis, après une longue conférence, du moins à ce qu'il me sembla, trois d'entre eux, les plus intrépides sans doute, ayant reçu la mission de le gravir, se mirent en devoir d'exécuter leur mandat.

L'ascension du Cotopaxi fut certes moins pénible à M. de Humboldt que celle de ce rocher pour les trois physiciens du monde invisible. L'air, ou plutôt l'humidité, leur manquant à mesure qu'ils s'élevaient, je les vis perdre insensiblement leur vigueur et ne se traîner qu'à grand'peine le long du rocher. Enfin, après bien des fatigues, deux des volvox, ayant perdu tout espoir de réussir, se déterminèrent à replier leurs pattes et à se laisser rouler jusqu'en bas, abandonnant ainsi le troisième à sa malheureuse étoile. L'infortuné fit encore quelques pas, puis mourut avant d'arriver au sommet, et les volvox, ayant alors jugé impossible l'ascension de la montagne, gagnèrent le large.

Qu'était donc cette montagne? un simple grain de poussière, à ce que le docteur m'avait appris.

S'il fallait raconter les nombreuses vicissitudes de ce long voyage, je remplirais un volume; mais une foule d'événements, bien que des plus graves pour les volvox, offriraient peu d'intérêt au lecteur, aussi me contenterai-je de raconter seulement deux circonstances remarquables où je tremblai beaucoup pour la vie de mes argonautes en miniature; je veux parler de deux peuplades cruelles, à travers lesquelles ils essayèrent de s'ouvrir un passage.

La première vivait sur le bout de mon doigt, vers cette partie délicate à laquelle les anatomistes ont donné le nom de *chorion*. C'étaient des animaux de la forme des anguilles, très-voraces, d'une grande souplesse et gros au moins comme quarante volvox. Mon premier soin fut de les décrire au docteur dans tous leurs détails, afin qu'il pût me les nommer.

— Ce sont vos baleines de ce matin, me dit-il; on les appelle

*vibrions.* Il est bien rare d'en rencontrer dans l'eau, mais le vinaigre en fourmille ordinairement.

— Comment! m'écriai-je, il y a des êtres qui peuvent vivre dans le vinaigre?

— Ce liquide, reprit-il, est quelquefois tellement rempli de vibrions, qu'il en est obscurci. D'anciens chimistes ont même été jusqu'à prétendre que ces animaux, en s'insinuant sur les papilles nerveuses de la langue, causaient seuls cette sensation presque douloureuse que l'on nomme saveur acide; mais c'est une théorie absurde que la chimie moderne n'a pas eu de peine à renverser.

Je n'écoutais plus le docteur, car, depuis quelques instants, la bataille était engagée entre les volvox et plusieurs vibrions. Les premiers étant plus nombreux, et, à ce qu'il me parut, plus intelligents, je ne doutais pas qu'ils ne remportassent une victoire complète; mais il en fut bien autrement quand je vis le nombre des vibrions augmenter dans une proportion effrayante, sans que je pusse comprendre de quelle partie de mon doigt les renforts leur arrivaient.

Mon étonnement fut remarqué du docteur.

— Les volvox, me dit-il, auraient mieux fait de laisser ces animaux tranquilles, car les vibrions trouvent dans les blessures qui leur sont faites un moyen prompt de réparer leurs pertes et même de centupler leurs forces : la nature leur a donné la faculté singulière de se multiplier par tous les points de leur corps, et, chaque fois qu'un volvox blesse un de ses ennemis, il doit sortir de la plaie une grande quantité de vibrions.

— Oui, m'écriai-je, quelle merveille! j'en vois sortir des centaines par toutes les blessures. O malheureux volvox, à quels démons avez-vous affaire! A peine mis au monde, ils semblent animés d'une fureur belliqueuse et se battent avec plus d'acharnement encore que les autres.

On concevra sans peine combien il était impossible de vaincre d'aussi redoutables ennemis. Les têtes de l'hydre repoussaient à mesure que l'une d'elles était tranchée, mais il suffit à Hercule de les abattre toutes d'un coup pour vaincre le monstre, au lieu que là, des centaines d'ennemis sortaient de chaque cadavre, plus petits, il est vrai, mais aussi plus agiles.

En pareil cas, la fuite ne peut être considérée comme une action lâche, et ce fut le sage parti que les volvox, affaiblis par des pertes nombreuses, se déterminèrent à prendre.

Ici je passe sous silence une foule d'accidents, tels que de nouveaux grains de poussière, de nouvelles conferves, je dirai même des maladies épidémiques (car j'en vis périr un grand nombre sans qu'aucune cause extérieure m'eût paru déterminer leur mort), et j'arrive à la seconde rencontre.

Elle eut lieu à peu de distance de mon ongle, sur l'endroit où s'arrêtent les sillons parallèles de la peau et où commence une surface plus unie, les pores étant infiniment moins apparents.

Ces parages étaient habités par une peuplade d'animaux ayant la forme de crabes, armés de pinces et de longues antennes, mais si

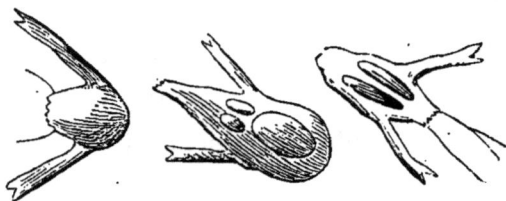

petits que cinq ou six ensemble égalaient à peine un volvox. L'avantage de mes voyageurs était de tomber sur eux à l'improviste et de les étouffer sans leur donner le temps de se servir de leurs griffes. Aussi, chacun ayant choisi sa victime, ils fondirent sur la peuplade tous ensemble et du plus vite qu'il leur fut possible.

Mais quelle ne fut pas ma surprise quand je vis leurs ennemis, changeant tout à coup de forme, devenir tous éléphantiques et écra-

ser de leur masse un nombre prodigieux de volvox! J'avais à peine
eu le temps de saisir cette singulière transformation que les élé-
phants disparurent pour faire place à des serpents agiles, lesquels
aussitôt se mirent à la poursuite des volvox avec une grande vitesse.
Dès que les derniers furent atteints, je ne vis plus de serpents, mais
des scorpions hideux et redoutables.

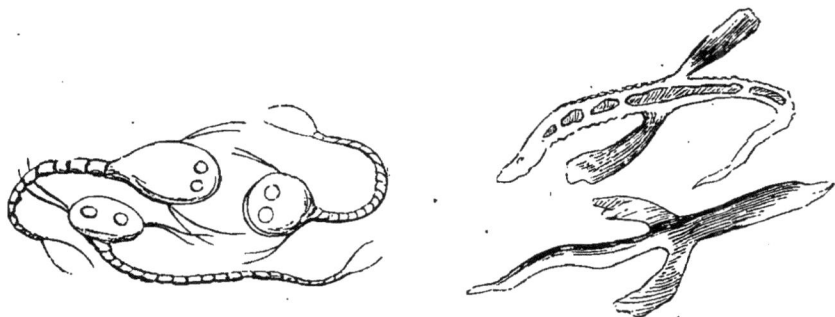

Je me hâtai de raconter au docteur ce dont j'étais témoin, lui
demandant avec impatience de m'expliquer la cause de ce curieux
phénomène.

— La raison de ces transformations, me dit-il, est et sera peut-
être toujours un problème pour les micrographes. Le savant Müller,
pour lequel ces animaux furent longtemps un sujet d'étude, les a
souvent vus grossir instantanément, se rapetisser presque aussitôt,
se hérisser de piquants et prendre la forme arrondie d'une baie de
châtaigne, puis ensuite devenir de longs reptiles ; tout cela en
quelques minutes, et sans qu'il ait jamais pu saisir la cause de
ces singulières transformations. Aussi se contente-t-il de les décrire et de les consigner dans son livre intéressant sous le nom de
*Protée.* La nature, qui ne fait rien vainement, a songé sans doute,
en leur donnant cette étrange faculté, aux ennemis plus forts qu'ils
auraient à combattre.

— Ce qu'il y a d'étonnant, lui dis-je, c'est que ces changements divers paraissent s'effectuer sous l'influence de leur volonté, car ils ont su fort à propos devenir énormes pour écraser leurs agresseurs, prendre la forme du serpent pour les poursuivre, et dès qu'ils les eurent atteints devenir des scorpions pour les blesser plus aisément.

— Cette opinion me semble très-douteuse, reprit le docteur, mais il vaut encore mieux l'adopter que de croire ces transformations dues au simple hasard.

Malgré tout l'avantage des protées sur les volvox, ces derniers, plus intelligents et meilleurs tacticiens, ne tardèrent pas à leur faire un mauvais parti et à les forcer de livrer le passage. Il est inutile d'ajouter que les volvox firent un splendide repas des victimes laissées sur le champ de bataille.

Après bien des luttes acharnées, des combats sans nombre et un temps que je puis évaluer à plusieurs années des leurs, une trentaine des plus robustes, amaigris par de longues privations, arrivèrent enfin à moitié morts au bord supérieur de mon ongle, là où leur monde finissait.

J'en étais à me perdre à travers mille hypothèses bizarres, quand trois bateaux à vapeur passèrent sous mes yeux, bouleversant la mer de leurs vannes rapides et noyant dans des flots d'écume mes infortunés voyageurs ; il était écrit que ces malheureux ne reverraient jamais leur patrie.

Sans mon savant, qui me retint le bras, j'allais, de surprise, anéantir mon univers en battant des mains.

— Eh ! mon Dieu, que voyez-vous ? demanda-t-il, ne concevant rien à mon enthousiasme.

— Des bateaux à vapeur ! m'écriai-je ; et comme je reportais mes yeux sur mon doigt, craignant qu'ils ne fussent déjà loin, je ne vis plus qu'une grande ombre projetée sur la mer par une immense montagne.

— Maintenant, repris-je, il n'y a plus qu'une espèce de Chimborazo qui me cache tout le reste.

— Où donc ?

— Là, et j'allongeai l'index de la main gauche avec tant de rapidité que mon ongle alla donner contre le roc, auquel il fit une large entaille. Aussitôt j'aperçus comme un cratère, et un flot de laves s'en étant échappé, le docteur poussa un léger cri, puis la montagne disparut.

— Étourdi que vous êtes, murmura mon savant, vous venez de me faire bien mal.

— Comment donc?

— Pendant que je penchais la tête pour voir ce qui vous causait tant de surprise, vous m'avez égratigné le nez.

— Hélas ! pauvre microscope, j'avais pris pour un Chimborazo le nez de mon ami, et la plus petite écorchure me semblait un cratère d'où ruisselaient des laves enflammées. La honte me rendait stupéfait.

— Je voudrais bien savoir, reprit le docteur après avoir essuyé la gouttelette de sang que mon ongle avait fait jaillir de son nez, je voudrais bien savoir ce que vous entendez par vos bateaux à vapeur.

— Ce sont, lui répondis-je, des espèces de machines à roues qui sillonnent mon doigt en tous sens avec une vélocité prodigieuse, et comme elles sont transparentes, je distingue parfaitement les diverses pièces qui les composent.

— Votre imagination, ma dit le micrographe, prête à ces petits êtres une forme et des fonctions qu'ils n'ont pas en réalité, car...

— A coup sûr, dis-je en l'interrompant, ils ont de chaque côté une roue dont les palettes refoulent le liquide comme celles des bateaux à vapeur.

— Du tout, reprit-il ; ce sont des animaux curieux que Ehren-

berg, le plus patient des observateurs, a nommés *vorticelles rotifères*, justement à cause des prétendues roues que l'œil croit apercevoir de chaque côté de leur corps ; mais ce ne sont que leurs
pattes.

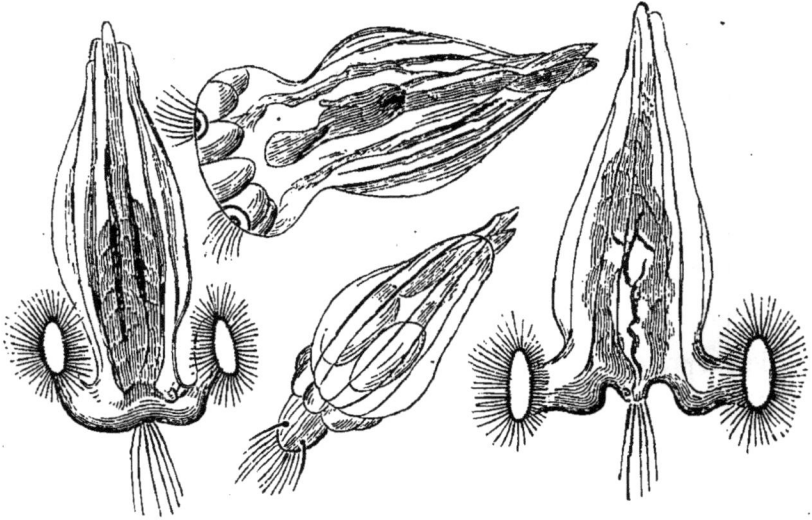

— Plus je les regarde et plus je demeure persuadé que ce sont
des roues.

— Vos yeux vous trompent.

— Non, non, c'est vous qui avez tort.

— Oh ! que c'est bien là l'entêtement de l'ignorance!

— Vous parlez en homme qui croit tout savoir et ne sait rien.

Alors une vive altercation s'engagea entre nous deux. Le docteur s'emporta. Il était évident qu'il m'en voulait encore de la blessure que je lui avais faite au nez, car il ne cessait de répéter que
le genre humain serait bien à plaindre si seulement deux ou
trois mille personnes étaient atteintes d'une maladie semblable à
la mienne.

— Je ne suis pas malade, lui dis-je enfin impatienté. Vous vous
servez, pour caractériser mon état, d'une expression tout à fait

fausse et surtout peu philosophique. Loin d'être altérée, comme vous semblez le prétendre, ma vue depuis hier s'est perfectionnée d'une façon miraculeuse. La maladie ne consiste pas, je crois, à rendre l'organe qu'elle attaque plus sensible et plus délicat, son action au contraire n'est-elle pas de l'affaiblir, de le faire tomber en langueur plutôt que d'y apporter un surcroît de vie ? Or, la puissance perceptive de mes yeux est au moins cent mille fois plus considérable qu'elle ne l'était hier, et loin de le traiter de maladie, je considère ce changement comme une perfection. Si mes organes devenaient tout aussi sensibles que mes yeux, je serais à coup sûr l'être le mieux doué, le chef-d'œuvre de la création. Aucun des mystères de cette nature encore si peu connue, aucun de ses phénomènes insaisissables à nos organes émoussés ne serait un secret pour moi. Déjà mes yeux voient la monade, en dissèquent les muscles fibre à fibre, la surprennent dans toutes ses fonctions vitales ; de mon fauteuil j'entendrais la voix de tous ceux qui parlent à la surface du globe, en même temps que le bruit des mondes roulant dans l'espace et peut-être même ces divines harmonies dont nous parlent les livres saints. Je sentirais les émanations que répandent toutes les plantes, depuis celles qui croissent au fond des vallées jusqu'à celles qui s'épanouissent dans les nuages au sommet des montagnes. Je toucherais l'air, les vapeurs, l'électricité, la lumière, le magnétisme, les couleurs ; alors, possédant l'arbre de la science, j'abandonnerais la voie de l'hypothèse et du doute pour celle de la certitude, je lirais à livre ouvert dans la nature, et le seul problème que l'on pût me proposer serait d'en trouver un que je ne fusse capable de résoudre !

— Vous mériteriez, me dit le docteur avec colère, que Dieu vous prit au mot pour toutes les sottises dont vous venez de révolter ma raison. Dans tous les temps il s'est trouvé des hommes assez fous pour renverser par la pensée l'ordre admirable des choses ; des soi-disant philosophes affirmant dans leur orgueilleuse ignorance que l'homme serait plus heureux s'il possédait quatre mains ou bien si les prairies étaient rouges et le ciel noir : mais vous dépassez ces blasphémateurs par vos absurdes idées sur la perfection des sens.

— Comment! lui répondis-je, étonné qu'il ne fût pas de mon avis; si je possédais cette admirable sensibilité, je n'acquerrais pas des connaissances universelles ! je n'aurais pas des plaisirs infinis?

— Mais vous seriez un monstre! s'écria-t-il avec indignation, la plus malheureuse et surtout la plus ignorante créature du monde, un être ébauché ou décrépit plus voisin de la pierre que de l'animal, moins qu'un algue ou qu'un ciron, si peu de chose que vous ne pourriez vous faire horreur à vous-même, car vous ne penseriez pas.

Et s'il faut des raisons pour vous convaincre, ajouta-t-il en se calmant un peu, je vais vous supposer un moment doué ou plutôt affligé d'une organisation telle que vous semblez la désirer. Pour vous donner le champ vaste et pour que rien n'interrompe le cours de vos jouissances, je vous place par une nuit bien calme dans une campagne déserte et silencieuse; vos sens possèdent tous cette sensibilité excessive dont vous venez de faire une si belle peinture. D'abord vos oreilles saisissent des bruits tellement fugitifs que la circulation du sang dans les artères de votre cerveau vous produit à peu près l'effet de la chute du Niagara; c'est pour vous un bruit assourdissant que rien n'interrompt. Vous voilà réduit à n'entendre que les battements de vos artères, si toutefois le bourdonnement d'un moucheron ne vient pas vous en empêcher, car un bruit fort en absorbe un plus faible. Ce n'est pas tout : vos doigts, qui palpent le magnétisme, rencontrent par malheur la terre sur laquelle vous êtes couché ; quelle épouvantable sensation! la douleur vous fait

jeter un cri; ce cri est pour vous l'explosion d'une mine, quelque
chose d'infernal ; votre sensible tympan ne peut le supporter, il se
déchire; vous devenez sourd en même temps que vos doigts lacérés
vous causent une angoisse insupportable. Cependant le jour commence à poindre, déjà vous clignez les paupières : le soleil se lève,
et vos yeux, qui distinguent les mollécules de l'air, rencontrent un
rayon de lumière. Avant que la douleur vous ait averti de les fermer,
ce rayon les brûle, et si vous croyez posséder encore l'odorat et le
goût vous êtes dans une profonde erreur. En même temps que vous
devenez sourd et aveugle les émanations auxquelles vous attachez
tant de prix vous causent des vertiges, l'odeur d'une violette vous
donne des spasmes, que sera-ce si une sauge ou quelques tiges de
romarin croissent auprès de vous ! Vous éternuerez sans interrup-
tion jusqu'à ce que votre odorat ait enfin perdu la sensibilité. Maintenant comment trouver votre nourriture ? nos aliments ne seront-
ils pas tous trop acerbes pour votre palais délicat ? et d'ailleurs,
sourd, aveugle, privé de l'odorat et du toucher, que ferez-vous pour
vous nourrir ? Croyez-vous résister longtemps aux ennemis qui vous
assiégent de toutes parts ? Non, mon cher philosophe, votre vie et
votre mort se confondant en un même acte, vous ne seriez pour
ainsi dire pas sorti du néant.

Voilà le tableau fidèle des jouissances que vous seriez à même
d'éprouver

Vous voyez bien que vous êtes malade, car si je n'avais le soin
depuis tantôt de fermer vos volets à mesure que le soleil s'avance
sur l'horizon, il y a bien longtemps que vous seriez atteint de cécité.

Pauvre fou, qui voulez reconstruire et perfectionner tout ce que
le Créateur a si bien fait !

— Que voulez-vous, repris-je, l'espèce humaine est féconde en
systèmes et ses désirs n'ont point de bornes.

— Oui, dit le docteur, mais le sage doit se contenter d'admirer la nature et de courber son front devant la puissance de Dieu. Dans l'univers tout est à sa place, et chaque être merveilleusement créé pour remplir les fonctions auxquelles il est appelé, ne pourrait sans périr s'écarter de cette loi d'harmonie qui gouverne tout.

Mon savant philosophe, qui s'évertuait à m'écraser de sa logique, aurait sans doute encore parlé longtemps si je ne l'eusse interrompu par un profond soupir de douleur.

— Hélas ! lui dis-je, vos belles paroles ont causé la mort à plusieurs centaines de créatures innocentes qui ne vous ont jamais fait de mal. Combien de cadavres maintenant étendus sur mon doigt, quel cataclysme épouvantable notre discussion vient de faire peser sur tout un monde : la mer est desséchée !

— Vous prenez en souci, mon cher astronome, reprit le docteur, ces petits animaux, et vous ne songez pas que d'un seul de vos mouvements vous en écrasez par milliers, car il y en a partout, dans l'eau, dans l'air, sur vos meubles, vos habits, votre peau et jusque dans votre corps.

En effet, de quelque côté que je retournasse mes yeux, j'en voyais des myriades voltiger dans l'air.

— Ne serait-ce pas, demandai-je timidement, à certains animaux vénéneux assez petits pour nager dans l'atmosphère que nous devrions nos maladies épidémiques ?

Cette fois je n'eus pas à me repentir de ma question, car le docteur était à peu près de mon avis.

— Il n'y aurait rien d'impossible à cela, me répondit-il, bien que les micrographes n'aient point encore confirmé cette hypothèse par l'expérience. Ne voit-on pas les épidémies, telles que la fièvre jaune et le *vomito*, régner justement dans les contrées chaudes, voisines de grands marécages, où doivent multiplier d'une manière inouïe les animaux microscopiques. Nos chimistes reconnaissent dans l'air

22

une matière animale qui pourrait bien n'être autre chose que le résultat de la décomposition d'animalcules répandus dans le fluide qu'ils analysent.

D'ailleurs ne sait-on pas déjà que certaines maladies de peau, telles que la gale, par exemple, sont occasionnées par des animaux visibles seulement au microscope?

— Comment! lui dis-je étonné.

— Oui, mon cher astronome, un petit animal qu'on appelle *acarus*, horriblement laid à voir, vient sur la peau, s'y creuse une habitation, se nourrit de notre substance, ne tarde pas à y multiplier d'une effrayante manière, couvre bientôt le corps entier, et, alors, on est atteint de l'affreuse maladie que l'on nomme la gale. Vous devez comprendre maintenant que, si vous touchez un malade, plusieurs de ces animaux pourront passer de lui sur vous. Voilà pourquoi la maladie est contagieuse, car en moins de trois jours...

— Ne parlez plus de cela, lui dis-je en l'interrompant; depuis un moment il me prend des terreurs mortelles toutes les fois que je vois passer quelque animal dans l'air. Il y en a partout des quantités innombrables, et je ne puis comprendre comment je ne suis pas assourdi par leurs bourdonnements et meurtri de leurs coups.

— C'est que vos organes ne sont pas assez *perfectionnés*, se hâta de répondre le docteur avec ironie.

— Vous êtes impitoyable, repris-je, mais je vous pardonnerai si vous voulez remettre dans ma main un peu de l'eau merveilleuse du baquet, j'espère y rencontrer encore des bateaux à vapeur.

— Il est inutile d'en chercher d'autres, dit mon savant; voyez-vous ce que je vous mets sous les yeux?

— Oui, c'est le paratonnerre de ce matin, au bout duquel il y a un peu d'eau, où nagent un grand nombre de poissons; mais je n'y aperçois pas de bateaux à vapeur.

— Patience, mon cher ami, cette aiguille est la baguette magique dont je me servirai pour rendre la vie à nos *rotifères*. L'eau qui s'y trouve suspendue n'a pourtant rien de magique, puisque je l'ai prise dans votre carafe.

— Comment! il y a des poissons dans ma carafe?

— Oui, certes, mon ami, on en compterait, j'en suis persuadé, plus de vingt espèces différentes.

En disant ces mots il laissa tomber une goutte sur le bout de mon doigt.

— O merveille!

Les rotifères avaient recommencé leurs évolutions comme avant notre dispute; j'en demeurais tout pétrifié.

— Je ne me vanterai pas de les avoir ressuscités, dit le docteur, mais, puisque sur ce point comme sur tant d'autres, vous êtes d'une complète ignorance, je vous apprendrai qu'une *vorticelle rotifère* peut, quand on la dessèche, se réduire à l'état de pulpe inerte et racornie, rester ainsi des mois, des années, des siècles peut-être, puis, au bout de ce temps, qu'une goutte de pluie tombe sur elle, elle sortira de sa léthargie, ses nerfs reprendront leur sensibilité, et elle continuera de vivre jusqu'à ce qu'un rayon de soleil vienne encore dessécher son lac et la faire entrer dans un sommeil voisin de la mort.

— De sorte, demandai-je, qu'un de ces animaux peut exister depuis le commencement du monde sans avoir réellement vécu?

— Sans doute, si dès sa naissance le soleil a desséché l'eau dans laquelle il commençait à nager, et si depuis ce temps aucune particule humide n'est venue lui rendre la vie.

A peine achevait-il ces paroles qu'un animal si gros que j'en voyais tout au plus la tête, vint se poser sur mon doigt, étendit sa trompe hideuse et engloutit en un clin d'œil toute la population des ressuscités. Le docteur m'apprit qu'une très-petite mouche, de celles dont les reflets sont bleus et dorés, était le formidable auteur de tout ce carnage. Malgré l'expérience que j'avais de la singulière faculté de ma vue, je tombai de mon haut en pensant que la tête d'une mouche était si grosse et si horrible à voir.

— Si vous aviez considéré la tête de cette mouche, me dit mon savant, avec l'attention qu'un observateur philosophe doit apporter aux moindres objets, loin de manifester du dégoût comme à l'aspect d'une chose monstrueusement difforme, vous seriez maintenant dans une admiration profonde, reconnaissant encore la merveilleuse sagesse qui a présidé à la création et...

— Mais, docteur, dis-je en l'interrompant, la surprise ne m'a permis d'éprouver autre chose qu'un sentiment d'effroi bien pardonnable, je pense, à un pauvre microscope qui verrait un éléphant là où vous n'apercevriez qu'une puce. Si la mouche était restée plus longtemps, j'aurais peut-être, avec votre secours...

Une secousse que je ressentis sur le bras me coupa la parole : c'était la main du docteur, et, au bourdonnement léger que j'entendis aussitôt, je ne tardai pas à comprendre qu'il tenait entre ses doigts la terrible mangeuse de rotifères ou tout au moins quelqu'une des siennes.

— Je ne l'ai pas manquée, me dit-il d'un air de triomphe, elle va payer bien cher l'honneur d'avoir attiré nos regards.

En effet, le paratonnerre dont j'ai déjà parlé se trouvant par hasard à la portée du docteur, il fit bientôt subir à la pauvre bête le supplice en usage chez les Turcs, la livrant empalée et toute palpitante à mes impitoyables observations.

— Considérez un peu la tête de notre mouche, voyez si ce n'est pas quelque chose d'admirable.

— Oui! m'écriai-je, elle est couverte du plus beau velours cramoisi semé de paillettes d'argent, et porte à son sommet une magnifique aigrette de rubis. C'est une ravissante parure naturelle, mille fois plus riche que l'imagination ne pourrait l'inventer.

— Oh! me dit le docteur, Dieu n'est point avare de ses richesses, il les sème partout à profusion, et, chose admirable, rien dans ce que nous considérons souvent comme de simples parures de luxe n'est inutile à l'animal qui les porte. Voyez, par exemple, cette aigrette, dont vous comparez l'éclat à celui du rubis, c'est l'organe du toucher pour la mouche. Avec ces deux plumets, elle palpe les objets sur lesquels elle se pose pour en reconnaître la nature.

On le sait, depuis plusieurs minutes je tenais entre les mains une charmante petite mouche, sur laquelle, malgré toutes les merveilles dont j'ai déjà parlé, il me restait encore, comme on va le voir, bien des choses à découvrir; le docteur, avec une complaisance infatigable, se plaisait à m'indiquer avec ordre les points les plus dignes de fixer mon attention.

— Remarquez, me dit-il, ce réseau d'écailles argentées au-dessous de l'aigrette; c'est une armure élégante et solide sous laquelle la mouche cache, à la moindre alerte, les plis de son suçoir. Voyez quels jolis cils de soie bordent ses yeux!

— Comment, ses yeux! lui dis-je, je ne les vois pas.

— Ce sont les brillantes paillettes semées sur le velours cramoisi dont vous parliez tout à l'heure.

— Mais alors ils sont innombrables.

— Oui, mon ami; la nature n'ayant pas donné aux insectes la faculté de mouvoir leurs yeux, leur en a, pour ainsi dire, entouré

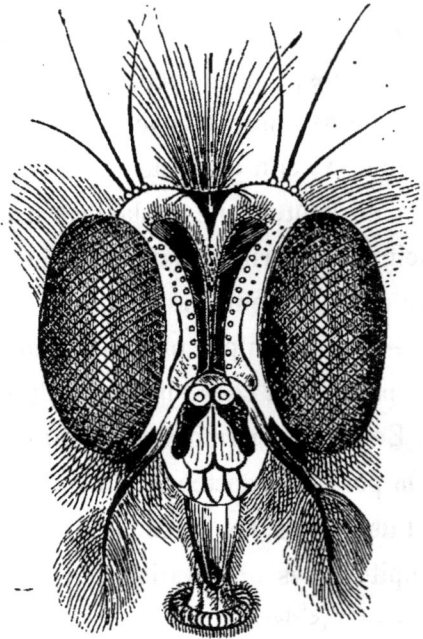

la tête, afin qu'ils puissent voir dans toutes les directions à la fois, sans être forcés pour cela d'exécuter des mouvements fatigants.

— C'est une chose vraiment bien curieuse.

— Les naturalistes appellent ces organes des yeux à facettes; toutes les petites cases hexagones que vous voyez tracées sur le velours sont des yeux dont chacun peut séparément regarder un objet. Les insectes ne sont pas tous pourvus de ces singuliers organes; quelques-uns, comme le scorpion et certaines espèces d'araignées, n'ont que des yeux simples; mais alors ils sont au nombre de huit ou de dix et quelquefois même de trente.

La mouche, outre ses yeux composés, en possède trois simples, qui forment au sommet de sa tête une sorte de diadème; voilà pourquoi il est si difficile de la prendre, car elle voit partout.

« Elle n'est cependant pas, à beaucoup près, la mieux partagée, puisqu'elle ne possède guère plus de trois cents yeux, tandis que le savant Marcel de Serres en a compté treize cents sur la tête du sphinx, onze mille trois cents sur celle de ce joli papillon de nuit que l'on nomme phalène, et vingt cinq-mille quatre-vingt-huit sur celle de la mordelle. A chacun de ses yeux vient s'épanouir un nerf optique qui transmet la sensation de la vue au centre nerveux. N'allez pas m'accuser d'exagérer ces nombres, car ils sont le résultat des observations rigoureuses d'un savant plein de conscience et de bonne foi. »

Pendant que le docteur, pour achever de dissiper mes doutes, m'expliquait par quel ingénieux mécanisme on parvenait, même en fort peu de temps, à compter les yeux des insectes, je ne cessais de retourner en tous sens ma pauvre mouche expirante, découvrant sans cesse mille détails délicats. Rien ne peut donner une idée de la richesse et de l'éclat des nuances répandues sur tout son corps. L'or, l'opale, l'aventurine, y mariaient à ravir leurs délicieux re-
ⁿⁿˡs. Quelle élégante symétrie dans les nervures de ses ailes dia-

phanes! quelles douces petites brosses elle portait à l'extrémité de
ses pieds antérieurs pour nettoyer et lustrer le velours de sa tête,
et quels crochets aigus armaient ceux du milieu, afin que l'animal
pût aisément marcher à la surface des corps que nous croyons le
mieux polis!

— La mouche est une des créations les plus ravissantes, dis-je
au docteur.

— Non, reprit-il, mais une de celles que par hasard vous avez
un peu plus longtemps observées. L'ordre, la symétrie, la richesse,
sont partout, dans les dernières limites de l'infiniment petit comme
dans les êtres les plus gigantesques, et il y a cette énorme différence entre les créations naturelles et celles de l'homme, que les
premières gagnent toujours beaucoup à être vues de près, tandis
que les autres demandent qu'on s'en éloigne pour ne pas paraître
monstrueuses.

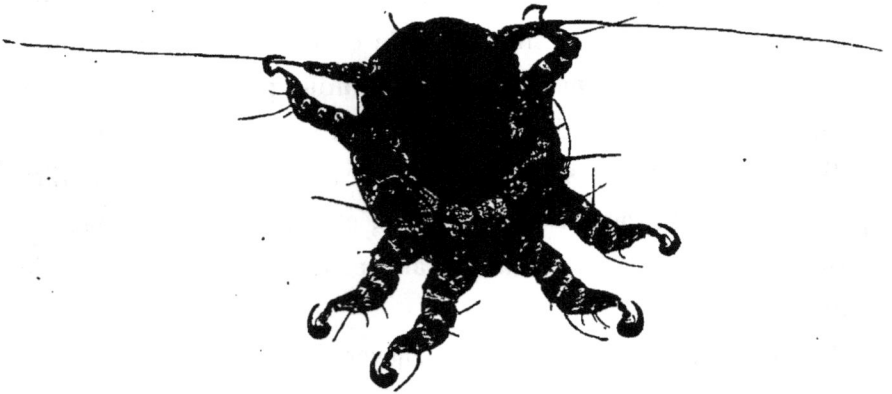

— Tenez, j'entends bourdonner une abeille, elle servira à vous
faire voir plusieurs phénomènes dont vous ne vous doutez sans
doute pas.

Et d'un coup de son mouchoir il abattit l'insecte, qui me parut
presque aussi gros qu'un chien.

— Regardez bien le cadavre, dit-il; que voyez-vous dessus?

— Une véritable foule d'animaux grands comme la main, qui se tiennent accrochés sur le corps de la pauvre mourante à l'aide d'ongles aigus qui terminent leurs pattes.

— Ce sont les acarus ou les parasites de l'abeille. A peine visibles à l'œil nu, ils vivent aux dépens de l'ouvrière en miel, se tiennent cachés dans les poils de son corselet, et revenus à la ruche, avec l'insecte qui leur sert à la fois de logis et de véhicule, s'y gorgent des parties les plus délicates des matières succulentes déposées dans les rayons de cire.

— Cela tient du prodige.

— Prenez sur le bout de votre doigt un de ces acarus.

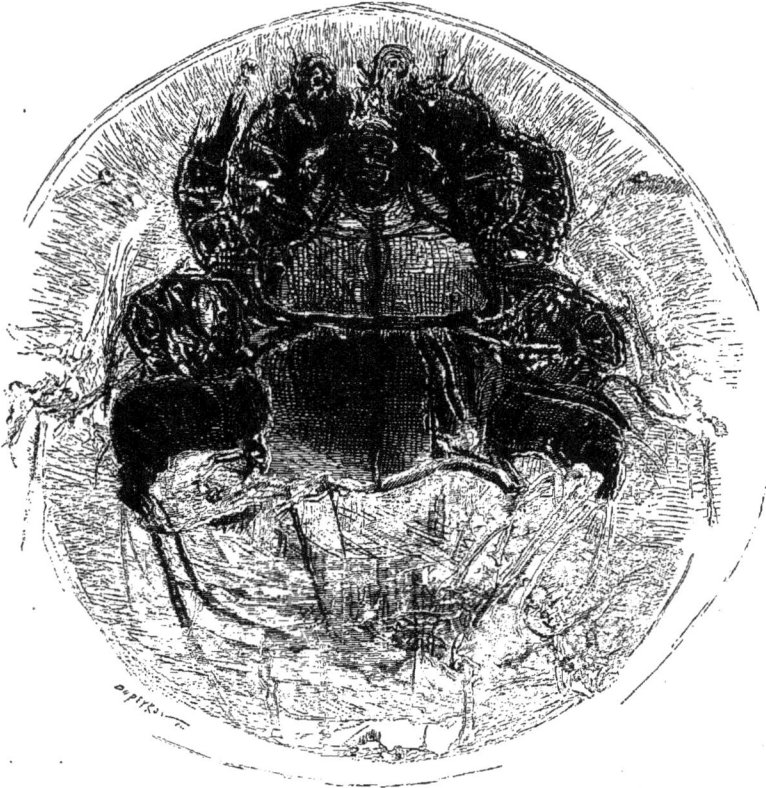

— La malheureuse bête est couverte elle-même de parasites.

— Ce parasite
est tellement petit
qu'on ne l'aperçoit
point avec un mi-
croscope d'un gros-
sissement de trois
cents diamètres.
Vous le voyez non-
seulement armé
d'ongles et hérissé
de suçoirs, mais
encore revêtu d'une
carapace solide,
avec laquelle il fait
ventouse sur la par-
tie du corps de l'a-
carus sur lequel il
se tient fixé, et aux
dépens de la sub-
stance duquel il
vit.

— Que m'appor-
tez-vous là, main-
tenant, docteur ?
Quelle est cette
machine compli-
quée?

— La langue de
l'abeille.

Voyez quel mé-
canisme pour recueillir, conserver et triturer le suc des fleurs sur

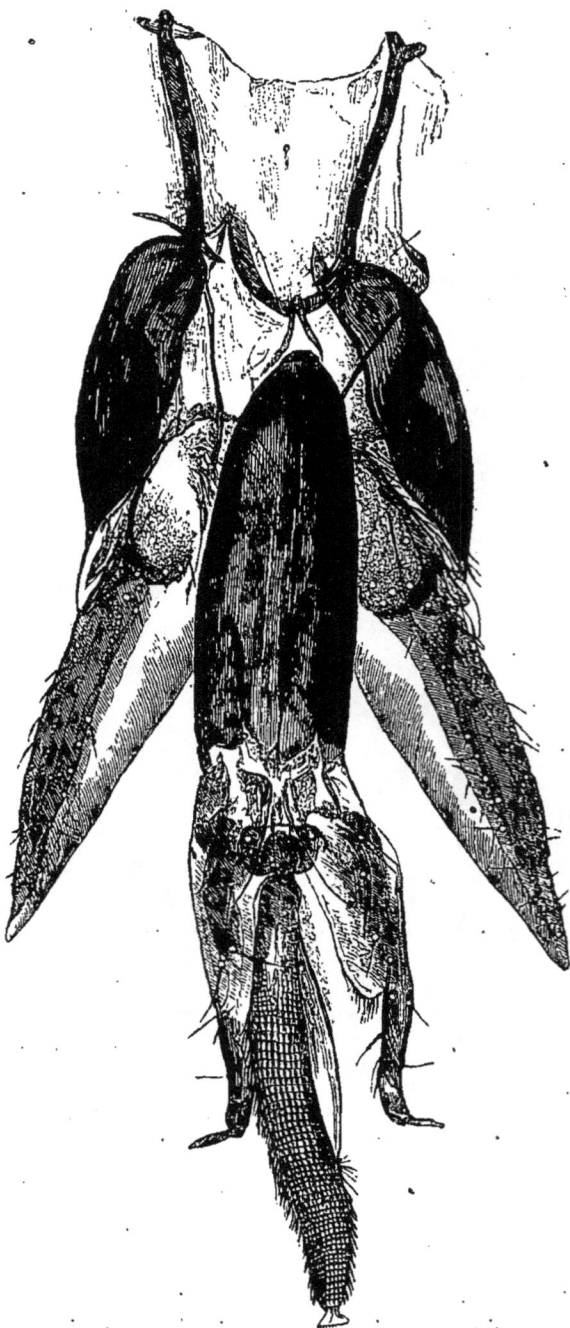

lesquelles l'abeille butine les matières avec lesquelles elle fabrique son miel.

— Comparez maintenant cette simple feuille d'églantier jetée par le vent sur votre table avec le tissu de mes manchettes.

— Vos manchettes, docteur! dis-je tout étonné; mais a-t-on pris pour les tisser de vieux câbles difformes? Quels grossiers réseaux! on dirait un de ces treillages rustiques construits par les paysans sur les murs de leurs espaliers.

— C'est pourtant, mon cher astronome, de la fine toile de Hollande; comparez-lui, je vous le répète, cette feuille d'églantier.

'J'obéis et je vis un tissu d'une incroyable finesse, parsemé de grains étincelants; des nervures ondulées avec autant de grâce que de symétrie, tout un travail immense, et pourtant si bien ordonné qu'il en paraissait simple.

— Tant de richesses, me dit le docteur, ne sont pas répandues en pure perte et pour le seul plaisir des yeux, car les points mats que vous devez apercevoir sont les pores par lesquels la feuille respire l'air; Leuwenhoeck en a compté trois cent quarante mille sur une simple feuille de buis; les perles métalliques sont des capsules versant continuellement sur elle le vernis qui sert à lui donner son poli, et dans les gracieuses nervures dont vous parlez se trouvent des canaux où l'air se décompose, d'autres qui exhalent au dehors la portion inutile à la vie de la plante, des artères enfin, par lesquelles pénètre jusqu'au sein même de l'arbre ce qui est nécessaire à la constitution du bois. Jugez donc quelle différence il y a entre une simple feuille et les plus délicates productions de l'art, quelle finesse d'une part et quelles monstrueuses imperfections de l'autre! Remarquez, par exemple, le tranchant de votre rasoir, que certes vous croyez parfaitement affilé.

Je vis une scie à dents inégales, que je supposai bien plus propre à couper un chêne qu'à trancher la barbe.

— Et la pointe de votre aiguille.

Elle me parut plus rugueuse et moins aiguë que le plantoir d'un jardinier. Quelle peut être la finesse d'une reprise faite avec un pareil instrument !

— Regardez le mouvement de ma montre.

— Le plus rustique tourne-broche, dis-je, est moins grossièrement construit.

— C'est pourtant un excellent ouvrage de Ferdinand Berthoud, qui m'a coûté mille écus. Un observateur s'est amusé, continua le micrographe, à soumettre au microscope plusieurs petits objets fort en vogue de son temps et fabriqués par un de ces hommes-machines dont la patience est le seul mérite : c'étaient une chaîne d'or longue d'un pouce, composée de trois cents anneaux et si légère qu'on la faisait traîner par une mouche ; une autre chaîne qui, avec son crochet, son cadenas et sa clef, ne pesait pas un grain ; une table, un buffet, un miroir, douze chaises, trois personnages, le tout renfermé dans un noyau de cerise. Certes, voilà de délicates inutilités admirées partout comme des prodiges et pour lesquelles l'ouvrier avait sans doute consumé les plus belles années de sa vie. Eh bien, ô désillusion profonde ! elles apparurent sous le microscope sans proportions aucunes, pitoyablement difformes et dignes du plus triste mépris, tandis que les choses les plus communes de la nature, le calice d'une fleur, le velouté des fruits, les perles de la rosée, les cristaux de la neige, sont admirables à voir.

Le docteur acheva ces paroles par des bâillements inextinguibles, auxquels je n'attribuai d'abord d'autre cause qu'un grand ennui. Ce malaise est, comme on sait, fort contagieux de sa nature ; j'en ressentis bientôt les atteintes à mon tour, de sorte que pendant cinq minutes nous nous livrâmes tous deux à cet innocent exercice de manière à nous décrocher la mâchoire.

— Vous me pardonnerez, me dit-il entre deux accès.

— Certainement, lui répondis-je, car je dois vous ennuyer d'une façon... Ici une nouvelle crise m'empêcha d'achever.

— Du tout, reprit poliment le docteur, vous ne m'ennuyez pas ; mais, vous oubliez quelquefois les choses vulgaires de la vie. Vous m'écrivez pour m'engager à déjeuner ce matin ; voilà qu'il est trois heures, et vous ne faites pas mine de vous en souvenir. Je ne suis pas, malheureusement, une créature éthérée, mon estomac est vide, et comme dit la Fontaine :

> S'il a quelque besoin, tout le corps s'en ressent.

— Excusez-moi, lui dis-je, fort humilié, excusez un malheureux microscope qui n'est presque plus de ce monde, puisqu'il faut lui apprendre qu'il meurt lui-même de faim.

Le déjeuner ne se fit pas longtemps attendre. On apporta la table auprès de mon fauteuil. Pour moi, dont la vue, comme on sait, s'étendait à peine à la longueur du doigt, craignant de paraître ridicule au domestique qui nous servait, je m'étais condamné à l'immobilité la plus complète, affectant d'être absorbé par la lecture de je ne sais quel livre que j'avais par hasard rencontré sous ma main. Dieu sait ce que je voyais dans ce livre et le temps qu'il m'aurait fallu pour y saisir l'ensemble d'une seule lettre.

Dès que nous restâmes seuls, je demandai timidement au docteur la carte du déjeuner. Hélas ! quel triste repas pour deux estomacs affamés ; des petits pains, du beurre, des huîtres, du jambon, quelques fruits secs, un morceau de parmesan, et rien de chaud.

— Vous plairait-il, dis-je à mon infortuné convive, de me mettre en main mon couvert, de me donner un peu de pain et quelque chose sur mon assiette, car je n'y vois goutte et ne puis, non plus qu'un enfant au maillot, pourvoir moi-même à mes besoins.

— Infortuné microscope, reprit le docteur d'un air de compassion, êtes-vous maintenant aussi fier de vos yeux que vous l'étiez ce matin ?

— Non, certes, mon ami; mais servez-moi, je vous prie, car déjà je vous entends à la besogne et j'ai le plus grand désir de vous imiter.

— Vous êtes servi depuis longtemps, me dit le docteur, votre fourchette est sous vos doigts.

En effet, je parvins à trouver mon couvert; quelle fourchette, grand Dieu! une fourchette cyclopéenne, monstrueuse, et couverte d'étranges choses que je n'avais jamais vues nulle part.

— N'apercevez-vous pas comme moi, demandai-je au micrographe, de singuliers coquillages épars sur votre fourchette ?

Il se mit à rire.

— Comment, des coquillages ! s'écria-t-il, mais vous êtes fou !

— Non, je ne suis pas fou, et ce n'est pas ma faute si vous êtes aveugle; pour moi, je vois de grandes coquilles ou plutôt d'énormes carapaces de tortue.

— Ah! j'y suis, dit le docteur en continuant de rire; vous avez, ma foi, la vue bien perçante si vous voyez des tortues là où j'aperçois seulement de simples grains de tripoli demeurés par hasard dans les filets de nos couverts.

— Du tripoli?

— Oui. Cette substance, si fine qu'on la prend pour donner le plus beau lustre aux métaux, se compose des débris de coquilles antédiluviennes dans lesquels vivaient autrefois de petits animaux appartenant à la classe des infusoires et gros à peu près comme la trentième partie d'une pointe d'aiguille. Ces êtres singuliers habitaient le fond de la mer, où ils s'aggloméraient en si grand nombre qu'ils forment aujourd'hui, dans plusieurs endroits laissés à découvert par le retrait des eaux, d'immenses bancs compactes et des collines tout entières. N'est-il pas bien curieux que les dépouilles d'aussi petits êtres aient pu traverser, sans se détruire, des milliers d'années pour servir de nos jours, comme des jalons irrécusables posés par la nature, à l'étude des temps antérieurs aux dernières révolutions du globe! Mais, malheureux microscope, si de semblables choses vous arrêtent, vous n'êtes pas près, je vous l'assure, de commencer votre repas. Soyez moins scrupuleux, soufflez sur votre fourchette pour disperser ces grains de poussière, et mangez, je vous prie, les huîtres appétissantes que j'ai placées devant vous.

Hélas! le docteur avait raison, je ne devais pas encore commencer mon repas, car à peine eus-je jeté les yeux sur mon assiette que le dégoût faillit me couper l'appétit. Heureux le gastronome insouciant qui n'a jamais plongé dans les profondeurs d'une huître un regard curieux! Heureux l'homme qui a des yeux pour ne point voir! mais mille fois malheur au microscope affamé dont la vue, s'élançant au delà des limites ordinaires, aperçoit une huître sous son véritable aspect! Pour lui ce n'est plus une huître, mais tout un monde de créatures fantastiques, effrayantes, un monde de serpents, de dragons, de crocodiles, de chimères, un spectacle à renverser l'appétit le plus rustique, à remplir les nuits de cauchemars.

Je vis d'abord un gros animal gélatineux, d'une forme étrange, enveloppé d'une sorte de manteau double, sous lequel battait péniblement un cœur allongé, noirâtre, faisant de vains efforts pour envoyer un reste de vie dans les artères du monstre expirant; puis à l'entour un lac d'eau salée où s'agitaient par milliards de grands crabes, des vers jaunâtres, des araignées velues, en même temps que des volvox, des vibrions et toute la bande

bigarrée des animaux infusoires : véritable cabinet d'histoire naturelle où les trois règnes se trouvaient réunis. Je rejetai mes huîtres sur la table.

— Vous voilà donc encore avec vos terreurs? me dit mon convive.

— O docteur, lui répondis-je, comment avez-vous le courage d'avaler de semblables créatures?

— Parce que, n'ayant pas comme vous la vue perfectionnée, je vois dans une huître une huître et rien autre chose.

— Mais savez qu'en une bouchée vous engloutissez un millier d'êtres vivants en même temps que des pavés de sel et des plantes de toutes sortes?

— Oui, mon ami, reprit le docteur en rejetant une coquille vide sur son assiette, je sais qu'une huître est une espèce de *mollusque* ayant un cœur, une bouche, des intestins, et respirant, comme tous les poissons, par des organes particuliers que l'on appelle *branchies*

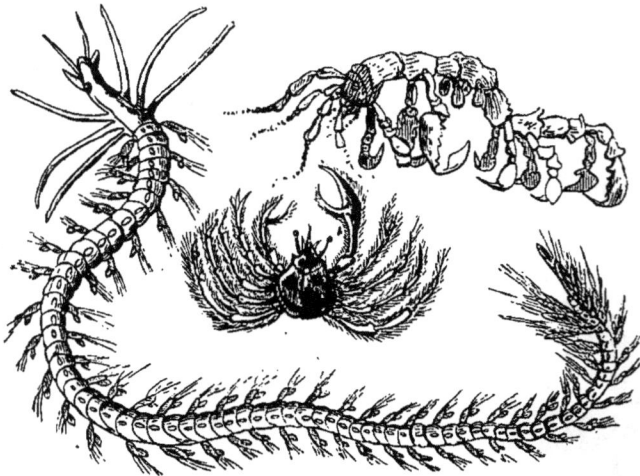

Je sais que l'huître, enveloppée d'une coquille fort laide, vit et meurt attachée au roc sur lequel elle a pris naissance, que ses fonctions, comme animal, se réduisent au simple instinct de nutrition et de conservation, et tout en comprenant la répugnance dont on peut être saisi à l'aspect d'une créature aussi disgracieuse, en homme positif, moi je m'attache par-dessus tout à ses qualités réelles.

— Quelle gloutonnerie! murmurai-je.

— Je sais aussi, ajouta-t-il en se versant un verre de vin, que plusieurs animaux, tels que de petites crabes, des *néréides*, de jeunes *camposcies*, des *chevrolles* et bien d'autres petits crustacés pénètrent dans l'huître pour s'y nourrir de sa substance, que beaucoup d'êtres microscopiques nagent dans l'eau qu'elle contient, que plusieurs plantes de la nature des conferves végètent sur ses bords; mais moins scrupuleux, moins perfectionné, j'avale ce microcosme sans en approfondir les détails

— Dieu me garde de jamais toucher une huître! repris-je, j'aimerais mieux mourir de faim: heureusement pour moi, ce n'est pas la seule chose que nous ayons sur la table, et puisque vous m'avez parlé de jambon, je vous prie de m'en couper une tranche.

— Mon cher astronome, vous voilà servi à souhait, car jamais morceau ne me parut plus appétissant.

— O homme grossier, après avoir jeté les yeux sur ce que le docteur avait placé devant moi, oseriez-vous toucher à un semblable mets!

— Et pourquoi non?

— Mais ne voyez-vous pas les végétations qui croissent parmi les fibres de cette chair, les vésicules verdâtres dont elles sont parsemées, les poils qui les recouvrent, les cristaux et les aiguilles dont les pointes aiguës les défendent de toutes parts contre les dents les mieux acérées!

— Vous serez une créature bien difficile à nourrir, me répondit le docteur, si vous êtes dégoûté par d'imperceptibles moisissures, de légères traces de corruption et d'impalpables aiguilles de sel aussi inoffensives pour vous qu'elles sont invisibles pour moi. Il est vraiment ridicule à vous, qui savez combien vos yeux grandissent les objets, de vous laisser dégoûter par de semblables bagatelles, et si vous continuez ainsi, vous courez, ma foi, grand risque de mourir de faim.

— Que voulez-vous! repris-je, c'est une impression dont je ne suis pas maître. Le jambon me répugne; il y a des choses que je ne puis nommer et dont rien que la vue me ferait perdre l'appétit. Donnez-moi du pain et un morceau de parmesan.

— Il faut convenir, dit le docteur visiblement impatienté, que vous avez en moi un esclave bien docile à vos caprices.

En même temps j'entendis qu'il me servait.

— Pardon, mon ami, repris-je, j'espère vous avoir dérangé pour la dernière fois.

Je me trompais encore. Jeter les yeux sur mon assiette, la lancer loin de moi, pousser un cri, tout cela fut l'affaire du même instant. Non, personne ne peut se figurer le hideux aspect d'un morceau de fromage, de cet assemblage infect de pourriture dégoûtante que se disputent à l'envi mille créatures abominables, au corps allongé, aux pattes grêles, crochues, à la tête couverte de poils. Je repoussai la table de manière à la faire tomber.

— Aurez-vous bientôt fini vos extravagances, fou que vous êtes! s'écria le docteur, fort en colère de ne pouvoir déjeuner tranquille. Que signifie cette exaspération pour un morceau de fromage?

— Oh! mon ami, si vous saviez ce que c'est!

— Eh bien? c'est la partie caséeuse du lait réduite à l'état de dessiccation.

— Et bien autre chose, ma foi.

— Quelques moisissures, comme on en voit partout, ou peut-être...
laissez-moi voir avec ma loupe, c'est le pollen d'une fleur écrasée.

— Et encore.

— Peut-être les larves d'une espèce de mouche, quelques imperceptibles vers blancs comme il s'en trouve dans une foule de substances alimentaires qui n'en sont pas
moins bonnes pour cela.

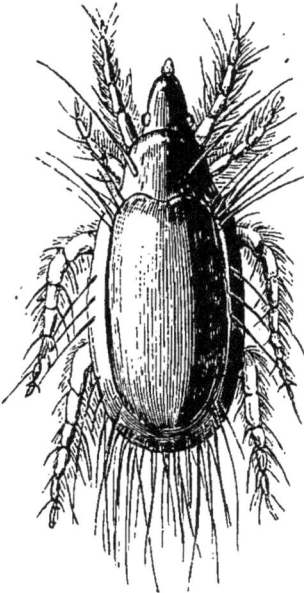

— Après.

— Je ne sache pas qu'il y ait autre
chose, si ce n'est une sorte d'acarus à
peu près semblable à celui dont je vous
ai parlé ce matin, et....

— Assez, docteur, n'en dites pas
davantage; si un mélange de pourriture,
de larves, de vers, d'acarus et de moisissure vous semble un mets agréable,
mangez-en à discrétion ; mais pour moi,
microscope dont les yeux distinguent les
parties vivantes du fromage, souffrez
que je repousse comme ce qu'il y a au
monde de plus ignoble cet étrange composé.

— Mais alors que mangerez-vous ?

— Je n'en sais rien, donnez-moi quelque chose où il n'y ait ni
acarus, ni pourriture, ni vers.

— Je ne vois sur la table que le pain dont vous ne puissiez vous dégoûter.

— Ne m'avez-vous pas parlé de fruits secs?

— Il se trouve des acarus sur les figues et bien souvent des vers dans leur substance. Les raisins sont dans le même cas; il n'y a guère que les amandes sur lesquelles vos yeux ne puissent rien découvrir d'animé.

— Eh bien, donnez-moi des amandes.

Il en remplit mon assiette. Alors je me mis à dévorer cette maigre chère avec un telle gloutonnerie que je faillis étrangler.

— Vite un verre d'eau! demandai-je, car j'étouffe.

O supplice de Tantale! je respirais à peine, je tenais un verre dans ma main, et pourtant je serais mort plutôt que d'y tremper mes lèvres, tant il me parut rempli d'animaux de toutes sortes.

— C'est une trahison! m'écriai-je en rejetant mon verre. Docteur, vous serez coupable de ma mort.

— Et que puis-je faire pour l'empêcher? répondit-il. Je vous donne tout ce que vous demandez, vous me laissez à peine une minute de repos, et vous m'accusez encore!

— Pourquoi mettez-vous tant de poissons dans mon verre?

— Mais, mon cher microscope, ces animalcules se rencontrent dans l'eau la mieux filtrée; rien ne saurait les empêcher d'y vivre: vous savez bien ce que je vous en ai dit tantôt.

— Jamais on ne fut plus malheureux que moi.

— Ces vers y prennent naissance à chaque instant, et ne s'en rencontrerait-il pas dans l'eau de votre carafe que le temps de la verser dans votre verre et de la porter à votre bouche, il s'en formerait des milliers. Ainsi nous sommes tous destinés, comme vous voyez, à engloutir en buvant une grande quantité de ces petits êtres. Si de telles choses vous effarouchent, prenez du vin: à part quelques petits cristaux dont je vous engage fortement à ne pas tenir compte, vous

n'y rencontrerez rien, je pense, que vous ne puissiez avaler sans
scrupule ni dégoût.

Il était temps de recourir à ce dernier moyen, car littéralement
j'allais étouffer. Hélas! qu'un microscope humain a de peine à
trouver sa subsistance, et combien mon savant avait raison de
traiter d'insensés mes désirs de ce matin !

Quel travail il m'avait fallu pour rencontrer un aliment qui ne
m'inspirât pas de dégoût. Quoi qu'il en soit, je me mis à dévorer
mon pain et mes amandes, et le docteur vit arriver avec plaisir le
temps où il lui allait être permis d'achever en paix son repas.

— Quelle merveilleuse invention que le microscope! dit-il comme
en se parlant à lui-même, quels immenses services il a rendus aux
sciences physiques! combien d'intéressants mystères il nous a dé-
voilés! Avec son aide, notre vue pénètre dans les profondeurs les
plus reculées de l'infiniment petit, nous voyons la monade, le simple globule animé, l'embryon de la vie, le pollen des fleurs, la circulation de la séve dans les plantes, celle du sang dans nos veines ;
nous comptons les yeux des insectes, les pores de notre peau ; nous
disséquons les plus petits êtres; nous voyons les artères du puceron, ses viscères, ses filets nerveux, ses organes respiratoires ; nous
distinguons sur son corps de plus petits animaux, des parasites qui
s'engraissent de sa chair et vivent à ses dépens.

— Qui donc, dis-je en l'interrompant, est l'inventeur du microscope?

— La propriété amplificatrice des verres convexes, me répondit
le docteur, est sans contredit fort ancienne, car, bien avant notre
ère, des globes de cristal, grandissant les objets, furent apportés
d'Égypte en Europe; mais, si l'on veut ne considérer comme microscope qu'une savante combinaison de ces mêmes verres, il ne
faut pas remonter, à beaucoup près, si haut. Voici comment cet admirable instrument fut trouvé. Vers le milieu du quatorzième siè-

cle, un vieil alchimiste, dont personne n'a jamais connu le nom ni
la patrie, parcourait le Tyrol, pénétrant au plus épais des bois, au
plus profond des cavernes, et ne parlant jamais à âme qui vive.
Pourquoi ces courses solitaires? Qu'allait-il chercher pour emplir
la petite boîte qu'il portait presque toujours sous sa mante? De quoi
vivait-il? C'était là, pour tous, un mystère impénétrable. Aussi lui
attribuait-on généralement de secrètes intelligences avec le malin
esprit et bâtissait-on sur sa personne mille contes ridicules : tantôt
il avait jeté des sorts sur le bétail, tantôt on l'avait rencontré, ac-
croupi sur le bord d'un sentier, traçant dans la poussière des caractères inconnus; si bien que les enfants en avaient peur, que les

femmes se signaient à son approche, et que le soir, quand le pauvre philosophe rentrait au village épuisé de fatigue, il ne trouvait
souvent qu'à grand'peine un chétif abri pour méditer et dormir.
Triste et trop réelle condition en ce temps-là de l'homme qui, solitaire au milieu de la foule, se prenait à poursuivre quelque idée
grande et nouvelle.

Depuis près d'un mois, le mystérieux alchimiste avait adopté
pour centre de ses excursions quotidiennes un misérable petit ha-

meau pittoresquement caché parmi les prêles d'un marécage. Là, dans une grange abandonnée, rentrant chaque soir au coucher du soleil, sa boîte remplie sans doute de mille choses curieuses, il s'appliquait, disait-on, à quelque maléfice, car, à travers sa lucarne, on apercevait au loin les reflets pâles d'une lampe fort avant dans la nuit.

Un soir, chose bizarre, la lumière accoutumée ne parut pas ; le lendemain, même obscurité dans la cellule du philosophe.

— Il faut, disait l'un, qu'il soit tombé dans quelque torrent.

— Oh! non, répondaient d'autres, il se sera évaporé comme une flamme, ou bien la terre s'est entr'ouverte pour l'engloutir.

En un mot, on se perdait en mille conjectures extraordinaires sur la disparition de l'alchimiste, quand un pâtre, en revenant sur la brune par un chemin peu fréquenté, l'aperçut comme endormi dans les hautes herbes auprès d'une roche. Alors, saisi d'une grande frayeur, tout d'une haleine il courut au village apporter la nouvelle. C'est une punition du ciel, pensa-t-on. Le temps était noir hier, la foudre l'aura frappé. « Allons le voir », dirent plusieurs paysans des plus hardis, et ils se mirent en route. Quand ils furent près d'arriver, la nuit commençait à tomber ; le chemin, devenu plus difficile, se perdait dans les bruyères ; le bois était sombre, le moindre bruit, un léger froissement de feuilles, le cri subit d'un oiseau effarouché causaient à tous des terreurs, et personne ne voulant plus marcher le premier, ils allaient renoncer à leur projet quand le pâtre s'arrêtant tout à coup leur dit : « C'est là ! »

Ils virent en effet le réprouvé étendu parmi les ronces, les yeux fermés, le visage calme, les bras croisés sur la poitrine, dans l'attitude d'un homme endormi ; seulement il ne respirait plus.

— Voilà son miroir magique, dit l'un d'eux en montrant un petit tube de cuivre que le philosophe tenait dans sa main droite, et ils s'approchèrent tous pour considérer de plus près le mystérieux instrument. Rien n'enhardit les gens peureux comme un premier acte de courage : chacun voulut bientôt s'emparer du prétendu miroir, mais personne cependant n'osait y porter la main le premier.

— Allons, je me dévoue, dit un jeune homme vigoureux et de bonne mine ; arrière la crainte ; d'ailleurs que risquerai-je? le bonhomme est bien mort.

En disant ces mots, il se baissa pour prendre la machine ; mais la dernière pensée du malheureux alchimiste avait été sans doute pour son instrument chéri, car sa main glacée le retenait encore avec tant de force que le ravisseur entraîna son cadavre sans pouvoir le lui arracher.

— Il ne l'aura pas! dirent les paysans d'un air moqueur.

— Je l'aurai! reprit leur compagnon en écartant de toutes ses forces les doigts contractés de l'alchimiste. Le voilà!

Dès que les paysans furent possesseurs du précieux miroir, craignant que la nuit close ne les surprit en cet endroit, ils reprirent au plus vite le chemin du village, laissant le cadavre à la merci des bêtes féroces. L'instrument, comme on le pense, fut bientôt retourné sur toutes ses faces ; chacun y croyait reconnaître l'empreinte du démon; néanmoins personne ne pouvait concevoir à quel usage il pouvait servir.

— C'est avec cela que les astrologues lisent dans les astres, dit un vieux paysan beau parleur; et, d'un air capable, prenant aussitôt la machine, il appliqua son œil à l'un des bouts, dirigeant l'autre vers le ciel; mais, ô surprise! au lieu de découvrir des signes dans les étoiles, il avisa au beau milieu de la lunette un gros animal couvert de plumes, armé de griffes et si hideux, que, le prenant pour le démon lui-même, la terreur lui fit jeter au loin l'instrument.

Heureusement pour la science, il ne se brisa pas; seulement personne n'osant plus y toucher, un paysan courut à l'abbaye voisine chercher un religieux pour exorciser le prétendu démon.

Le saint homme ne se fit pas longtemps attendre. Dès qu'il eut aperçu le petit tube de cuivre dont on lui faisait un si grand mystère, ne comprenant pas d'abord comment un objet si simple pouvait causer tant d'effroi, peu s'en fallut qu'il ne s'en retournât dans la crainte que l'on n'eût voulu se jouer de lui; mais il vit sur tous les visages une anxiété si vive et si vraie que, revenu bientôt de cette première idée, il ramassa l'instrument.

Il y eut un silence profond dans l'assemblée quand le religieux dirigea la lunette vers le ciel après avoir appliqué son œil à l'un des bouts.

En distinguant, malgré le peu de jour répandu par les dernières lueurs du crépuscule, un animal extraordinaire et tel qu'il n'en avait jamais vu, il fut saisi, non de terreur, mais d'étonnement et d'admiration, car, versé comme tous les moines de son temps dans l'étude de la physique, il ne tarda pas à deviner une partie de la vérité.

Pressé donc d'approfondir le mystère, et ne voulant pas laisser les bons villageois dans leurs absurdes idées, il se hâta de leur faire

comprendre qu'il n'y avait rien là que de très-naturel ; puis il s'en
retourna emportant l'instrument et persuadé qu'il possédait une
merveilleuse invention.

Comme vous devez le penser, le premier soin du moine en arrivant fut de démonter avec attention la machine. Une imperceptible
araignée, placée dans l'intérieur, à quelque distance de l'un des
verres, lui fit bientôt concevoir comment, par une ingénieuse et savante combinaison d'optique, cette dernière acquérait pour l'observateur les proportions d'un gros crabe. Voilà la plus admirable
découverte, se dit-il, et il appela ses confrères pour leur donner en
spectacle la petite araignée.

Il ne fut bientôt plus question de démon ni de sorcier, et, pour
réhabiliter la mémoire du savant alchimiste, les moines lui rendirent solennellement les honneurs d'une sépulture chrétienne. On
trouva parmi les nombreux papiers épars dans son grenier une no-
tice détaillée sur les précautions à prendre pour bien construire le
microscope ; mille dessins représentant des insectes inconnus, avec
l'histoire curieuse de leurs mœurs, et dans un coin obscur, sous le
chevet du philosophe, un volumineux manuscrit sur la physiologie
des plantes, où se manifestaient, quoique sans ordre et d'une manière obscure, des prévisions que la science confirma plus tard.

Quand le docteur eut fini de parler, je l'entendis fermer avec
précaution mes volets, repousser la table dans un coin de la chambre et prendre son chapeau.

— Je reviendrai tout à l'heure, me dit-il, restez en repos sur
votre fauteuil si vous voulez être guéri demain.

A peine fut-il parti que je ressentis les premiers symptômes d'un
sommeil qui ne tarda pas à devenir profond. On concevra sans
peine que, préoccupé depuis le commencement du jour d'expériences microscopiques, tout ce dont j'avais été témoin m'apparut
dans mon sommeil. Je vis d'abord des mouches d'une grandeur dé-

mesurée, des larves de toutes sortes, des vibrions, des acarus, puis
il me sembla que tous ces animaux revêtus des formes les plus fantastiques, grimpaient autour de moi comme des monstres horribles
près de me dévorer, et qu'une effrayante araignée, parvenue jusque

sur ma poitrine, me faisait une large ouverture pour se repaître de
mon sang. Enfin, sans signaler une à une toutes les circonstances
de cette pénible angoisse, il suffira de dire que j'étais sous le poids
du plus abominable cauchemar, quand un coup vigoureux frappé à
ma porte me réveilla tout à coup.

— Béni soit le ciel! m'écriai-je en revoyant ma chambre dans

Il me sembla que tous ces animaux, revêtus d'apparence
fantastique... (p. 362.)

tous ses détails, comme autrefois, avec ma bibliothèque, avec mes livres, avec mes charmants roitelets qui vivent en liberté et qui voltigent gaiement à travers les rameaux des arbustes que je cultive

sur ma cheminée. Tout me fit pleurer jusqu'au cri strident d'un criquet que j'avais pris deux jours auparavant à la campagne, que

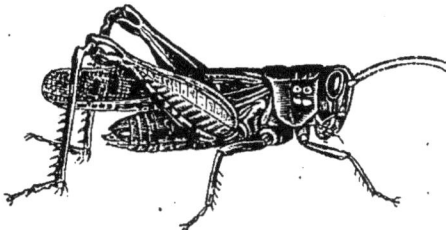

j'avais renfermé dans une boîte, qui s'en était échappé et qui sautillait de çà et de là.

Tout à coup j'entendis un grand bruit qui se fit dans mon anti-antichambre.

— Prenez bien garde de tomber, me cria du dehors une voix que je reconnus pour être celle du docteur; suivez la muraille à gauche, tenez le chambranle de votre cheminée, allongez la main droite, et vos doigts seront sur la serrure.

— Le docteur serait-il devenu fou depuis hier, pensai-je, pour croire que je ne sais pas trouver la porte de ma chambre?

— Puis, ayant poussé mes volets, je m'en fus lui ouvrir.

— Soyez le bienvenu, lui dis-je en lui serrant la main, jamais votre visite ne m'a causé tant de plaisir, car elle vient me tirer du plus horrible cauchemar qui se puisse imaginer.

Asseyez-vous, mon ami, ajoutai-je en lui présentant un fauteuil et le débarrassant d'une boîte volumineuse qu'il portait sous son bras. Oh! je vais vous compter tout au long le singulier rêve que j'ai fait cette nuit dans mon fauteuil, c'est un véritable roman.

Je m'apercevais bien d'une sorte d'étonnement sur la physionomie du docteur; son accueil muet me semblait avoir aussi quelque chose d'extraordinaire; mais attribuant son silence à quelque grave préoccupation, je me mis tranquillement à lui faire un long récit d'événements dont j'ignorais qu'il fût aussi bien instruit que moi. Je lui dis que, plein de mépris pour notre planète et même pour le reste de l'univers connu, je m'étais endormi dans mon fauteuil, rêvant à ce qu'il pourrait y avoir au delà; qu'alors Dieu, voulant sans doute punir mon orgueil, m'avait envoyé un rêve pendant lequel mes yeux, devenus microscopes, avaient distingué des merveilles dans les choses les plus vulgaires.

— Ce qu'il y a d'étrange, ajoutai-je, c'est que vous étiez auprès de moi m'expliquant une foule de détails que je ne connaissais pas, avec une patience et une bonté vraiment admirables. Combien de magnifiques sermons ne m'avez-vous pas faits sur mon ignorance et sur l'ambition ridicule que j'avais eue de vouloir m'élever plus haut qu'il n'est donné à l'homme de parvenir.

Le docteur semblait avoir fait la gageure de ne pas ouvrir la bouche. Aussi immobile qu'une statue, il demeurait dans l'attitude morne d'un homme désespéré, les yeux fixes et la tête appuyée sur sa main.

Piqué de son silence opiniâtre et ne sachant trop comment l'interpréter, j'allais me résoudre à prendre un livre en attendant qu'il se fût enfin décidé à le rompre, quand il se leva brusquement, s'écriant à plusieurs reprises : « Je suis un fou ! »

Alors le singulier discours qu'il m'avait tenu du dehors sur la manière dont il fallait m'y prendre pour ouvrir ma porte, me revenant à l'esprit, je reculai de trois pas, persuadé qu'il disait vrai.

— Non, vous ne dormiez pas, me dit-il en s'approchant de moi, ce n'est point un rêve: j'étais auprès de vous tout à l'heure.

Et il me raconta brièvement plusieurs circonstances de notre journée.

Je me frottai les yeux, croyant être encore sous l'empire du même cauchemar.

— Si nous sommes tous deux éveillés, repris-je, ce dont je commence sérieusement à douter, tâchons un peu de nous entendre, car jusqu'à présent tout ceci n'est pour moi qu'un étrange mystère.

Pour toute réponse le docteur me montra les restes du déjeuner, que dans ma préoccupation je n'avais point aperçus, puis le baquet où nous avions trouvé des choses si curieuses, la mouche traversée par l'aiguille, et, par ces preuves matérielles, il ne tarda pas à me faire tomber le voile qui me cachait la vérité.

— Ce matin, me dit-il, je vous ai fait des reproches sur votre vain désir de savoir des choses qui seront à jamais interdites à l'in-

telligence, c'est à vous maintenant de m'appliquer mes propre
paroles, car, voulant saisir les limites de l'infiniment petit et
comptant que votre maladie durerait quelques heures encore, je
viens d'aller chercher un puissant microscope que je comptais
ajouter à vos yeux pour augmenter leur force, et....

— Je comprends, dis-je en l'interrompant, comme moi, vous
ne songiez pas que « l'univers est un cercle dont le centre est
« partout, et la circonférence nul part, » comme dit Pascal.

# CHAPITRE XXI

## LE TAUPIN ROUGE

andis que vous lisiez ce récit si fantastique et si réel pourtant d'un de nos plus éminents savants, de Bertsch, qui a inventé tant de merveilleux appareils pour la photographie. Je tombe sur un petit roman allemand d'un intérêt mélancolique et doux. Je veux vous en faire juge, et je commence la traduction du *Taupin rouge*.

L'autre jour, en me voyant sortir des bâtiments où se trouvent les laboratoires du musée de Vienne, un étranger entre deux âges m'accosta et me demanda s'il ne pourrait point visiter la collection d'entomologie.

La collection d'entomologie se trouve sous la direction du docteur Fusch. Ce professeur faisait alors le cours où, soit dit en passant, il montre tant de savoir intelligent et tant de clarté d'exposition ; je ne pouvais donc lui présenter l'étranger à qui je pris le parti de servir moi-même d'introducteur ; il suffisait pour cela de recourir à l'obligeance des préparateurs et j'étais sûr de les trouver à la besogne dans les salles qui contiennent la collection.

La personne que j'introduisais ainsi, portait à sa boutonnière, suivant la coutume allemande, belge et hollandaise, un véritable paquet de rubans superposés par couches, les uns au-dessus des autres et aux diverses couleurs des ordres d'outre-Rhin ; ses manières décelaient une grande distinction.

Quand je l'eus présenté à mon ami Schiller, qui a fait tant de riches récoltes entomologiques pendant une longue mission au cap de Bonne-Espérance, et qu'il eût épuisé avec le spirituel et savant naturaliste viennois toutes les formules obséquieusement solennelles qui caractérisent la politesse allemande, il demanda à voir les espèces exotiques les plus curieuses et les plus rares de la collection.

Schiller et moi, nous nous mîmes aussitôt à apporter devant lui et à exhiber sur une immense table les cartons où se trouvaient ces trésors.

L'étranger les nommait sans hésiter, du premier coup et sans jamais commettre une erreur.

Voici, dit-il, un magnifique exemplaire de la *cigale de la Zélande*

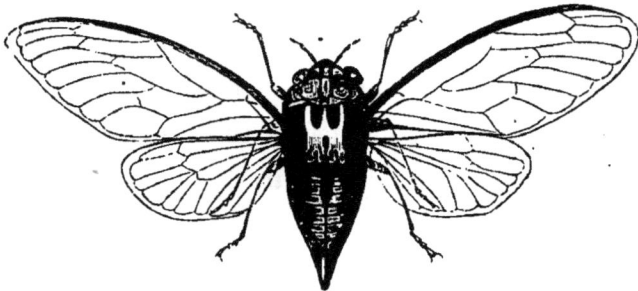

qui diffère tant de la cigale européenne, par ses formes courtes et ramassées.

Ce *nécrophore marin* est rarissime, et je n'en connais qu'un très-petit nombre d'exemplaires.

Il exerce son industrie surtout au bord de la mer, et il y enterre des poissons dans le sable, en ayant soin de chercher un endroit propice, que l'eau ne puisse envahir et que protége un rempart de pierres. Aussi, est-ce presque toujours aux pieds des rochers qu'on trouve le nid où il dépose ses œufs et où il amasse des provisions pour ses larves. On assure même, mais je ne m'en fais pas le garant, qu'il pêche des petits poissons vivants, et qu'aidé de ses congénères, il les emporte au loin non pour s'en alimenter, mais pour les léguer à sa future progéniture.

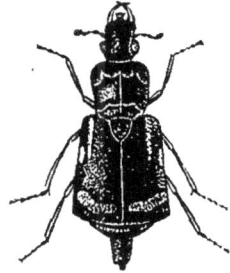

Votre *méloé cordilieri* provient du Pérou ; c'est l'espèce la plus redoutable pour les bestiaux qui les avalent en paissant dans les prairies ; et elle empoisonne et tue sans miséricorde, chaque année, des centaines de ces pauvres animaux.

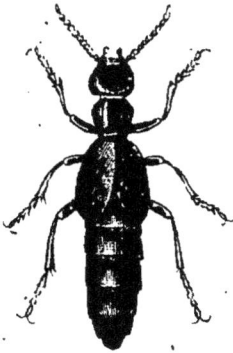

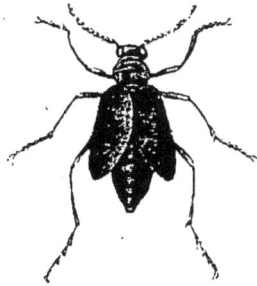

Sa sœur, la *méloé du Chili*, ne vaut guère mieux, quoique moins fatalement mortelle.

Permettez-moi d'admirer la *mordelle* de Durville, provenant des îles Marquises, et le *myodite* américain particulier à Philadelphie, et que caractérisent le noir éclatant et ses ailes transparentes.

24

La mordelle, en Europe du moins, vit sous l'écorce des arbres, et plus souvent encore dans l'intérieur des fleurs. Vive, agile, lorsqu'on veut la prendre, elle glisse entre les doigts, et si elle parvient à se dégager, s'envole au loin avec une promptitude étonnante. Ce sont en général des insectes de petite taille, au rebours de la mordelle de Durville, qui est robuste et grande.

La mordelle, en Europe du moins, vit sous l'écorce des arbres, et plus souvent encore dans l'intérieur des fleurs. Vive, agile, lorsqu'on veut la prendre, elle glisse entre les doigts, et si elle parvient à se dégager, s'envole au loin avec une promptitude étonnante. Ce sont en général des insectes de petite taille, au rebours de la mordelle de Durville, qui est robuste et grande.

Quant à la myodite, on ignore tout à fait les mœurs de ce coléoptère, de la section des hétéromères, de la famille des trachélides et de la tribu des mordellones.

L'*inca corné* est le frère de votre hanneton parisien, et comme lui se montre bien funeste aux cultures péruviennes.

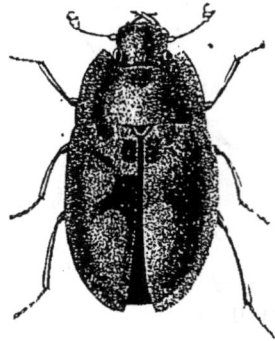

Le *nittidule du Pérou* rend au contraire de grands services dans le même pays, car il vit par peuplades dans les charognes qu'il assainit en dévorant avec une promptitude merveilleuse les chairs putréfiées.

L'*anthrène* du Cap qui ne vit la plupart du temps que de fleurs, n'en est pas moins dangereux pour les collections d'insectes. Il

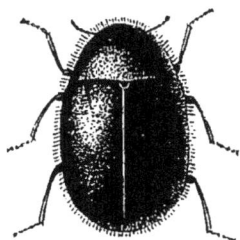

pénètre dans les cartons qui les contiennent et y ravage tout.

Quel bel exemplaire de l'*Helops de la Nouvelle-Hollande*, dont les mœurs sont si peu connues! On sait seulement qu'il vit sous les écorces des arbres et que les naturels mangent ses larves.

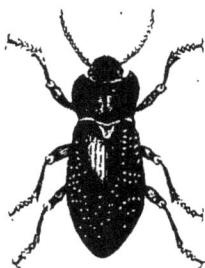

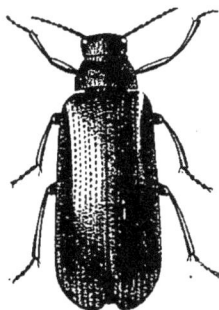

. Le *potamophile d'Orient* est un clavicorne rare qu'on ne trouve que sur les bords de certains fleuves, comme l'indique son nom.

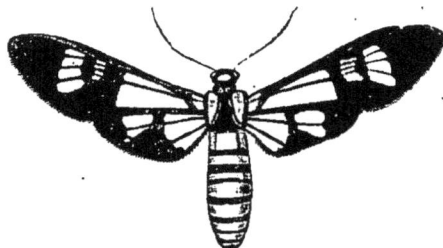

La *glaucopide australe* est d'autant plus rare que les congénères de cette espèce de sphynx ne se trouvent d'ordinaire que dans les parties les plus chaudes de l'Afrique et de l'Amérique.

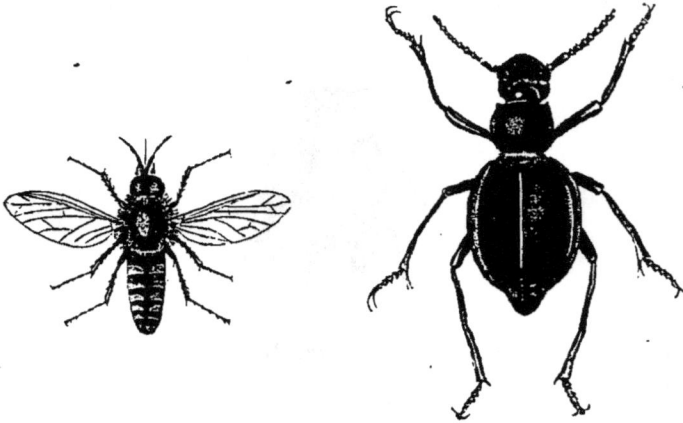

Salut en passant au *toxophore* et à l'*élénophore* américains,

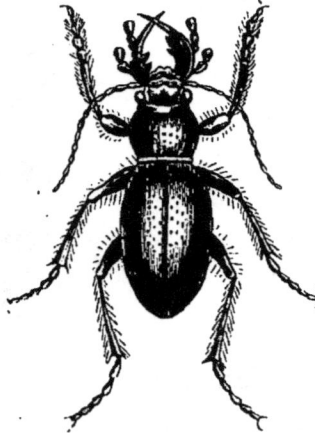

Ainsi qu'à l'*omus* de la Californie qui surpasse en éclat les plus beaux scarabées européens.

Je n'ai jamais vu de plus beau *célonite apiforme*. Particulier à vos

départements méridionaux de France ; il s'y tient attaché aux plantes, avec les ailes pendantes des deux côtés du corps. Fabricius l'a
décrit le premier et il raconte que le célonite se met en boule
quand on le saisit.

A ces grandes cornes qui garnissent ses antennes, je reconnais
la *callirhyphis* de Diard.

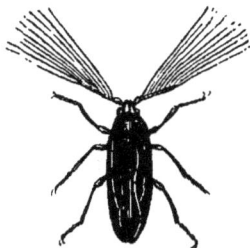

La *synagre cornue* est une autre espèce d'hyménoptère rarissime,
et qu'on ne trouve guère qu'au Sénégal.

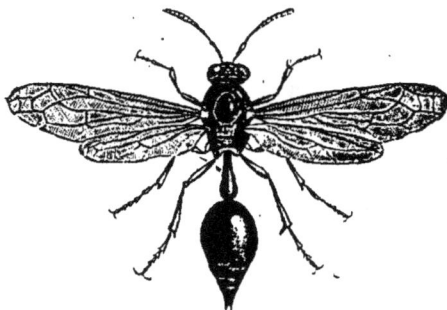

L'*eumène étranglée* fait son nid sur les graminées et surtout sur

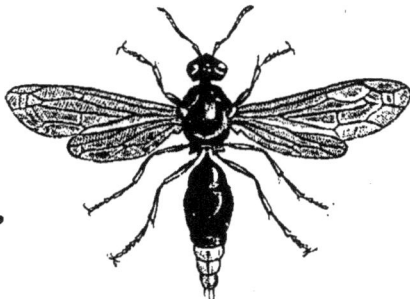

les bruyères. Ce nid consiste en une boule sphérique de terre très-fine, remplie de miel et contenant un seul œuf. La mère, d'après Geoffroy, construit plusieurs nids, un pour chaque œuf.

Rarement on rencontre une aussi grande *mormolyce phyllode* que

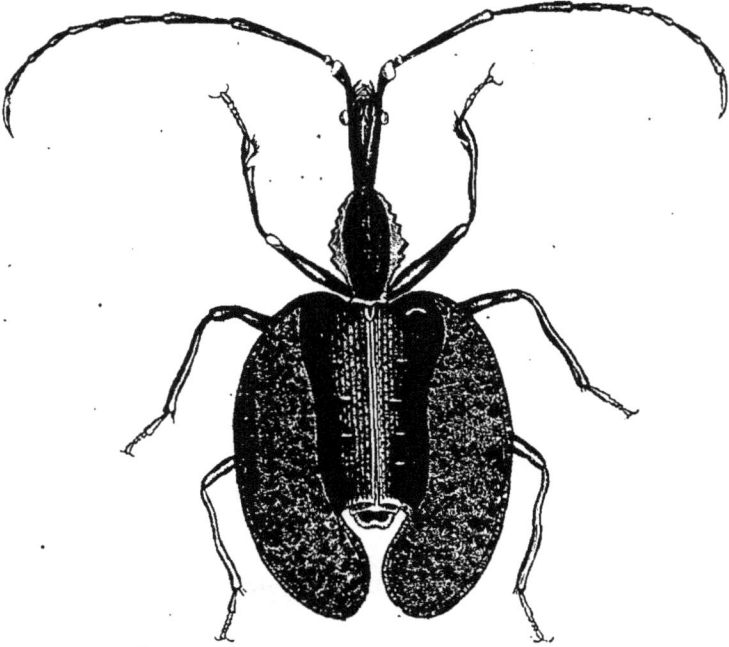

celle-ci. On ne l'a trouvée encore qu'à Java. Sa forme déprimée ferait croire que ce carabe doit vivre sous les écorces des arbres.

L'*acanthocine* de Bory se range, malgré ses antennes en panache, parmi les punaises. Disons bien vite, qu'il y a de charmants insectes dans cette tribu, et que les punaises des bois n'offrent rien de commun avec les hideux hôtes de certaines habitations de l'homme, excepté l'odeur odieuse qu'elles exhalent quand on les écrase. Celle-ci provient je crois d'Algérie.

La *nycletie de Luczott* est américaine, du moins je le suppose.

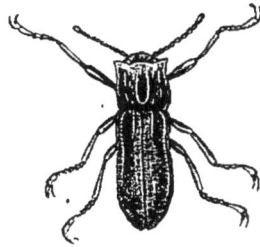

La *sténelme de Dufour* fréquente les lieux humides ou les bords des ruisseaux ; on en décrit une vingtaine d'espèces. Celle-ci est des plus rares.

Laissez-moi regarder avec un peu d'attention ce *scarabée œgéon* et cet *ateuchus d'Égypte*.

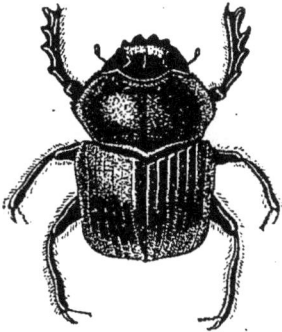

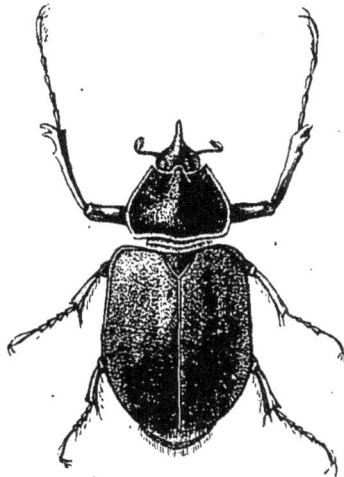

Le dernier de ces deux insectes vit dans la fiente des animaux, et j'ai été à même d'observer *de visu* ses mœurs, en Égypte même.

Quand arrive, avec le printemps, le moment de la ponte, les ateuchus prennent une portion de cette fiente et en forment une boule souvent presque aussi grosse qu'eux.

Cette boule, d'abord molle, acquiert de la consistance à force de rouler sur le sable ; elle devient même ferme et rugueuse.

Alors l'insecte la pousse avec ses pattes postérieures vers un trou qu'il a préalablement creusé dans la terre et qui doit la renfermer jusqu'à l'éclosion de l'œuf. Souvent deux individus se réunissent pour faire arriver cette boule à sa destination.

Si leurs efforts restent impuissants et qu'ils perdent tout à coup l'équilibre par un effort mal combiné, d'autres ateuchus surviennent et se chargent de la besogne.

Les anciens ont beaucoup connu ces insectes, et leurs mœurs les avaient à juste titre frappés.

Aussi les Egyptiens considéraient les ateuchus, à cause de leur apparition au printemps, comme le symbole de la renaissance de la nature, et les représentaient non-seulement sur leurs monuments, mais encore sur leurs médailles, sur leurs cachets et sur leurs amulettes... Et mais, ajouta-t-il, en se tournant vers moi en souriant, je vous raconte là ce que vous savez sans doute mieux que moi !

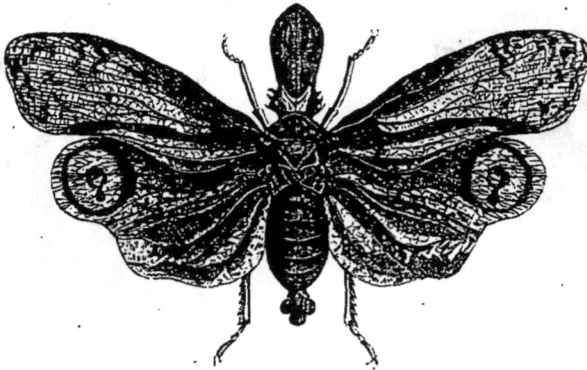

Passons donc bien vite à ces trois insectes lumineux. Le *fulgore porte-lanterne*, le *fulgore chandélière* et le *fulgore lathburii*.

Tous les trois jouissent de la propriété de produire pendant la nuit une lueur phosphorescente très-forte. A Java, Sybill Meryan raconte qu'on s'en sert pour s'éclairer la nuit pendant les voyages. On les

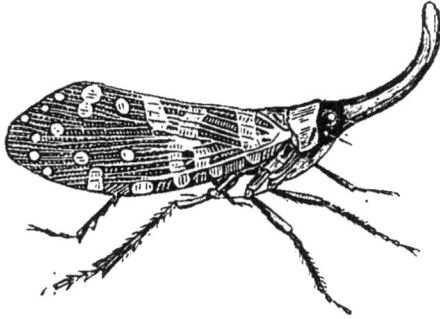

attache, soit à son chapeau, soit à la pomme de sa canne, soit même sur ses pieds, et ils remplacent ainsi avantageusement la lanterne

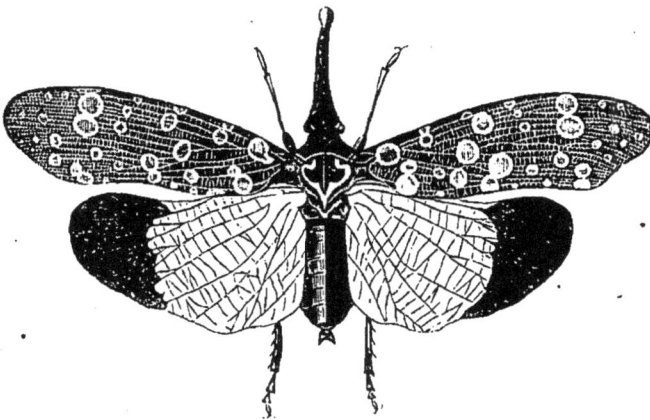

dont ils portent le nom. Au Mexique les femmes les enferment dans de petites cages d'or grillagées et fixent ces cages dans leurs cheveux.

Il y en a aussi en Chine et même dans le midi de l'Europe... Mais voilà que je fais encore le professeur.

L'*hépiale* du houblon, dont la chenille vit dans les racines de ce
végétal, cause des ravages bien funestes et détruit quelquefois des

cultures entières de la plante si utile pour la fabrication de la
bière.

La *saturnie*, elle, s'attaque aux poiriers ; sa chenille construit une
coque de forme allongée composée d'une espèce de feutre très-

gommé, de couleur brune, et recouverte de fils entremêlés et aussi
solides que des cheveux. Je ne sais si vous connaissez la manière
curieuse dont l'insecte dispose ces fils au petit bout de la coque
destinée à lui livrer passage, quand de chenille il devient chrysalide
et de chrysalide papillon.

Réaumur compare cette disposition à celle des osiers qui composent
les entourages d'une nasse, avec cette différence que ces entourages
ferment au poisson le passage par lequel il entre, tandis que
les fils de la coque laissent librement sortir le papillon et s'oppo-
sent au contraire à l'introduction de tout insecte ennemi. Pour se
faire réellement une idée exacte de cette singulière et savante in-

stallation, il faut avec des ciseaux partager une coque en deux, dans toute sa longueur.

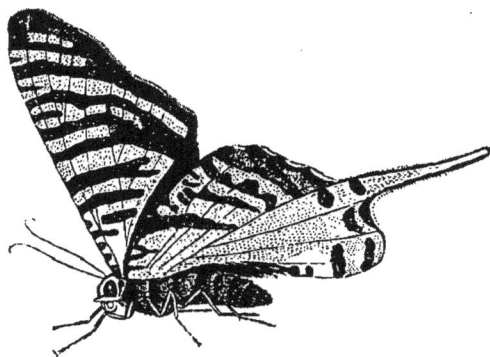

Je plaçai ensuite sous les yeux du savant étranger un *papillon-*

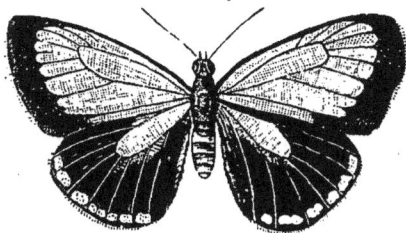

*uranie de Bois-Duval;* mais il n'y prêta pas plus d'attention qu'à une belle *morphe diurne,* et à une *agocère crépusculaire.*

Une *orygie* nocturne n'obtint pas plus de succès.

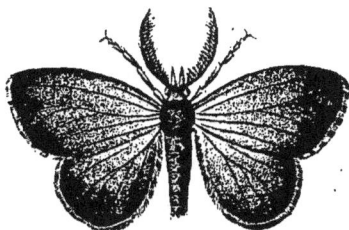

J'eus beau lui parler des ravages exercés par ce lépidoptère noc- turne sur nos arbres fruitiers et lui décrire son nid d'où sa chenille sort pour dévorer les feuilles, et qui recouvre les arbres d'une sorte de linceul de soie grisâtre, il n'écoutait pas davantage : visita tous les cartons consacrés à la famille des coléoptères et semblait y chercher quelque chose qu'il n'y trouvait pas.

Tout à coup, il m'interrompit et me demanda avec un sourire indéfinissable si le Muséum possédait un *elater ruber?*

*Elater ruber* veut dire *taupin rouge.* Le *taupin* est un de ces petits insectes noirs, bien connus des enfants, et qui, lorsqu'on les place sur le dos, sautent en l'air par un bond brusque et retombent sur leurs pattes.

— Non, lui dis-je ! cette variété qui provient, dit-on, de Madagascar et dont l'existence me paraît passablement problématique, ne se trouve, assure-t-on, qu'en Allemagne, dans la collection du conseiller Brandt. J'avoue même que, malgré ma foi dans l'immense fantaisie des œuvres de la création, j'aurais besoin de voir ce phénomène unique pour me convaincre de sa réalité.

— Monsieur, me dit l'étranger, si vous venez jamais à Munich, je serai heureux de vous montrer le taupin rouge et de m'acquitter ainsi quelque peu de la grande obligeance dont vous venez de m'honorer.

En achevant ces mots, il me remit sa carte et prit congé de moi.

Cette carte portait le nom du conseiller Fritz Brandt, un des plus célèbres entomologistes de l'Allemagne, et précisément le possesseur de l'*elater ruber.*

Le nom inscrit sur la carte évoqua aussitôt dans mon souvenir un petit roman que m'avait conté autrefois, à Anvers, un écrivain de beaucoup de talent, mon ami, mort avant l'âge, et quand il commençait à formuler ce quelque *chose qu'il avait là,* suivant l'expression d'André Chénier montant sur l'échafaud. — Je veux parler de Félix Bogaërts.

Il y a quelque vingt ans, un jeune Allemand, le sac sur le dos, le bâton de voyageur à la main et suivi d'un petit griffon écossais d'une extrême pureté de race, arriva à pied dans la ville d'Anvers.

Après avoir tiré de sa poche un carnet qui contenait plusieurs adresses manuscrites, il se dirigea vers une rue solitaire, voisine du musée de peinture, s'arrêta devant une jolie petite maison, y entra en se recommandant du nom d'un peintre de ses amis aujourd'hui à Munich et qui avait habité Anvers plusieurs années : puis il demanda à une femme âgée qui était venue lui ouvrir si elle pouvait lui louer *une place* pour un mois ou deux.

Cette femme ou plutôt cette « dame, » comme on dit en Belgique, était veuve. Suivant la coutume de certaines villes belges hollandaises et allemandes, elle louait chaque année, à un étudiant une partie de sa maison et lui fournissait, en outre, le vivre avec le couvert.

Elle avait deux filles ; l'une, Bello qui atteignait sa vingtième année, l'autre Netje, qui touchait à sa quatorzième. Les plus beaux cheveux blonds du monde ruisselaient sur la tête de Bello, et on admirait déjà chez Netje, enfant chétive et pâle comme on l'est à son âge, de grands yeux noirs qui promettaient de devenir un jour d'un éclat sans égal.

Peu à peu, la douceur mélancolique du jeune Allemand qui se

nommait Fritz Brandt, sa santé délicate, son assiduité à l'étude, son
ardeur à collectionner les insectes des environs d'Anvers, établit
une grande intimité entre la
veuve, ses deux filles et leur pensionnaire.

Bello ne tarda point à aider
Fritz dans la classification des insectes que ce dernier rapportait
de ses excursions. Elle devint
même bientôt capable d'en distinguer les espèces et les variétés
sans nombre. Le soir, assise à
côté de Fritz, à la table commune,
au milieu de laquelle brûlait une
seule lampe, dont la clarté servait
aux travaux de tous, elle piquait
d'une épingle sur l'élitre gauche
et disposait soigneusement à la surface de minces plaques de liége
les insectes que Fritz avait pris durant la journée.

Le petit griffon, qui portait le nom de Fidelio, prenait sa part,

sinon des travaux de la soirée, du moins de la douce intimité qui
régnait entre son maître et ses hôtesses.

Il était le favori de Bello et le camarade de Netje. Presque toujours blotti sur les genoux de la première, il la quittait parfois pour se glisser traîtreusement près de la seconde. Alors il saisissait l'ouvrage de broderie ou de couture, que l'enfant tenait d'une main la plupart du temps négligente. Une fois en possession de ce jouet, Fidelio l'emportait à l'autre bout de la chambre, Netje le poursuivait, le chien lui échappait sans cesse, et c'étaient des rires, des cris, des éclats de rire jusqu'au moment où Fidelio fatigué laissait tomber de sa petite gueule rose le morceau d'étoffe, et d'un bond allait se réfugier sur les genoux de Bello.

Un jour Fritz rentra presque fou de joie.

— Un taupin rouge! s'écria-t-il. Une variété unique qu'un entomologiste croirait acheter pour rien en le payant trois cents florins! Un taupin rouge! Je l'ai trouvé sur le port, au milieu de bois exotiques.

Et l'on passa la soirée à s'extasier sur le taupin rouge et à le préparer avec le soin que méritait une pareille rareté.

A peu de temps de là, Fritz qui jusque-là recevait chaque semaine une lettre d'Allemagne vit tout à coup cesser cette correspondance active et il écrivit plusieurs fois sans qu'il lui vint de réponse. Après quinze jours d'attente le facteur apporta enfin une lettre cachetée de noir. Dès lors, le jeune homme se laissa aller à un profond abattement, et Bello le surprit plusieurs fois répandant des larmes.

Il finit même par tomber sérieusement malade.

Bello s'installa à son chevet et ne le quitta plus ni le jour ni la nuit; car le pauvre enfant, dévoré par une fièvre ardente, était en proie au délire. Dans ce délire il parlait sans cesse de l'abandon où le laissait un protecteur qui, depuis son enfance, veillait sur lui et subvenait à tous ses besoins. Ce protecteur venait de mourir subitement, et Fritz se demandait avec désespoir de quelle façon, sans argent, sans ressources, il pourrait retourner en Allemagne,

puisqu'il ne lui restait même pas la somme nécessaire pour payer
à son hôtesse le peu qu'il lui devait, et regagner Munich, même à
pied.

Bello profita d'un jour que le malade se trouvait un peu calme
pour lui dire :

— J'ai commis, pendant votre maladie une grande indiscrétion
que je vous prie de me pardonner. J'ai montré votre collection à

un savant, ami de notre famille, qui repart ce matin, votre *taupin*
rouge l'empêche de dormir. Il vous en offre cinq cent florins. Je
sais bien que vous ne voulez pas le vendre, mais je n'en ai pas

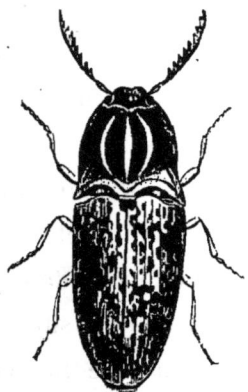

moins pensé que je devais vous raconter cela.

Une vive rougeur colora les joues pâles de
Fritz. Il pria Bello de lui apporter la boîte qui
contenait l'insecte précieux, le contempla longtemps avec tristesse, et, tout à coup, le montrant du doigt à la jeune fille : Que cet étranger l'emporte! s'écria-t-il.

A dater de ce jour-là, commença la convalescence de Fritz. Quinze jours après il put
quitter Anvers et retourner en Allemagne.

Ce fut Bello qui se chargea, non sans répandre bien des larmes furtives, de placer dans le sac de voyage du jeune homme ses caisses d'entomologie.

Le lendemain, quand il prit congé de son hôtesse et des deux
jeunes filles, tous les quatre sanglotaient, surtout Bello.

Fidelio, la queue dans les pattes et les oreilles baissées, suivait
tristement son maître. Tout à coup il le quitta brusquement, et revint, en courant, à Bello, qu'il accabla de caresses.

— Gardez-le! gardez-le, en souvenir de moi! s'écria Fritz.

Et il hâta fiévreusement le pas.

A quinze jours de là, Bello reçut une lettre de Fritz.

« Bello, disait cette lettre, j'ai retrouvé le taupin rouge dans ma
« collection. Sa présence m'y a révélé votre pieux mensonge. J'ac
« cepte votre aide dévoué. C'est vous dire combien j'ai de tendresse
« pour vous. »

Ce fut la seule fois que Fritz donna de ses nouvelles.

Il y avait quatre ans que la pauvre Bello n'avait entendu parler
de celui qui ne quittait jamais sa pensée, quand tout à coup, un
matin, le petit chien se prit à aboyer. Une voiture de poste s'arrêta

devant la maison de la veuve, et Fritz descendit de cette voiture. Bello accourut éperdue de joie au-devant de lui; mais Fritz ne put retenir un cri d'effroi à la vue de la jeune fille.

— Ah! dit-elle en se cachant le visage dans ses deux mains, votre retour m'avait fait tout oublier... à moi!

Hélas! quinze jours auparavant, Netje avait imprudemment enflammé ses vêtements au foyer de la cheminée, et Bello, occupée, en songeant à Fritz, à peigner ses beaux cheveux blonds, s'était précipitée sur sa sœur pour étouffer les flammes qui allaient dévorer celle-ci. Elle l'avait sauvée, mais au prix de ses beaux cheveux blonds et de larges cicatrices au visage.

Fritz, qui depuis si longtemps rêvait les joies du moment où il reverrait Bello, ne sentit pas une seule fois, près d'elle, son cœur se desserrer. En vain, il se répétait en lui-même que la sainte créature devait lui paraître plus belle que par le passé, puisqu'elle devait la perte de sa beauté à un dévouement sublime. Malgré lui ses regards se reportaient sur Netje.

Depuis quatre ans celle-ci était d'enfant devenue jeune fille, et jeune fille d'une grâce et d'un éclat merveilleux. Sa beauté vivante et nerveuse formait un contraste absolu avec la beauté un peu languissante de Bello avant l'accident qui la défigurait. La taille de Netje souple, gracieuse dans ses moindres mouvements, s'associait merveilleusement à une chevelure noire, soyeuse, plantureuse, à deux grands yeux qui parfois semblaient lancer des flammes, à une bouche rose et mignonne, et à des dents d'une blancheur éblouissante, genre de perfection, soit dit en passant, fort rare en Belgique.

Bello ne comprenait que trop ce qui se passait dans l'imagination de Fritz; elle en pleurait souvent, mais elle se cachait pour en pleurer. Elle sentait que, malgré tous ses efforts pour l'aimer encore, Fritz ne l'aimait plus, et il lui fallait tourner souvent ses regards vers le crucifix d'ivoire, unique ornement du parloir, pour ne point faiblir et se laisser aller au désespoir.

Hélas ! une plus cruelle épreuve l'attendait encore !

Un matin qu'elle revenait du marché, où suivant la coutume de la ville, elle était allée faire elle-même l'approvisionnement de la journée, elle vit, à travers une porte entre-baillée, Fritz qui tenait entre ses mains les mains de Netje que Netje ne lui retirait pas.

Loin de là, la jeune fille, enivrée par les paroles qu'il lui disait à voix basse, se pencha vers lui et présenta son front à ses lèvres durant plusieurs minutes.

Bello resta là immobile, haletante, prête à mourir et ne pouvant ni avancer ni s'éloigner. Enfin elle parvint à se traîner jusque dans sa chambre et tombant à genoux devant une image de Notre-Dame-des-Sept-Douleurs.

« Ah ! s'écria-t-elle en portant la main à son cœur, ah ! sainte mère de Dieu, je souffre là autant que vous avez souffert ! »

Elle pria longtemps et quand elle redescendit sa mère seule s'aperçut de sa douleur.

Quant à Fritz et à Netje, ils ne le remarquèrent point, car ils ne vivaient déjà plus que pour eux deux et désormais ils ne voyaient plus qu'eux deux.

Un mois s'écoula de la sorte.

Un matin Fritz dit à table, et d'une voix émue :

Hélas! voici le temps de mes vacances qui touche à son terme et il va falloir que je reparte demain pour Munich !

Bello tressaillit, Netje ne put retenir ses sanglots.

Le lendemain matin, le jeune professeur, s'occupait à faire ses préparatifs de départ, quand Bello entra chez lui. Elle éprouvait une telle émotion qu'elle tomba plutôt qu'elle ne s'assit sur un fauteuil, et que deux ou trois minutes s'écoulèrent avant qu'elle pût parler.

Fritz, dit-elle enfin avec un effort suprême et en balbutiant, Fritz j'ai assez souffert pour avoir le droit de vous dire ce que je vais vous dire.

Ce fut au tour de Fritz à se sentir ému.

— Écoutez-moi, dit-elle, en raffermissant peu à peu sa voix. Vous vous êtes fait aimer de ma sœur. Vous ne pensez point, n'est-ce pas, à la quitter ainsi, à la livrer à un désespoir qui la tuerait, elle ! je vous en préviens? Ne payez point l'hospitalité fraternelle que vous avez reçue dans cette maison, en n'y laissant, par votre départ, que le malheur. Vous ne sauriez trouver une compagne plus digne de vous que Netje.

— Mais vous, Bello, mais vous?

— Moi! reprit-elle en se redressant avec fierté, et en jetant un regard rapide et douloureux sur la petite glace qui surmontait la cheminée:

Après quoi elle ramena vers Fritz ce regard redevenu calme et presque serein.

— Il s'agit non de moi, que vous n'aimez p....oint, ajouta-t-elle sans que sa voix pût réprimer un léger frémissement ; il s'agit de ma sœur, dont vous vous êtes fait aimer et qui vous aime.

Fritz, sans rien répondre, se mit à parcourir la chambre à grands pas, puis revenant tout à coup vers elle, et les bras croisés sur la poitrine :

— Vous consentiriez à devenir ma sœur? demanda-t-il avec une vive émotion.

— Oui, votre sœur! répondit-elle!

— Et vous m'accorderez mon pardon?

— Je n'ai rien à vous pardonner, mon ami, dit-elle. Rien, vraiment! Que voulez-vous que j'aie à vous pardonner? J'ai rêvé, je me suis réveillée, voilà tout?

En achevant ces mots, elle lui tendit la main, et, sans quitter celle qu'il avait mise dans la sienne, elle le conduisit près de Netje.

— Tiens, dit-elle! Fritz demande à devenir ton mari. Sois heureuse, et rends-le heureux!

A un mois de là toute la ville d'Anvers se pressait dans l'église de Saint-Pierre-Saint-Paul pour assister au mariage du riche, célèbre conseiller Fritz avec mademoiselle Netje. On se racontait comment les dispositions testamentaires d'une personne, qui n'appartenait même point par un lien éloigné de parenté au jeune et célèbre professeur, lui avaient légué une fortune considérable; on entrait dans mille suppositions sur la cause de cette fortune mystérieuse et inespérée, donnée à un orphelin qui n'avait jamais connu ni son père ni sa mère.

Le soir même de la solennité, les nouveaux époux, rayonnant d'amour, partirent pour Munich.

Bello, calme et même le sourire sur les lèvres, les conduisait jusqu'à la voiture qui devait les emmener, les embrassa de nouveau, quoiqu'elle les eût embrassés déjà avant qu'ils ne sortissent du logis, et, debout sur le seuil, les regarda s'éloigner

jusqu'à ce qu'ils eussent disparu. Ce fut alors seulement qu'elle rentra, ne pouvant plus réprimer ses larmes.

Le petit chien Fidelio, qui avait accompagné quelque temps la voiture en courant et en jappant, revint à elle et se dressa sur ses pattes pour la caresser.

— Ah! toi, du moins, tu me restes! dit-elle en le prenant dans ses bras, toi qui me rappelles tant de rêves de bonheur à jamais perdus!

Quatre autres années s'écoulèrent pendant lesquelles Netje écrivit à de rares intervalles à Bello. Elle était si heureuse, qu'elle trouvait à peine le temps de songer à sa mère et à sa sœur. Entourée de la considération que donnent la fortune et le rang, adorée d'un mari dont à juste titre elle se sentait fière et dont chaque jour s'accroissait la juste célébrité, mère d'un enfant, tout cela ne l'excusait-il pas d'oublier un peu ceux qu'elle avait laissés à Anvers?

Pendant ces quatre années, le temps avait rendu à Bello ses beaux

cheveux blonds plus abondants même que par le passé, la fraîcheur
de son visage, la délicatesse de ses traits et le charme ineffable de
toute sa personne. Souvent on l'aima, souvent on lui demanda sa
main, mais elle refusa toujours de se marier : « Je me dois à ma
mère. » répondait-elle à ceux qui sollicitaient sa main.

Hélas ! sa mère n'avait, en effet, que trop besoin de soins dévoués,
car l'âge et les infirmités la transformaient peu à peu en une sorte
de vieil enfant doux, affectueux il est vrai, mais dont un voile qui
s'épaississait de plus en plus enveloppait l'intelligence. Paralysée,
muette, continuellement assoupie, elle ne sortait de sa torpeur qu'à
de rares intervalles pour essayer de sourire à sa fille. Après quoi sa
tête retombait doucement sur sa poitrine et elle s'assoupissait de
nouveau.

Maître Fidelio, de son côté, n'était plus un charmant petit griffon,

vif, pétulant et gai : il devait à l'âge et à des soins trop tendres, un
embonpoint considérable et une humeur passablement grognonne;

il passait presque toute la journée blotti dans un fauteuil, daignant à peine effleurer du bout des dents la pâtée délicate que Bello lui préparait avec le meilleur de la desserte, et à la moindre contrariété il aboyait à pleine gorge. Bello se pliait à tous ses caprices et supportait toutes ses humeurs en souriant.

En revanche, Fidelio n'aimait qu'elle et ne se laissait approcher que par elle.

Une lettre de Munich vint tout à coup jeter une vive agitation dans le logis mélancolique et presque morne de Bello. Netje ou plutôt madame la conseillère Brandt écrivait à sa sœur qu'elle viendrait passer quelques jours près d'elle, car la santé de son fils exigeait une saison de bains de mer à Ostende.

A huit jours de là, elle arriva accompagnée d'une femme de chambre, de deux domestiques et d'un petit garçon charmant, mais horriblement élevé, qui se mit à remplir la maison de tapage et de désordre, et qui, dès son arrivée, se mit à tyranniser sa tante, et

surtout le pauvre Fidelio; il le tirait par les oreilles et par la queue, ne lui laissait pas un moment de répit, et s'amusait de ses plaintes et de ses colères.

Quant à Netje, la fortune l'avait rendue si différente de ce qu'elle

était avant son mariage, que parfois Bello cherchait vainement en
elle sa sœur. Ses idées n'étaient plus ses idées d'autrefois, et ses
manières élégantes, ses habitudes recherchées, son habitude de
de l'opulence en faisaient presque une étrangère.

De son côté, la conseillère se sentait mal à l'aise dans cette pauvre
maison où ses domestiques trouvaient à peine où se loger. Aussi
à peine arrivée de deux jours annonça-t-elle son départ pour le lendemain matin.

A l'heure dite, le cocher et le valet de chambre, fort heureux
eux-mêmes de s'en aller, amenèrent la chaise de poste devant la porte.
Netje embrassa sa mère et sa sœur, et dit à Bello de lui apporter
Fritz. Mais Fritz tenait dans ses bras Fidelio, qui avait fini par se ré-
signer aux persécutions du petit tyran et il déclara qu'il ne partirait
qu'à la condition d'emmener le chien. Et comme Bello s'opposait à
ce caprice étrange :

— En vérité, dit la conseillère, tu nous aimes bien peu pour
préférer cet horrible animal à une fantaisie de ton neveu !

Bello pâlit, Fritz s'assit dans la voiture et plaça à côté de lui le
chien.

Mais Fidelio ne l'entendait pas ainsi, il résista, il se débattit, et
comme l'enfant le serrait avec violence, il le blessa et l'égratigna
légèrement au visage.

A la vue de quelques gouttes de sang sur les joues de son fils,
Netje saisit violemment Fidelio et le jeta sur le pavé où il tomba en
poussant des cris aigus, car il s'était fait une grande blessure à la
tête.

— Partez! cria-t-elle au postillon, sans s'inquiéter du sort du
chien et sans même dire un dernier adieu à sa sœur.

Bello ramassa Fidelio qui retrouva un peu de force pour lécher
une dernière fois les mains de sa maîtresse et qui mourut dans une
suprême convulsion.

Des larmes tombèrent des yeux de Bello sur le petit corps inanimé.

— Ah! dit elle, tu as été fidèle jusqu'au bout! toi.

Ce fut là sa seule plainte, et elle retourna s'asseoir près de sa mère paralytique.

# CHAPITRE XXII

## L'ÉPÉE DU DUC D'ALBE

e trouve, dit Franck, dans cette farde de papiers un manuscrit espagnol qui raconte les aventures d'un des premiers entomologistes connus, car il vivait au seizième siècle.

I

### DU DANGER DES FENÊTRES QUI DONNENT SUR LA RIVIÈRE

Le 8 août 1556, un violent orage éclata sur la ville de Gand aux approches de la nuit.

Il faut avoir vu un orage dans cette partie de la Belgique, pour savoir quelle violence y déploie un orage.

Tandis que les bourgeois se hâtaient de rentrer à la maison pour éviter les torrents d'eau qui commençaient à inonder les rues, et que chacun se signait dévotement dès qu'il faisait un éclair, seul, un jeune homme semblait se féliciter du désordre de la nature, et son front, habituellement soucieux, prenait une expression de joie qui ne lui était point habituelle.

Ce jeune homme se nommait Joos Claës, et il exerçait, comme son père Anthonin, la profession de tourneur, dans laquelle il excellait. Personne, dans tout le royaume des Pays-Bas, ne savait comme lui arrondir et ciseler le dossier d'une chaise ou le manche d'ébène d'un couteau ; il ne pouvait suffire aux demandes, et il eût gagné beaucoup d'argent s'il se fût montré aussi laborieux qu'habile ; mais Joos travaillait rarement et en voici les raisons.

D'abord, Joos avait commencé, au grand préjudice de son état, par se passionner pour l'étude des papillons ; il passait une grande partie de ses journées à parcourir les environs de la ville et même à entreprendre de longues excursions, soit au printemps, pour recueillir des chenilles qu'il élevait chez lui et nourrissait des feuilles qu'elles aimaient, afin d'étudier à son aise et à sa grande admiration leurs métamorphoses ; soit en été et en automne, pour chasser ces mêmes papillons à l'aide d'un filet de gaze.

Chaque flamand naît collectionneur. Aussi Joos possédait-il une collection de papillons qu'on venait voir de toutes les parties des Pays-Bas, et qui faisait, à juste titre, son orgueil.

En effet, on y remarquait entre autres l'*argynnis paphia*, regardée comme une des espèces les plus rares de l'Europe ;

Le *diadema salmacis* trésor provenant des plaines de l'Asie;

le *trinopalpe impérial*, riche conquête rapportée à un ou deux

exemplaires des montagnes de l'Himalaya, conquis dans les Pays-Bas soit par lui, soit par des amis, soit en faisant des échanges avec des collectionneurs, soit en les achetant à des voyageurs qui en faisaient le commerce, car le goût des papillons régnait alors dans ces pays à l'égal de la passion des tulipes.

Quel malheur pour Joos que l'Amérique ne fût pas encore découverte! Que de beaux papillons, inconnus alors, presque vulgaires aujourd'hui, eussent pris une place au premier rang de sa collection, car nulle part les lépidoptères ne sont plus nombreux et plus riches en couleur et en éclat que dans cette contrée.

En vain d'autres amateurs lui proposèrent-ils des échanges avantageux; en vain ceux de ses amis qui partageaient son goût pour les lépidoptères, lui parlèrent-ils de chasser de belles espèces apparues dans les campagnes voisines de Gand, il ne s'en soucia pas le moins du monde.

Tout à coup la passion de Joos pour les papillons s'amoindrit et même le quitta tout à fait. Il n'ouvrait plus les cartons, et ne regardait plus les cadres qui renfermaient ses trésors.

C'était encore pis à l'atelier. Quand il se mettait au tour, son pied ne tardait point à oublier d'agiter la roue et sa main de faire mordre le ciseau. Sa tête tombait sur sa poitrine, il se laissait aller à des rêveries sans fin, et, lorsque la voix de sa mère le tirait de sa lugubre préoccupation, il tressaillait comme si on l'eût réveillé d'un profond sommeil.

Alors la pauvre femme, désolée de voir s'affliger et dépérir le seul enfant qu'elle eût, le suppliait de ne pas s'obstiner à cacher davantage le secret qui le jetait en de pareils désespoirs, et l'assurait qu'elle trouverait quelque moyen de consolation; mais il répliquait qu'il n'avait aucun secret, se remettait à la besogne, et ne tardait point à retomber dans sa torpeur et dans ses larmes.

Je vous laisse à juger de l'inquiétude de la veuve, à qui, d'une famille de sept enfants adorés et d'un mari bon et tendre, il ne restait plus que ce fils unique.

Les enfants avaient succombé en une semaine à une fatale maladie, et le père, qui n'avait pu supporter cette affreuse perte, était allé rejoindre ces anges au ciel.

Dame Nelleke, à force de sollicitude et de veilles, était parvenue à sauver Joos, âgé de quatre ans. Depuis lors, elle reportait sur lui toutes ses joies, et elle eût volontiers donné sa vie pour voir renaître sur les lèvres du jeune homme un des sourires francs et sereins qui venaient s'y épanouir, lorsqu'il n'était qu'un petit garçon, et plus tard, quand l'adolescent rentrait au logis, après une heureuse chasse entomologique, et qu'il montrait à sa mère un à un les beaux papillons qui se mouraient palpitants, fixés par une épingle qui leur perçait le corselet sur des planches de liége.

— Tiens, regarde, lui disait-il rouge de joie et d'émotion ; voici le *vulcain* ; j'ai pris celui-ci au milieu des chardons, sur les fleurs desquels il aime à se poser. C'est un insecte bien facile à faire prisonnier, car si on ne l'attrape point du premier coup, il revient pour ainsi dire se poser sous la main du chasseur.

La *grande et la petite tortue* sont entrées dans mon filet presque en même temps au bord de notre jardin ; elles semblent, tu le sais, affectionner les lieux habités.

Le *morio vanessa* est encore plus hardi ; il vole sans cesse au-

dessus des fleurs des parterres, mais sa capture présente de grandes difficultés, car rien n'égale la rapidité de son vol.

Enfin, regarde l'*apatura iris*, qui habite toujours les bois ; se tient

sur la cime des trembles et des peupliers, et en descend entre onze heures et deux heures, pour, il faut bien l'avouer, se nourrir d'objets en décomposition. Être si beau et avoir de si vilains goûts !

Mais, je vous l'ai dit, une morne tristesse, un chagrin dont il s'obstinait à cacher la cause, le consumaient. Chaque soir, dès que la nuit enveloppait la ville, et à l'heure où le couvre-feu invitait les bourgeois à rentrer chez eux et à se blottir chaudement dans leur lit, Joos sortait de la maison et allait errer, Dieu sait où, au risque de voir les nombreuses patrouilles qui parcouraient la ville faire feu sur lui et le tuer. Une fois sa mère voulut le détourner de ces dangereuses excursions, mais l'enfant, si pieux et si docile naguère, n'hésita point à désobéir à sa mère, lui qui jamais, jusque-là, n'avait enfreint la moindre de ses volontés. Elle n'osa donc plus s'exposer de nouveau à une pareille extrémité, et elle le laissa sortir à sa guise, malgré les angoisses mortelles qui l'assiégeaient jusqu'à ce qu'il fût de retour.

Le jour dont la date se trouve en tête de cette histoire, Joos semblait, je vous l'ai dit, se réjouir de la tempête. Il s'enveloppa de son manteau vers dix heures du soir sortit comme d'ordinaire, et se dirigea, après maints et maints détours, pour dérouter ceux qui auraient eu envie de le suivre, vers le quartier bâti sur le bord de l'Escaut. Arrivé près de la rue de Neder-Schelde, il détacha une barque attachée par un anneau de fer, monta dans cette barque, et à l'aide d'un croc se dirigea vers une maison qui s'élevait à deux cents pas environ et dont la partie postérieure se trouvait baignée à sa base par le fleuve. Alors il examina soigneusement les fenêtres de cette maison, éclairées pour la plupart à l'intérieur, et il attendit patiemment, et sans tenir compte de la pluie, que les lumières s'éteignissent.

Quand la dernière eut disparu depuis un quart d'heure environ, une fenêtre s'ouvrit lentement. Joos releva vivement la tête. L'œil brillant de bonheur, il détacha prestement une échelle de soie roulée autour de sa ceinture et l'attacha à un petit cordon qui descendait de la fenêtre le long du mur. Le cordon remonta, emmenant avec lui l'échelle, et à la lueur d'un éclair Joos put voir deux petites mains blanches qui fixaient des nœuds aux barreaux de fer dont la fenêtre se trouvait barricadée. Joos grimpa rapidement sur le frêle appui, et il se trouva face à face avec une jeune fille dont il voulut baiser le front, mais elle se recula doucement et les lèvres de Joos ne touchèrent que la froide grille.

— Non, Joos, dit-elle, non! Vous avez juré d'être mon frère jusqu'au jour où la miséricorde divine prendra notre tendresse en pitié; tenez votre promesse! Mon Dieu! n'est-ce point assez pour une jeune fille que d'exposer ainsi pour vous sa vie et son honneur? car si l'on savait dans la ville nos entrevues nocturnes, je serais à jamais perdue de réputation, et si mon père découvrait que, malgré ses défenses, je n'ai point renoncé à vous aimer, il me tuerait.

— Vous n'avez point besoin de m'en faire souvenir, reprit le jeune homme; je n'ai point oublié que Treske Van Loo est la fille du roi des bouchers; qu'elle est riche, et que des obstacles insurmontables me séparent d'elle... Adieu!

— Voilà de vos folies ordinaires, Joos, et c'est vraiment bien la peine de nous exposer à tant de périls pour nous quereller.

Et soit par hasard, soit à dessein, sa petite main blanche se posa en dehors des barreaux, si près des lèvres du tourneur, qu'il y posa ces lèvres et y prit le baiser qui faisait l'objet de leur discussion. Treske ne retira sa main qu'après avoir laissé à son amant le loisir de recommencer trois ou quatre fois.

— Eh bien! dit-elle, avez-vous vu votre oncle Huyttens, et nous reste-t-il quelque espoir de ce côté?

— Hélas! mon oncle n'a pas même voulu m'entendre. Oh! croyez-m'en, cette fois, Treske, renoncez à votre fatal amour pour un misérable qui ne vous a jusqu'ici valu que des larmes, et qui peut vous entraîner dans un abîme de malheurs.

— Croyez-vous donc que Treske Van Loo ait si peu de résolution et de persévérance, Joos? Non, de par sainte Thérèse, ma patronne, je suis la fille de mon père, et rien ne saurait ébranler ma résolution. Ma pauvre mère, Joos, lorsqu'elle vivait, a autorisé nos amours et a mis votre main dans la mienne, en me disant : « Voilà ton fiancé, aime-le, mon enfant, aime-le fidèlement toute ta vie. » Mon père lui-même approuvait alors les projets de ma mère. Il a changé d'avis; mais moi je ne saurais changer de tendresse. Un cœur ne se donne pas et ne s'ôte point comme on achète et l'on vend une maison; je suis à vous, Joos, jusqu'à la mort.

— Merci, Treske, merci : car vous me rendez du courage et du bonheur!

— Adieu, Joos, à demain! j'entends quelque bruit dans la maison; hâtez-vous de fuir.

Cette fois, ce fut sur le front de Treske que se posèrent les lèvres de Joos. Et le cœur enivré de joie, il descendit précipitamment de l'échelle pour regagner la barque. O terreur! les pieds du jeune homme ne rencontrèrent que la rivière : la barque avait disparu. Joos crut que le mouvement des flots l'avait entraînée à quelque courte distance, et allongea les jambes pour tâcher de la ressaisir; mais cette tentative demeura inutile. Et comme Treske, qui le croyait descendu de l'échelle, dénouait la corde, il tomba dans l'eau jusqu'à la ceinture, et eût péri infailliblement, si, par une sorte de miracle, ses mains n'eussent machinalement saisi un crochet de fer qui se trouvait fiché dans la muraille.

Il l'étreignit de son mieux ; mais il ne tarda pas à s'apercevoir que le vieux crampon, usé par la rouille et fixé entre deux briques, cédait peu à peu et allait le replonger dans l'abime. C'était une mort infaillible, car, à cet endroit, le fond, qui avait au moins quinze pieds de profondeur et qui formait une sorte de vase sans consistance, ne lui laissait aucune chance de salut, si jamais il y tombait. Il ne lui restait qu'à tenter de gagner le quai à la nage ; mais le trajet était long, l'obscurité complète, l'orage furieux. Pour comble de malheur, en montant à l'échelle, il avait gardé son manteau, et les plis de ce manteau, alourdis d'ailleurs par l'eau qui le pénétrait, s'enroulaient autour de lui de manière à entraver tous les mouvements du malheureux. Il recommanda son âme à la miséricorde divine par une courte prière, puis il lâcha le clou et étendit les bras pour nager. Au même instant une rame le frappa rudement à la tête, et un éclat de rire se mêla au bruit des vents et de la tempête. Puis une barque, montée par deux hommes et qui stationnait devant la fenêtre depuis le moment où Joos était monté à l'échelle de soie, s'éloigna à force de rames.

Pendant que cela se passait au dehors, maître Van Loo entrait dans la chambre de sa fille et promenait sur le visage de Treske épouvantée la lueur d'une lanterne qu'il tenait à la main.

— Mignonne, lui dit-il avec un amer sourire, les jeunes filles qui la nuit prennent l'air à la fenêtre s'exposent à s'enrhumer. Désormais vous n'aurez d'autre appartement que le cabinet qui donne dans ma chambre à coucher. Allez, jeune fille, en prendre possession sur l'heure. Ce lieu sombre est convenable pour réciter le *De profundis*, et je pense que vous ne ferez pas mal de songer à cette prière, car il se pourrait qu'on en eût besoin.

— Mon père ! mon père ! que voulez-vous dire ? s'écria Treske, à qui une épouvantable crainte fit surmonter l'effroi que lui inspirait son père.

— Rien ! répliqua tranquillement le boucher. Ne devons-nous pas nos prières à tous les chrétiens ? Or, il fait une tempête affreuse, et si quelque batelier s'aventurait sur l'Escaut à pareille heure, il pourrait bien lui arriver quelque fâcheux accident. Allez donc réciter le *De profundis*.

— Mon père ! par pitié, sauvez-le, sauvez-le ! reprit la jeune fille en embrassant les genoux de Van Loo. Oh ! ne le laissez pas périr ! Sauvez-le, au nom de ma mère, qui est au ciel et qui nous écoute ! sauvez-le ! Vous riez, vous me repoussez ? eh bien ! sauvez-le, et je vous le jure sur le salut de mon âme, je ne le verrai plus, je ne chercherai plus à le voir, je m'efforcerai de l'oublier.... Mais sauvez-le, sauvez-le !

— Tais-toi, fille éhontée ! tais-toi, et ne me parle plus de ce misérable qui se jouait de ton honneur et qui t'exposait à une honte publique. Crois-tu que l'on aurait longtemps ignoré dans la ville tes rendez-vous nocturnes ? Il faut en finir à jamais. Écoute ; on n'entend plus rien, ni bruit, ni rames, ni voix d'hommes.... J'entends la porte du logis qui s'ouvre.... Ce sont tes frères qui reviennent. Ils ont vengé l'honneur de leur famille.

Treske n'entendait plus rien ; elle gisait évanouie aux pieds du boucher. Celui-ci la regarda froidement, la jeta sur le lit, et alla rejoindre ses deux fils qui l'attendaient dans la pièce voisine.

— Eh bien, garçons ? dit-il.

L'aîné lui montra une de ses rames encore teinte de son sang.

— Brise cette rame, dit Van Loo ; brise-la et jettes-en les morceaux au feu. Que personne ne puisse soupçonner notre vengeance. Il faut que l'on attribue au hasard la mort de notre ennemi. Demain, quand on vous en parlera, vous répondrez : « Tant pis, c'était un bon garçon. » Bonsoir ! maintenant, allez-vous coucher ; vous êtes de braves fils.

Il les embrassa, puis alla s'asseoir devant la cheminée où brûlaient les débris sanglants de la rame, et il finit par s'assoupir, après avoir bu deux ou trois grands pots de bière qui eussent suffi pour enivrer un vulgaire buveur ; mais il n'en éprouva pas le moindre trouble, et s'il s'endormit, il ne faut faire honneur de ce sommeil qu'à la vive chaleur du foyer.

Sur ces entrefaites, deux hommes enveloppés de manteaux et la tête abritée sous de larges chapeaux rabattus, parcouraient silencieusement les rues solitaires de Gand. De temps en temps l'un d'eux s'arrêtait pour contempler, à la lueur des éclairs, quelques-uns des édifices ; puis il reprenait sa marche, toujours suivi de son muet et passif compagnon. Ils arrivèrent ainsi sur le bord du quai. Là, comme s'il eût trouvé du charme au bruit des eaux et au mugissement des vents, celui des promeneurs nocturnes qui paraissait le plus important s'assit sur la rive, sans tenir compte de la pluie, et se mit à regarder fixement les flots qui s'entrechoquaient agités et soulevés par la tempête. Tandis qu'il méditait ainsi, au milieu du désordre des éléments, son compagnon, moins satisfait et moins rêveur, frappait du pied pour se réchauffer, rajustait les plis de son manteau et semblait peu content de stationner à pareille heure sur le bord de l'Escaut. Néanmoins, il n'osait ni aller ni venir, ni témoigner son mécontentement. L'autre ne prenait pas plus garde au malheureux glacé de froid que s'il eût été seul en ces lieux. A la fin l'orage s'apaisa ; les nuages qui voilaient le ciel se déchirèrent et la lune jeta, par une trouée du voile qui la cachait complétement naguère, un large rayon de lumière. Le fleuve sembla s'enflammer par la réverbération de cette clarté, et le vieillard assis s'écria :

— Comte, voilà l'image de ma destinée ! L'orage et la nuit d'abord, puis à la fin le repos et la splendeur de la vie éternelle ; les pensées du monde noires et sombres, les pensées du ciel éclatantes et pures !

Un profond salut servit à la fois de réponse et d'assentiment à cette exclamation.

— Mais, qu'aperçois-je là-bas, sur l'eau ? reprit le vieillard ; ne voyez-vous pas quelque chose qui flotte ? Dieu me pardonne ! c'est un homme qui périt ! il faut venir à son secours.... Non, ce n'est

qu'un cadavre. Voyez! il flotte roide et sans mouvement! Autant que
me le permet de distinguer la clarté de la lune, sa tête paraît couverte de sang. Aidez-moi, cher comte, à le ramener sur le bord.
Vers nous le flot l'apporte, et à l'aide de votre épée nous pourrons
le tirer de l'eau.

Par un brusque mouvement d'impatience il arracha des mains
de son compagnon l'épée dont celui-ci se servait avec maladresse,
se pencha sur l'eau, et parvint à accrocher la poignée de l'arme,
qu'il tenait par l'extrémité de la lame, dans le vêtement du noyé ;
il l'attira ensuite tout à fait à lui, et avec une force peu commune
il le sortit du fleuve.

— C'est un jeune homme, dit-il ; son cœur ne bat plus ; ses
lèvres n'ont plus d'haleine. N'importe! il ne faut rien négliger pour
le ramener à la vie ; peut-être n'est-elle point tout à fait éteinte.
Aidez-moi à le transporter.

Il prit le cadavre par les épaules, son compagnon souleva les
pieds, et tous les deux se dirigèrent ainsi vers la rue des Foulons.
Une patrouille les rencontra, et l'officier qui la commandait voulut
s'enquérir des motifs qui faisaient errer ainsi, dans les rues, des
hommes chargés d'un cadavre. Dès que le compagnon du vieillard
eut prononcé quelques mots, l'officier se déchaperonna respectueusement, et ordonna à deux de ses soldats de se charger du fardeau,
et d'obéir en tous points aux ordres qu'ils recevraient des inconnus.

Ceux-ci firent porter le cadavre jusqu'au seuil d'une petite porte
obscure dont le vieillard avait la clef ; il l'ouvrit. Aussitôt trois domestiques âgés accoururent avec empressement. Ils reçurent des
mains des soudards le corps et le montèrent par un petit escalier
tournant dont une des extrémités aboutissait à la porte, et dont
l'autre menait à de vastes appartements. Là ils déposèrent le corps
sur un lit, et deux d'entre eux commencèrent à lui donner des

secours sous la direction du vieillard, auquel ils rendaient les plus grands témoignages de respect.

— Qu'on aille chercher un prêtre et un médecin, dit celui-ci au troisième, qui attendait en silence ses ordres. Il faut sauver l'âme si l'on ne peut sauver le corps.

Quelques minutes s'étaient à peine écoulées que le prêtre et le chirurgien entrèrent.

Le vieillard, fatigué de son excursion, s'assit, ou plutôt se laissa tomber dans un grand fauteuil près du feu. Il était aisé de voir que la fatigue, bien plus que l'âge, courbait sa taille et sillonnait son front; sa barbe, de couleur fauve et taillée en pointe, ses yeux vifs et dont on ne pouvait soutenir le regard, donnaient à sa figure pâle et à ses pommettes saillantes une expression plutôt amère que dure; et cependant l'ensemble de ses traits inspirait une sorte de crainte dont personne de ceux qui l'entouraient ne pouvait se défendre, pas même le prêtre et le médecin. Son costume consistait en un vêtement des plus simples, façonné en gros drap de Flandre gris, et pour la coupe duquel le tailleur avait plutôt consulté la commodité que l'élégance et la mode. Sur un signe de sa main petite et d'une remarquable beauté, on le débarrassa de son manteau, percé par la pluie et on lui échangea sa chaussure imprégnée de bouc contre de larges pantoufles de velours doublées d'hermine. Ces soins personnels ne l'empêchèrent point de surveiller et de diriger les secours que l'on donnait au noyé, dans lequel vous avez sans doute reconnu le pauvre Joos.

Au seizième siècle, on regardait comme article de foi médicale beaucoup de préjugés sur la manière d'en agir avec les noyés, préjugés qui, la plupart, florissent encore de nos jours dans la tradition populaire. La première tentative de guérison que l'on essayait consistait à prendre par les pieds le malade, pour lui faire rendre l'eau qu'il avait bue; ce qui suffirait pour tuer en quelques minutes un

homme en bonne santé. Grâce à Dieu, le médecin appelé près de
Joos ne traita pas ainsi le jeune tourneur. Il le saigna; il lui fit
faire des fomentations sur la poitrine, il ordonna des frictions sur
tous ses membres; et quand il eut rendu un peu de chaleur à ce
cadavre inanimé, il l'enveloppa dans une couverture de laine, et
laissa à une transpiration abondante qui s'établit le soin de ranimer
tout à fait l'existence. Lorsque le jeune homme commença à pousser des soupirs, à remuer les bras et à ouvrir les yeux, le vieillard
fit signe à tous ceux qui se trouvaient dans la chambre de se retirer : il ne resta plus près du lit que le prêtre, le médecin et celui
qui les avait fait appeler.

Joos souleva la tête et porta des regards égarés sur les lieux
inconnus où il se trouvait. Quand il aperçut, à sa droite, le vénérable moine, et à sa gauche l'étrange figure du vieillard, il se crut
entre saint Pierre et le démon qui se disputaient son âme, et par
un mouvement instinctif il se jeta dans les bras du religieux en
s'écriant :

— Protégez-moi !

Le vieillard comprit la pensée du ressuscité, et se prit à sourire
d'une manière qui ne fit qu'augmenter la terreur du pauvre garçon.

— C'est de moi seul que ta destinée dépend désormais, dit-il de sa voix grave et imposante. Sans moi tu serais mort, par conséquent ta vie m'appartient. D'un mot, d'un geste je peux te rendre à la tombe d'où tu sors.

Ces paroles, on le comprend de reste, ne servirent point à rassurer Joos, tout faible encore de son long évanouissement.

— Réponds sans détour aux questions que je vais t'adresser, continua le vieillard, et ne t'avise point de vouloir me tromper; car je ne suis point de ceux qu'on trompe impunément. Par quelle suite d'événements te trouvais-tu blessé à la tête, dans l'Escaut, et flottant au gré du courant? Parle vite, parle sans détour, je te le répète, parle comme si tu te confessais à ton lit de mort.

Le jeune homme se sentit un peu rassuré par ces paroles, car elles commencèrent à lui faire espérer qu'il n'était point trépassé et qu'il n'avait point affaire au démon, mais bien à des créatures vivantes. Il raconta naïvement, en peu de mots et avec une sincérité complète, son amour pour Treske, ses rendez-vous nocturnes et leur fatal dénoûment.

— Pourquoi le boucher te refuse-t-il la main de sa fille?

— Parce que je suis pauvre et obscur, tandis qu'il est riche et le roi de sa corporation.

— Comment as-tu laissé ignorer à ta mère tes amours?

— Parce que je savais ces amours insensées, pleines de désespoir et de malheur, et que je ne voulais pas entraîner ma mère dans cet abîme.

— Elle s'y trouve plongée pourtant, reprit sans pitié le vieillard. La voilà séparée à toujours de son fils, sans consolation et sans soutien pour sa vieillesse. La voilà veuve de son fils, comme elle était déjà veuve de son mari.

Joos cacha dans ses mains ses yeux ruisselants de larmes.

— Quant à Treske, son sort ne me paraît pas plus heureux. Si l'on a découvert tes rendez-vous nocturnes avec elle ; si l'on t'a frappé mortellement sous sa fenêtre, ce ne peut être que par ordre de son père. Or le père qui fait assassiner l'amant de sa fille ne me paraît point devoir se montrer plus indulgent envers celle qui l'a trompé.

— Pitié ! oh ! pitié ! s'écria Joos éperdu. Je donnerais ma vie pour racheter ces fatales conséquences de mon fol amour ; je donnerais le salut de mon âme... Dieu me pardonne ce blasphème, interrompit-il en faisant le signe de la croix.

— Ce sont là de vaines paroles qui s'évanouiraient devant la réalité, interrompit le vieillard avec son sourire amer et méprisant.

— Non, je vous en fais le serment, reprit Joos, qui cependant avait frissonné de tous ses membres à la vue de ce sourire infernal et à qui revenaient ses craintes de converser avec Satan.

« Écoute-moi bien, Joos Claës, et songe à la réponse que tu vas faire, car tu te trouves en ce moment dans la circonstance la plus grave de ta vie ! Si l'on t'offrait de réparer les conséquences de tes fautes, de consoler ta mère, de rendre l'honneur et la tranquillité à Treske, et d'ajouter, pour toi, à tout cela, un mois de bonheur entre ta mère et ta femme, te sentirais-tu ensuite, dans le cœur, assez de reconnaissance pour te dévouer corps et âme à ton bienfaiteur, tant qu'il aurait besoin de tes services ? Corps et âme, entends-tu bien ? »

Joos sentit une sueur froide ruisseler le long de ses membres et la défaillance le ressaisir.

« Tu le vois, tu n'es qu'un misérable égoïste, indigne d'intérêt. Tu refuses de réparer à tes propres dépens le mal commis contre deux pauvres femmes plongées dans l'infortune pour t'avoir trop aimé, pour t'avoir prodigué un dévouement et une abnégation qui te coûtent tant, à toi !

— Vous ne lisez pas dans ma pensée, reprit Joos après un moment de sérieuses réflexions. On ne saurait faire étourdiment et à la légère de pareilles promesses. Écoutez-moi à votre tour : je jure, fussiez-vous le père du mal, — il se signa prudemment en disant ces mots, et il vit avec joie que le vieillard ne témoignait aucun trouble, — je jure de me dévouer à vous et à vos volontés corps et âme, et, tant qu'il vous plaira, pourvu que vous tiriez ma mère d'inquiétude ainsi que Treske! De plus vous les mettrez pour toujours à l'abri du malheur, et vous me laisserez un mois durant vivre près d'elles.

— J'accepte, dit le vieillard. Maintenant, comme notre entretien a pu te fatiguer, prends ce breuvage et endors-toi avec confiance ; tu ne tarderas pas à voir l'effet de mes promesses. »

Joos prit la coupe qu'on lui présentait et la vida. Bientôt, malgré la préoccupation que lui causait la singularité de son aventure et la gravité du pacte qu'il venait de contracter, la fatigue et les vertus soporifiques du breuvage ne tardèrent point à le plonger dans un profond et doux sommeil.

Cependant la pauvre mère de Joos, tandis que son fils se dévouait ainsi pour elle, passait la nuit en de terribles angoisses. A chaque instant elle écoutait à la fenêtre si le bruit des pas de son fils ne viendrait pas lui apporter quelque consolation. Longtemps elle n'entendit que les hurlements de la tempête et le fracas de la foudre. A ce tumulte de la nature succéda un silence plus terrible encore. Il semblait un funeste présage de mort, et, sans les prières qui la soutenaient, dame Nelleke eût succombé à ses émotions.

Chacune des heures de la nuit se traîna lente comme une année, et le point du jour commença à paraître sans que Joos reparût.

Enfin elle entendit des pas... Hélas! elle le reconnut de suite, ces pas n'étaient point ceux de son fils. Néanmoins ils s'arrêtèrent devant la porte ; on agita le marteau, et alors mille pensées funestes s'agitèrent dans le cerveau de la pauvre créature. Dire tout ce qu'elle éprouva, durant le trajet de sa chambre au seuil du logis, ne serait point possible à des paroles humaines.

C'était un vieillard de mine vénérable qui avait frappé à la porte.

« Mon fils ! il est arrivé quelque malheur à mon fils ! s'écria la vieille bourgeoise.

— Je ne suis porteur que de bonnes nouvelles, reprit le messager d'un ton grave. Si vous voulez voir votre fils, vous n'avez qu'à m'accompagner. Seulement, d'après les ordres que j'ai reçus, je ne puis vous emmener avec moi qu'après vous avoir couvert les yeux de ce bandeau. Soyez sans crainte cependant, je vous en fais le serment par les mérites de Jésus-Christ, notre Sauveur, vous n'avez ni souci, ni crainte à prendre. »

Il s'agissait de revoir son fils, son fils dont l'absence nocturne la jetait en de si mortelles inquiétudes. Dame Nelleke n'hésita point. D'ailleurs le vieillard à qui elle se confiait la rassurait par la douceur de sa mine et par l'honnêteté de ses manières. Elle se laissa donc couvrir les yeux, passa son bras sous le bras de son guide, et celui-ci, après quelques détours faits à dessein pour qu'elle ne pût point deviner vers quel quartier de la ville il la conduisait, s'arrêta devant une petite porte.

Tandis que cela se passait pour Nelleke, le boucher dormait encore tranquillement devant la cheminée où il avait jeté les rames ensanglantées. Tout à coup il entendit frapper rudement à sa porte; éveillé en sursaut, il descendit et demanda brutalement ce qu'on lui voulait à pareille heure ?

« Ouvrez, au nom de Sa Majesté le roi des Pays-Bas ! » lui répliqua-t-on.

Et il vit en effet, à travers le grillage de la porte, deux officiers accompagnés d'un détachement fort respectable de soldats.

« Et que veut Sa Majesté Très-Catholique ? reprit-il.

— Ouvrez, ouvrez sans retard ! reprit l'un des officiers. Sans cela, mon maître, j'ai reçu l'ordre de faire enfoncer votre porte. Je vous préviens amicalement que toute résistance est inutile. Mes soldats entourent de tous les côtés votre logis, et des barques surveillent les fenêtres qui donnent sur la rivière. »

Le boucher, dont la conscience n'était pas nette, vous le savez, pensa qu'on avait découvert quelque chose du meurtre de la nuit, et il obéit aux injonctions du magistrat, en affectant un calme bien loin de sa pensée.

« Depuis quand, demanda-t-il, se sert-on de soldats pour requérir le roi de la corporation des bouchers de se rendre à un ordre du magistrat?

— Depuis que l'on trouve des cadavres sanglants sous les fenêtres du roi de la corporation des bouchers, répliqua d'une voix brève et sèche l'officier qui déjà avait pris la parole. Vous allez, mon maître, m'accompagner où j'ai ordre de vous conduire. Vos deux fils et votre fille doivent vous suivre; si vous ne voulez pas de scandale dans votre logis, recommandez-leur la docilité. »

Le boucher aurait de bon cœur assommé l'officier, et assurément il l'eût fait s'il lui eût été loisible d'appeler autour de lui les membres de sa corporation. Mais son arrestation opérée avec une grande adresse, ne lui laissait à cet égard aucune chance, même de tentative, sans compter que les soldats tenaient, les uns la hallebarde au poing, et les autres les mèches allumées de leurs arquebuses. Il fit donc à mauvaise fortune bon cœur, appela ses deux fils, Odewyk et Karel, et leur dit de se lever et de se vêtir sur-le-champ. Il alla ensuite quérir Treske, recouvrit d'une épaisse cape le visage de la jeune fille et suivit le magistrat, résolu, chemin faisant, à regarder autour de lui s'il n'apercevrait pas quelques bouchers pour les prévenir de son péril et les appeler à son secours.

Malheureusement on lui banda les yeux, comme on l'avait fait pour dame Nelleke ; on le bâillonna, par surcroît de précaution, et ni lui ni les siens ne surent en quels lieux on les emmenait.

Quand on leur rendit l'usage de la bouche et des yeux, ils se trouvèrent devant un vieillard qui sourit.

A sa vue le boucher tomba les deux genoux en terre.

« Ce ne sont pas de vaines marques de respect que je veux, dit avec colère ce dernier. Déjà je vous ai gracié pour avoir commis un meurtre, et voilà que, de nouveau, vous versez du sang. Je vous laisse un quart d'heure, vous et vos fils, afin que vous recommandiez votre âme à Dieu. Trois harts vous attendent sur la place du Vendredi. Faites venir les confesseurs, monsieur le grand prévôt? »

Maître Van Loo tournait ses gros yeux vairons comme un loup pris au piége; il en avait la rage secrète et la stupide lâcheté.

« Quel meurtre ai-je commis ? » essaya-t-il de demander.

Mais le tremblement de sa voix démentait sa fausse assurance.

« Celui de Joos Claës.

— Joos, Joos est mort! » s'écria Treske.

Et elle tomba évanouie aux pieds de son père, sans que celui-ci se baissât même pour la secourir.

« Il faut un jugement public et légal pour me condamner, dit le boucher après un moment de réflexion; je réclame mes franchises de bourgeois de Gand.

— Vous avez été condamné jadis à mort pour la part que vous avez prise aux émeutes des *Cresers;* votre condamnation a été suspendue, mais jamais aucun acte n'a sanctionné votre grâce. Vous serez pendu, dans une heure, comme un *Creser;* recommandez votre âme à Dieu.

— Ne puis-je racheter ma vie au prix d'une forte amende? demanda Van Loo.

— Les biens du condamné à mort appartiennent à l'État.

— Alors, qu'on me donne un pot de bière et qu'on m'amène un prêtre, ajouta-t-il avec un sang-froid menteur, car ses joues étaient livides.

— Vous pouvez racheter votre vie à une condition.

— Laquelle? fit maître Van Loo avec empressement.

— C'est d'écrire en bas de ce papier, sans lire les conditions qu'il contient :

« J'accepte les engagements ci-dessus et m'engage à les tenir « comme bons et valables, sans restrictions et sans conteste. »

— Je ne signerai rien sans savoir ce que je promets.

— Voici trop longtemps que cet entretien dure. Appelez le prêtre et prévenez le bourreau!... Emmenez dans la chambre voisine cette jeune fille qui, grâce à Dieu, a repris connaissance.

Le vieillard sortit et le prêtre s'approcha du boucher.

« Mon fils, lui dit-il, repentez-vous de vos fautes, et songez à

27

l'éternité qui s'avance. Vous avez trempé vos mains dans le sang, et Dieu a dit : « Malheur aux mains sanglantes ! »

— Je voudrais parler à mes fils une dernière fois, dit maître Van Loo, dont la terreur devenait de plus en plus visible.

— Ils s'occupent du salut de leur âme, et, je vous en conjure, mon fils, imitez-les ! Ne songez plus aux choses de la terre, mais tournez vos pensées vers la mort et vers l'éternité qui se tiennent là devant vous.

— Ne savez-vous point ce que contient l'acte qu'on veut me faire signer ?

— Je l'ignore ; mais il est trop tard d'y songer, puisque vous avez refusé d'obéir à celui qui jamais ne pardonne une désobéissance. Mon fils, au nom du ciel, priez et repentez-vous ! »

En ce moment le bourreau parut avec un gros paquet de cordes sous le bras.

« Maître Van Loo, dit-il, permettez-moi de vous demander pardon de la mort que je vais vous donner ; mais il faut que je remplisse les devoirs de mon ministère.

— Maître Wittvronghel, reprit l'autre à voix basse, je te donne mille pièces d'or si tu veux prévenir les bouchers de ma mort prochaine. Que j'aie du moins la consolation de leur adresser mes adieux !

— Oui, pour qu'ils jouent du couteau au pied de la potence et qu'ils cherchent à vous délivrer. C'est là une pensée peu chrétienne, mon maître, dans un moment aussi solennel. Si je faisais ce que vous me demandez, je ne tarderais point à voir mon premier aide remplir près de moi l'office que je viens remplir près de vous.

A ces paroles le roi des bouchers éperdu, s'écria :

— Je consens à signer tout ce qu'on me demande, mon père. Je vous en conjure, dites que je suis prêt à obéir, et que j'accepte toutes les conditions, quelles qu'elles soient.

« — Je cède à votre désir sans espérance de réussite, dit le prêtre. Dieu sait si je pourrai seulement parvenir jusqu'à celui dont votre sort dépend !

— Faites vite ! dit le bourreau. Voici une heure du matin qui sonne et tout doit se finir dans un quart d'heure, pour éviter le conflit des bourgeois. »

Je n'ai pas besoin de vous dépeindre les angoisses du boucher durant l'absence de son confesseur. Enfin ce dernier revint, accompagné du vieillard, dont la physionomie exprimait plus impitoyablement que jamais l'ironie et le sarcasme.

« Ah ! ah ! mon maître, dit-il en ricanant, pour un homme qui fait bon marché de la vie des autres, tudieu ! comme la crainte de la mort vous ride le visage et flétrit la fraîche rougeur de vos grosses joues ! Allons, écrivez et signez. Bien ! maintenant vous resterez mon prisonnier jusqu'à ce qu'il me plaise de vous renvoyer chez vous. Songez-y bien. La moindre tentative d'évasion ou de communication au dehors serait le signal de la rupture de notre traité... et le retour de cet homme, ajouta-t-il, en montrant le bourreau qui s'éloignait. Dormez donc si votre conscience et votre peur vous le permettent. On va vous conduire dans la chambre qui vous est destinée. »

Un soldat, armé jusqu'aux dents, vint prendre en effet maître Dicksens, et le mena dans une petite pièce où se trouvait un lit. De larges grilles de fer fermaient les fenêtres qui donnaient sur une cour. Enfin le boucher, qui vainement appelait le sommeil, entendit les pas de sentinelles qui allaient et venaient devant sa porte.

## III

### PROMESSES TENUES.

Enfermé dans une chambre qui ressemblait beaucoup à une prison, et que gardaient, vous le savez, des sentinelles, le chef de la

corporation des bouchers était loin de se sentir délivré de toute inquiétude. Il s'inquiétait de voir les heures avancer sans qu'on le mit en liberté, et il éprouva un véritable sentiment de joie lorsqu'il entendit enfin tirer les verroux et faire tourner la clef dans la serrure. Mais cette joie devint bientôt de la terreur, car la personne qui parut n'était rien moins que le bourreau.

« Mon maître, dit cet homme qui se faisait un malin plaisir de la peur du prisonnier, je viens vous apporter les volontés de quelqu'un que vous connaissez. C'est vous dire que si vous les transgressez, mes mains ne tarderont point à placer autour de votre cou l'ordre du Saint Cordon. Celui qui m'envoie vous fait à savoir que si vous révéliez ou si vous laissiez seulement à entendre quelque chose des événements de cette nuit, vous n'auriez qu'à dire votre *in manus*. Maintenant vous pouvez aller droit à votre logis, où vous attendent de nouveaux ordres. »

Le boucher obéit sans se le faire répéter deux fois, descendit l'escalier quatre à quatre, et, quand il eut franchi la petite porte, huma l'air à l'aise, librement et pour la première fois depuis la veille; aussi le huma-t-il à trois ou quatre reprises. Il prit ensuite le chemin de sa maison, et, à son grand étonnement il vit que ses domestiques et ses garçons en décoraient la façade de rameaux verts, de rubans et de guirlandes, tandis que les membres de la corporation, en habits de fête, se tenaient rangés en bon ordre et formaient la haie.

« Eh ! quoi, lui cria-t-on de toutes parts, vous êtes encore en veste du matin et voici l'heure de la cérémonie qui va sonner ! Que devient donc votre exactitude ordinaire ?

— La cérémonie? allait demander le boucher. Mais ces paroles expirèrent sur ses lèvres, car il aperçut dans la foule des curieux le bourreau qui levait en l'air le parchemin que le vieillard avait fait signer la veille par maître Van Loo.

— Dans quelques minutes je serai prêt, » répliqua-t-il.

Et il entra au logis pour prendre son pourpoint des grands jours, et tâcher de connaître ce qu'on exigeait de lui ; mais il n'en pût rien découvrir. Sa toilette terminée, il prit place dans le cortége qui se mit en marche. Le digne bourgeois, qui croyait faire un rêve, demanda tout bas à son principal garçon qui marchait par derrière :

« Pétrus, dis-moi où nous allons. »

Pétrus répondit par un éclat de rire.

« Vous voulez vous moquer de moi, maître? répliqua-t-il.

— Parle, je te l'ordonne! Qui t'a fait parer de verdure ma maison?

— Un vieillard qui venait d'après votre ordre et qui, par saint André! savait se faire obéir. Ce n'était donc point vous qui l'aviez envoyé?

— Si fait! si fait! se hâta de dire le boucher, qui voyait le bourreau le regarder et agiter le fatal parchemin. Quelles raisons t'a-t-il données pour motiver ces apprêts de fêtes?

— Quelles raisons? Mais le lieu où nous allons les explique assez! Maître, vous voulez rire à mes dépens!

— Où allons-nous? murmura le boucher furieux.

— Voici la tête du cortége qui monte les premières marches de l'église de Saint-Bavon ; le clergé se tient à l'entrée du porche. « Vivat! » s'écria le garçon qui se découvrit et qui agita son chaperon. « Vivat! » car il ne voulut point être seul à ne point répéter la joyeuse exclamation de la foule!

— Vivat! vivat! à jamais vivat!

Maître Van Loo entra donc dans l'église sans savoir ce qu'il allait y faire, et se livrait à mille suppositions qui se détruisaient l'une l'autre.

Le clergé conduisit solennellement, jusque dans le chœur, près du maître-autel, le bourgeois qui prit place sur un siége de velours, en face duquel se trouvaient cinq autres siéges. Tout à coup, l'orgue chanta, les trompettes de la corporation éclatèrent en fanfares, et l'on vit entrer, à droite, Treske en habit de mariée, conduite par ses deux frères ; et à gauche, dame Nelleke, appuyée sur le bras de son fils. Maître Van Loo pensa tomber de son haut.

« Ce n'était point la peine de l'assommer hier pour le marier aujourd'hui à Treske, dit l'aîné des deux fils à son père. Voici ce que le vieillard de la nuit dernière m'a remis pour vous, après m'avoir fait jurer sur ma tête, ainsi qu'à mon frère, le plus absolu silence sur les événements de la nuit. »

Le boucher ouvrit le coffret ; il y trouva environ dix mille pièces d'or et deux riches anneaux pour les fiancés.

« Tout cela, pensa-t-il en lui-même, commence à devenir moins mauvais. Si le damné vieillard m'avait dit hier qu'il donnait cette dot à son protégé, il lui eût épargné, et à moi aussi, bien des angoisses! Or, ça, mon cher Joos, dit-il à voix haute, venez m'embrasser et laissez-moi vous donner le nom de fils avant la bénédiction nuptiale. »

Joos s'agenouilla devant maître Van Loo, qui le releva, le serra contre sa poitrine, et murmura tout bas à l'oreille du jeune homme :

« Le passé est oublié, n'est-il pas vrai ?

— Je vous aimerai et vous respecterai comme un véritable père, » répliqua le fiancé.

Des *vivat* éclatèrent de nouveau ; dame Nelleke essuya ses yeux, Treske fondit en larmes en voyant Joos et son père de si bon accord ; et la cérémonie du mariage s'acheva sans autre incident remarquable.

Lorsque le cortége revint de l'église, il se dirigea vers la maison de la corporation des bouchers et il y trouva préparé un banquet qui, pour être improvisé, n'en avait pas moins une apparence des plus engageantes et des plus somptueuses. Les principaux membres de la société entourèrent leur chef et le félicitèrent de la surprise qu'il leur causait.

Maître Van Loo répondit gaiement qu'en fait de mariage, il ne fallait en parler, même à ses meilleurs amis, qu'au moment de terminer les choses. Puis il alla rejoindre son gendre. qui, les mains de Treske dans les siennes, ne pouvait se lasser de la regarder et de lui entendre répéter qu'elle l'aimait.

Je n'ose croire à mon bonheur! disait Joos à Van Loo. Il y a des moments où je pense être le jouet d'un rêve. Quel est donc cet inconnu à qui je dois la vie, et qui change ma destinée comme par enchantement? Le connaissez-vous, mon père? Comment a-t-il obtenu de vous, pour moi, la main de Treske? Ce matin en m'éveillant, j'ai vu autour de moi le vieillard, ma mère et ma fiancée. « Maître « Van Loo t'attend à l'autel de Saint-Bavon, m'a-t-il dit. Adieu. » Il a disparu. Vos deux fils sont venus chercher leur sœur, et moi, je me suis revêtu des magnifiques habits que j'ai trouvés placés sur le pied de mon lit. Pourquoi ce mystère? Pourquoi ne puis-je point remercier mon bienfaiteur? Pourquoi se dérobe-t-il à ma reconnaissance?

— D'autant plus qu'il a donné pour dot dix mille pièces d'or, répondit le boucher, qui ne se souciait pas de conter à son gendre, à quels moyens avait recouru le vieillard pour obtenir le consentement au mariage.

— Mais quel est ce personnage mystérieux? Vous le savez, vous?

— Moi! point! Il t'a doté; aucun obstacle n'existait plus, dès lors à ton mariage, et ton mariage s'est fait! voilà tout.

— A table! à table! s'écrièrent les garçons d'honneur. »

La musique se fit entendre; chacun s'assit à la place qui lui était destinée. Les mariés, sur des siéges d'honneur, et l'un près de l'autre récitèrent le *Benedicite*, suivant la coutume des noces flamandes; enfin vers huit heures du soir, on se sépara en chantant des chansons où l'on exaltait la gloire de la corporation des bouchers.

Joos n'était point au bout des surprises de la journée. Quand il
amena sa femme dans la maison de dame Nelleke, non-seulement
il trouva cette maison parée de verdure, mais encore une riche vaisselle d'argenterie couvrait les tables et les buffets. De magnifiques
étoffes de laine et de soie destinées à la toilette de la nouvelle
mariée, complétaient ces témoignages de la munificence de l'inconnu. Enfin, maître Van Loo remit à son beau-fils le coffret et les
dix mille pièces d'or, et le prêtre arriva pour faire la bénédiction
du lit nuptial.

Certes, il n'était pas, en apparence, d'homme plus heureux sur
la terre que Joos. Mais en dépit de tant de bonheur sa femme et sa
mère le surprenaient souvent plongé dans une sombre tristesse.
Plus le temps s'écoulait plus le pauvre garçon devenait soucieux.

Ces symptômes devinrent de plus en plus prononcés à mesure
que la fin du mois approchait.

Dans les premiers jours de juillet, son inquiétude parut visible
pour les regards les moins clairvoyants. Si Treske lui demandait,
les larmes aux yeux, ce qui pouvait l'attrister ainsi et ce qu'il
manquait à son bonheur, il la serrait convulsivement dans ses
bras et lui répondait qu'il était le plus heureux des hommes, mais
bientôt il reprenait sa mélancolie. Frappait-on à la porte? il tressaillait comme si quelque danger l'eût menacé. La nuit et le jour
il semblait attendre quelque malheur. Cédait-il parfois au sommeil? c'était pour s'éveiller presque aussitôt en sursaut et pour
porter autour de lui des regards épouvantés. Il passait la journée
entière à prier et à pleurer devant le crucifix de sa chambre à
coucher; il embrassait sa femme; il serrait les mains de sa mère;
il les suppliait de ne point s'éloigner de lui, et à toutes leurs
questions, il ne répondait que par des gémissements.

Quand la journée qui terminait le mois se fut écoulée, il parut
renaître à quelque espérance. Le lendemain, il recouvra un peu de

sérénité; à la fin de la semaine, il semblait tout à fait soulagé et il se montra plus gai qu'il ne l'avait jamais été depuis son mariage. Tout prit au logis un air de bonheur qui faisait envie à voir. Joos travaillait au tour durant toute la journée; le soir il allait faire une promenade avec sa femme, et récoltait avec elle des papillons de nuit. Ou bien, ils devisaient de mille projets, car déjà la jolie Treske entrevoyait l'espoir de devenir mère et un petit ange rose et blanc à bercer sur leurs genoux, à aimer, à caresser, à élever. Combien Dieu les récompensait des peines qu'ils avaient éprouvées !

« Il y a des moments, disait la jeune femme, où je suis tentée de croire que notre bonheur provient d'un miracle, et que notre inconnu mystérieux est un saint venu du ciel pour mettre un terme à nos chagrins. Cependant, quand je me rappelle la scène terrible qui s'est passée sous mes yeux, les menaces adressées à mon père...

— Ne reparlons point de cela, interrompit Joos, qui frissonnait de tous ses membres ; n'en parlons point, Treske. »

Et il retombait dans ses lugubres rêveries, sans que les douces caresses de sa femme et ses joyeuses boutades pussent éclaircir son front et dissiper les nuages qui s'y trouvaient amassés.

Cependant, ce ne fut qu'une courte rechute, car bientôt il sembla avoir repris sa tranquillité, et il se montrait le premier lui-même à donner le signal des bons propos, des gaies réparties et des jeux folâtres.

Le 7 du mois d'octobre, c'est-à-dire deux mois entiers après l'anniversaire de leur mariage, Treske, un peu dolente, se tenait assise sur les genoux de Joos et appuyait languissamment sa tête contre l'épaule de son mari. Dame Nelleke allait et venait, faisant les apprêts du souper, car elle n'eût voulu pour rien au monde que les mains délicates et blanches de sa chère bru touchassent à un ustensile de cuisine. De temps à autre, elle venait regarder

le charmant groupe, avec un sourire plein de malice et de bonté;
puis elle reprenait ses occupations qui consistaient à disposer la
vaisselle sur la table, et à ne pas laisser brûler une oie rôtie qui
se dorait lentement devant le brasier du foyer.

En ce moment, quelqu'un entra dans la boutique, et de la boutique et passa sans façon dans la chambre où se trouvaient les jeunes
époux. Joos jeta un cri de détresse, Treske ne se sentit pas mieux
rassurée, car tous les deux avaient reconnu le mystérieux vieillard.

« Voici une étrange bienvenue pour celui à qui vous devez la
vie et le bonheur ! dit-il avec tristesse. Je ne me trompais donc
point en croyant que tous les hommes sont des ingrats? J'ai eu
tort de croire que tu valais un peu mieux que les autres. Adieu,

maître Joos! Dieu vous pardonne, comme moi, votre ingratitude! »

Joos s'élança vers lui, l'arrêta comme il allait gagner la rue et le ramena dans la chambre.

« Non, mon cher bienfaiteur! s'écria-t-il, non, je ne serai point ingrat envers vous! Non, je ne trahirai point celui à qui je dois tout. Adieu, ma mère, adieu Treske! il faut que je le suive! Dieu vous bénisse pendant mon absence et nous réunisse un jour! »

A ces mots, les deux femmes éclatèrent en sanglots; le vieillard les considéra quelque temps en silence.

« Adieu! dit-il, je partirai sans Joos. Qu'importe que je reste seul au monde, abandonné, sans une véritable affection près de moi! Ces consolations de ma triste vieillesse vous coûtent trop pour que j'en veuille, adieu! »

Il y avait tant d'accablement dans ces paroles de l'inconnu que Treske elle-même se sentit émue de compassion pour l'infortuné.

« Joos, dit-elle avec effusion, Dieu punit les ingrats! Nous devons à ce vieillard notre bonheur. Nous serions bien misérables d'hésiter à le lui sacrifier. Adieu, mon bien-aimé!

— Voilà des paroles qui me font du bien, dit l'inconnu. Depuis longtemps je n'en avais pas entendu d'aussi généreuses! Vous êtes une bonne et noble créature, Treske. J'emmène Joos avec moi; j'ai besoin qu'il m'accompagne dans un long voyage que je vais entreprendre; mais sitôt de retour, je vous fais le serment de vous réunir toutes les deux à lui. Consolez-vous donc; son absence durera quelques mois seulement. »

Malgré cette promesse, la séparation des deux époux et de la pauvre mère n'en fut pas moins des plus douloureuses. Ils ne pouvaient s'arracher des bras les uns des autres; ils éclataient en sanglots; ils se répétaient de ces mots entrecoupés que donne seul le désespoir.

Enfin Joos s'arma de résolution et s'enfuit.

Quand il eut gagné l'extrémité de la rue, il attendit que son compagnon, qui ne marchait qu'avec peine, put le rejoindre. Le vieillard conduisit le tourneur vers un carrosse attelé de quatre chevaux, qui stationnait dans le voisinage. Ils y montèrent en silence, et la voiture partit au galop. Le vieillard semblait avoir oublié tout à fait que quelqu'un se trouvait près de lui. Il parlait à voix haute, il murmurait des mots entrecoupés.

« Mon Dieu ! disait-il, vous m'avez donné la force d'accomplir le sacrifice jusqu'au bout. J'ai rompu avec les choses d'ici bas ! J'ai repoussé du pied les vanités fragiles de ce monde ! Que d'ingratitude ! que de lâchetés autour de moi ! Qu'importe ! Je n'appartiens plus à la terre ! C'est les yeux tournés vers le ciel, que je veux désormais marcher à la tombe, si voisine de moi ! La tombe, mon Dieu ! mon Dieu ! que cette pensée me glace d'effroi ! La tombe, mon Dieu ! Quelle heure redoutable que l'heure où vous me demanderez compte de ma vie ! Seigneur, jugez-moi avec miséricorde, car, vous le savez, la fatale mission dont vous m'avez chargé m'imposait de tristes devoirs. Il fallait les accomplir, et plus d'une fois j'ai levé vers vous, avec douleur, mes mains désespérées. »

Il s'agitait en disant cela ; une fièvre ardente semblait le consumer et ses mains serraient convulsivement son front chauve et sillonné de rides profondes.

« Joos, murmura-t-il enfin, j'ai soif, mon gosier brûle ! Donnemoi à boire. Tu trouveras dans le coffre qui se trouve à mes pieds une bouteille et un gobelet d'argent. »

Le jeune homme s'empressa d'obéir, et versa dans le gobelet une liqueur qui lui parut vermeille, autant que put lui permettre de la voir la clarté douteuse de la lune. Cette boisson donna un peu de soulagement au vieillard et lui rendit du calme. Il ne tarda point à tomber dans un profond assoupissement, et bientôt le bruit de sa respiration, fortement accentuée, finit par se mêler avec régularité

aux cahots des roues et au bruit de la voiture. Joos, de son côté,
essaya de dormir, mais le sommeil ne vint pas un seul moment le
consoler de son départ et le soustraire aux réflexions inquiétantes
qui le tourmentaient.

La situation du tourneur n'était pas, en effet, sans mélange d'a-
larmes. Il se trouvait attaché à la destinée d'un homme riche et puissant, sans doute, mais dont il ignorait jusqu'au nom; et en outre, il
entreprenait un long voyage, vers un but inconnu et pour un temps
illimité. En vain il se remémorait, pour se rassurer, les marques
de munificence et d'intérêt que lui prodiguait son maître, il ne parvenait pas, en dépit de tout, à s'affranchir complétement de doutes
et de craintes.

La voiture chemina plusieurs jours avec une vitesse inouïe à cette
époque, et arriva enfin dans un port de mer. Elle ne s'arrêta que
sur le bord du rivage où se trouvait une chaloupe qui l'attendait. Le
vieillard y descendit accompagné de Joos, et ils ne tardèrent point à
atteindre un vaisseau prêt à mettre à la voile.

A peine les deux passagers avaient-ils posé le pied sur le bâtiment, que le capitaine donnait le signal du départ. Le vieillard
tira son chapelet, pria avec ferveur et parut retenir avec peine ses
larmes.

Quand au pauvre Joos, il sanglotait au souvenir de sa mère et de
sa femme.

## IV

### QU'IL FAUT TENIR CE QUE L'ON TIENT.

Durant les premières heures de la navigation, Joos et le vieillard
restèrent sur le pont du vaisseau, absorbés dans leurs tristes pen-

sées, leurs yeux attachés sur les Pays-Bas qui s'enfuyaient, et regardaient la patrie disparaître peu à peu à l'horizon. Quand ils ne virent plus que le ciel et l'eau, le vieillard releva le premier la tête.

« Allons, dit-il, Joos, allons, du courage, mon enfant ! »

Le désolé Gantois leva les yeux et vit avec surprise les paupières de son maître mouillées de pleurs. Celui-ci comprit la surprise du jeune homme et sourit :

« On peut quitter avec calme les grandeurs de la terre, ajouta-t-il, mais on ne s'éloigne pas pour toujours de son pays natal sans que le cœur se serre et que les joues ruissellent de larmes !

— Pour toujours ! répéta Joos avec effroi.

— Rassure-toi ! reprit le vieillard ; il ne s'agit que de moi seul. Tu ne tarderas point, toi, à revoir bientôt les Pays-Bas ; je le sens ; bientôt je n'aurai plus besoin de tes services.

— Et pourtant, s'écria Joos avec affection, car la tristesse et la bonté de son compagnon l'avaient ému, et pourtant vous savez que je vous suis dévoué à la vie, à la mort.

— Et c'est ma mort qui te délivrera, Joos !... Hélas ! je croyais m'attacher en toi, qui es jeune, qui me dois la vie et le bonheur, un serviteur fidèle et désintéressé... Voilà que tu vas désirer le jour où l'on chantera un *de profundis* sur ma fosse !

— Ah ! monseigneur, quelle injuste pensée....

— Je connais les hommes, interrompit le vieillard avec amertume. Ce n'est point d'aujourd'hui que j'apprécie et que j'éprouve leur égoïsme et leur ingratitude !... Allons, ne va pas t'affliger de mes paroles de misanthrope. Dieu te préserve des fatales épreuves qui me valent ces idées de mépris pour les hommes ! Oui, Joos, bénis Dieu, à chaque instant du jour, de la naissance obscure que tu lui dois ; car, toi, tu peux sourire à la vie ; tu ne regardes point la mort comme ton seul refuge et ton unique espérance ! »

En disant cela, le vieillard ramena soigneusement les plis de son manteau sur sa poitrine pour la préserver du froid ; car l'air commençait à fraîchir vivement et le vent soufflait avec violence.

La température devint même assez rigoureuse pour faire abandonner le pont au maître de Joos. Il descendit avec le Gantois dans l'arrière du bâtiment, où se trouvait disposée pour lui une cabine. Chacun sa rangea respectueusement sur son passage, et Joos observa qu'à ce respect se mêlait un sentiment d'avide curiosité.

La cabine réservée au vieillard paraissait plus commode que somptueuse, si toutefois on doit appeler commode une petite pièce, longue de six pieds, où l'on peut à peine se tenir debout. Le mobilier se composait de deux chaises en bois, et, ce qui excita la terreur et la surprise de Joos, d'un lit en forme de cercueil.

Le mystérieux personnage parut satisfait et presque flatté de l'émotion produite sur son nouveau valet de chambre par l'étrangeté de cet appartement lugubre. Une tète de mort, quelques volumes, une discipline et une robe de moine formaient au-dessus du lugubre lit une sorte de trophée digne des autres meubles.

« Tu es désormais mon seul serviteur, dit le vieillard à Joos. Les services que je réclame de toi, sont d'ailleurs de peu de fatigues. Ils consisteront à ranger chaque matin cette chambre et à m'apporter mes repas. Dès cinq heures, le coq du bâtiment te remettra pour moi un peu de lait chaud ; à midi tu me donneras un morceau de pain de seigle ; à l'heure du souper, la ration de viande des matelots me suffira. Quant à toi, mon enfant, comme je ne veux pas t'astreindre à ce régime de cénobite, continua-t-il satisfait de l'étonnement de Joos devant une si maigre chère, j'ai donné des ordres pour que tu manges à la table du capitaine. Seulement ne cherche point à découvrir qui je suis ; je veux que tu ne l'apprennes que de moi, et lorsqu'il en sera temps.

La traversée dura onze jours, sans aucun accident qui vaille la peine d'être relaté. Le vieillard, qui semblait dévoré par l'inaction et par l'ennui, passait de longues heures à deviser avec Joos. Il se complaisait à la naïveté du jeune homme, s'amusait de son esprit naturel et prenait un vif intérêt au récit de ses amours et aux épreuves qu'elles avaient subies. Ils s'amusaient ensuite à faire mille projets sur la manière dont ils emploieraient le temps dans la retraite où ils se rendaient. Joos enseignerait à son maître l'art de tourner et surtout d'élever des chenilles, de faire éclore des papillons et de former une belle collection des lépidoptères du pays où ils allaient. Il recevrait en échange des leçons d'horlogerie et de jardinage. Quand le vieillard parlait de ces deux choses, son visage rayonnait de satisfaction. A l'en croire, personne au monde ne s'entendait comme lui à polir une roue et à greffer un arbre. Lui qui parlait, la veille, de mort prochaine, se réjouissait maintenant des fruits que son jardin produirait dans quinze ans.

Ce fut au milieu de ces causeries quotidiennes, tantôt riantes et tantôt sombres, tantôt découragées et tantôt pleines d'espérances, que le bâtiment aborda sur le littoral d'Espagne, à Laredo, dans la Biscaye.

Le vieillard monta sur le pont dès que l'on se trouva en regard du port.

« Hélas! dit-il à Joos, le secret de mon nom ne restera plus longtemps un mystère pour toi. Depuis bien des semaines, j'en suis sûr, la foule vient épier sur ces rivages si l'on n'aperçoit pas, au loin en mer, le pavillon de mon vaisseau. Tu vas voir des témoignages d'admiration et de respect. Poussière de la poussière, vanité des vanités, qui ne m'inspire que du mépris et du dégoût! Pourquoi faut-il que je les subisse? »

Malgré ces prévisions et ces craintes, personne ne se trouva sur le pont, quand la chaloupe mena à terre Joos et son maître. Il put traverser les promeneurs qui allaient et venaient par la ville, sans exciter de curiosité et sans que l'on prit garde à lui le moins du monde. Tout à l'heure il s'affligeait des honneurs qu'on devait lui

28

rendre : en voyant son isolement, il éprouva d'abord de l'humeur, puis ensuite un abattement profond. Il ne put bientôt dissimuler davantage ce qu'il ressentait ; son désappointement éclata en termes durs et en reproches d'ingratitude contre les hommes.

— Quittons ces lieux, dit-il, hâtons-nous d'aller nous ensevelir dans notre retraite, loin d'un pareil ramas de misérables !

Il fit atteler sur-le-champ des chevaux à sa voiture que l'on venait de débarquer, et il se disposait à partir, lorsqu'une objection de Joos l'arrêta.

— Monseigneur, lui dit-il, vous m'avez donné l'ordre de remettre au capitaine la cassette pleine d'or qui se trouvait dans vos bagages, afin qu'il distribuât son contenu comme gratification à l'équipage. Maintenant, où comptez-vous faire prendre de l'argent pour continuer la route, car nous ne pouvons aller droit à Burgos, comme vous le voulez, sans payer les chevaux et les courriers ?

Le vieillard sourit.

— Tu as raison, Joos. Va chez le gouverneur de la ville de Loredo, tu lui donneras ordre de venir me trouver sur-le-champ.

— Mais, de quelle part faudra-t-il lui donner cet ordre ?

— De la part de l'empereur Charles-Quint ?

— L'Empereur ! s'écria Joos, qui tomba les deux genoux en terre.

— Oui, mon enfant, reprit le monarque avec bonté et en relevant son valet de chambre. Regrettes-tu, maintenant, d'avoir quitté ta femme et ta mère pour devenir le serviteur de Charles-Quint.

— Sire, je n'oserai plus lever les yeux devant votre Majesté.

— Voilà ce que je cherchais précisément à éviter et que je ne veux point souffrir. Garde avec ton maître, qui n'est plus d'ailleurs qu'un moine obscur, ta gaieté et ta franchise. Hâte-toi d'aller chez le gouverneur.

Joos s'acquitta de sa commission avec empressement. Le gouverneur se rendit aussitôt près du monarque.

— Monsieur le gouverneur, lui dit Charles-Quint, veuillez me compter dix mille piastres.

— Ce serait un grand honneur pour moi que d'obéir aux ordres de Votre Majesté, répliqua l'officier; mais quel que soit mon désir ardent de lui obéir, je n'ai pas cette somme en ma possession.

— Aussi, n'est-ce point à vous que je la demande, interrompit le prince avec hauteur; c'est un ordre que je vous donne de me remettre dix mille piastres prises dans les caisses de l'État qui vous sont confiées.

— Je ne puis disposer de ces caisses que sur l'ordre écrit de Sa Majesté Catholique.

— Du papier, monsieur, je vais vous signer cet ordre. Envoyez chercher cette somme... Eh quoi! vous n'avez point encore obéi? Vous hésitez; vous êtes encore là?

— C'est qu'il faut un ordre écrit du roi, sire.

— Mais voilà cet ordre, cria Charles, furieux.

— Sa Majesté Catholique est à Bruxelles, murmura l'officier en baissant les yeux.

Charles-Quint, éperdu de colère, porta la main à sa ceinture, comme pour y chercher un poignard. Sa pâleur était effrayante ; le sang coulait de ses lèvres qu'il mordait avec rage.

— Sortez de ma présence, misérable ! sortez !

Il se couvrit le visage de ses deux mains qui tremblaient convulsivement. Quand il releva la tête, il s'efforça de sourire, et dit d'une voix encore rauque de colère :

— Allons, je voulais être moine, me voilà mendiant. Partons, Joos, partons à pied, un bâton à la main ! Nous dirons devant chaque porte où nous demanderons un morceau de pain :

Ne laissez pas mourir de faim l'Empereur ; ne faites pas comme son fils et comme ses courtisans !... Joos, ne te dépouille jamais pour tes enfants, tu t'en repentirais avec trop de désespoir !

Pendant que Charles-Quint parlait ainsi, son serviteur paraissait vouloir lui dire quelque chose, sans oser surmonter la fausse honte qui le retenait.

— Je te devine, demanda l'Empereur, tu vas me proposer de me prêter de l'argent.

— Si Votre Majesté daignait me permettre...

— Oui vraiment, je te le permets. Cela manquait aux conséquences de mon abdication ; à moins toutefois de me voir arrêter par l'alcade pour n'avoir point payé mes dépenses d'auberge et d'aller en prison entre deux alguazils. Voyons, tu dois posséder une somme assez ronde ; car je connais les Flamands, ils se montrent toujours gens de prudence et ne s'embarquent point à la légère et sans provisions.

— J'ai dans ma ceinture deux mille piastres.

— C'est plus qu'il nous en faut, Joos. L'histoire saura un jour que, sans l'aide de son valet de chambre, Charles-Quint n'aurait pu se rendre au couvent où il va prendre la robe de bure !

De Laredo à Burgos, Charles-Quint garda un morne silence. Enveloppé dans son manteau, la tête courbée sur la poitrine, il semblait accablé par un sentiment profond de tristesse.

A Burgos, une scène touchante rendit un peu de consolation à son cœur et un peu d'énergie à son courage. Ses deux sœurs, les reines douairières de France et de Hongrie l'attendaient dans cette ville. Il leur fit des adieux fort tendres ; mais il ne voulut point leur permettre de l'accompagner dans sa solitude, quoiqu'elles l'en conjurassent, les larmes aux yeux, pour avoir, disaient-elles, la consolation de contribuer par leurs soins à soulager ses souffrances.

— Quand on a tenu dans ses mains les destinées du monde, leur répondit-il, on sait souffrir seul et avec résignation. Adieu ; souvenez-vous de moi dans vos prières, je ne suis plus de ce monde, mes sœurs !

Il les embrassa les yeux pleins de larmes, puis il donna à Joos l'ordre immédiat du départ pour Valladolid.

— Je remercie Dieu de cette dernière entrevue, dit-il, quand les murs de Burgos disparurent au loin derrière lui. Elle me console en me montrant que je n'ai point fait que des ingrats. Charles-Quint, dépouillé du manteau impérial, garde encore des cœurs amis et conserve des affections sincères. Hélas ! ce n'est point parmi ceux que j'ai comblés de mes bienfaits que se trouvent ces cœurs, mais bien chez deux pauvres femmes pour qui souvent je me suis montré sévère. Dieu les bénisse comme je les bénis du fond du cœur !

Ces consolations disparurent bientôt devant l'isolement où le laissèrent, durant le reste de son voyage, les seigneurs espagnols dont il traversait les domaines. A peine quelques-uns vinrent-ils lui rendre les hommages qu'ils lui devaient. Enfin, à Valladolid, les retards apportés au payement de la modique pension de cent mille ducats, qu'il s'était réservée, se renouvelèrent. Il lui fallut attendre plusieurs semaines avant de pouvoir congédier le petit nombre de domestiques restés près de lui.

— Mon fils se hâte bien de faire le roi, dit-il un soir à Joos. Je lui ai donné la couronne d'Espagne, cela est vrai; je l'ai ôtée de ma tête pour la poser sur la sienne; mais, par saint Liévin! je suis encore empereur, et l'empereur n'aurait qu'à étendre la main pour faire tomber le roi à genoux, tête nue. Les grands sont ingrats, mais le peuple n'oublie pas si vite. Le pape Paul V n'a point encore ratifié l'élection de Ferdinand. Il dit qu'il ne saurait y avoir deux oints du Seigneur, que l'Empereur ne peut renoncer au pouvoir qu'il tient du ciel, et que le chef de l'Église lui-même, celui qui lie et délie tout sur la terre, n'a pas le droit d'autoriser une pareille abdication. Si jamais il m'ordonnait, au nom du Christ et sous peine d'excommunication, de reprendre ma couronne et mon épée, il faudrait bien obéir! Tu verrais alors tout l'univers s'ébranler de nouveau à cette nouvelle. Mais Dieu me garde d'un pareil malheur! Oh! quelle bonne vie paisible et riante nous allons mener au couvent de Saint-Just! C'est quand j'étais jeune et puissant que ces beaux lieux m'ont fait rêver le projet de finir en paix mes jours dans cette délicieuse retraite. Figure-toi une délicieuse vallée de peu d'étendue, mais qu'arrose un petit ruisseau et qu'ombrage un bosquet d'arbres centenaires. Par la nature du sol et par la température du climat, il ne se trouve point de situation plus salubre et plus charmante en Espagne. Déjà, depuis six mois, j'ai envoyé à Saint-Just un architecte chargé d'y bâtir une maisonnette sur des plans que j'ai tracés moi-même il y a plus de vingt ans. Rien dans cette construction ne rappellera l'Empereur; elle sera tout bonnement le logis dont se contenterait un bourgeois aisé, retiré du commerce. Ma maisonnette s'élève à côté du cloître et se compose de six chambres, rien de plus. A quatre de ces chambres j'ai donné la forme de véritables cellules monacales et des murs nus, des meubles en chêne. Les fenêtres s'ouvrent sur un frais et pittoresque paysage. Les deux autres pièces, grandes de vingt pieds carrés, ont pour

tapisseries du bon drap-brun de Verviers. Une seule chambre
réunit un peu d'élégance à beaucoup de confort; c'est la tienne,
mon cher Joos. Derrière ma maisonnette s'étend un joli jardin que
j'ai fait planter d'arbres et de fleurs qui nous rappelleront nos
bonnes Flandres et où tu pourras élever des chenilles et chasser
des papillons tant qu'il te plaira? Enfin une porte conduit de mon
salon à la chapelle du couvent; de sorte que nous pourrons faire
commodément nos dévotions et passer tranquillement la vie entre
la prière et la culture de notre jardin. Que dis-tu de cette existence-
là? Peut-on en rêver une plus douce et une plus désirable?
Nous ne regretterons, je te l'assure, rien de ce que nous aurons
laissé derrière nous. Allons, voilà que tes yeux se mouillent de larmes? Tu penses à ta femme et à ta mère. Eh bien! nous les ferons
venir à Saint-Just. Cela m'amusera de voir les joies de ton ménage

et de faire sauter ton enfant sur mes genoux. Pardieu! je veux être
un jour son instituteur et lui apprendre à lire. Mon histoire alors
sera tout à fait semblable à celle du tyran de Syracuse, Dionysius,
qui, descendu du trône, se fit maître d'école.

Telles étaient les pensées de Charles-Quint en arrivant à Saint-Just, pensées que la pureté de l'air et la santé du prince, devenue meilleure, rendaient gaies et riantes. Depuis deux jours il ne ressentait plus la goutte qui torturait habituellement ses membres et au bien-être de la campagne se joignait ainsi les ineffables bonheurs de la convalescence. Il mit donc une joie naïve à descendre de voiture, à visiter son habitation, à en montrer successivement et en détail les diverses parties à Joos, et à se promener dans le jardin. Il ne lui fit grâce de rien, ni d'un meuble, ni d'une fleur, ni surtout d'un des nombreux papillons qui volaient de çà et delà, allant d'un arbre à un arbre, et d'une fleur à l'autre.

Il ne dédaigna même pas de manœuvrer un filet de gaze, et de prendre de sa main impériale un ou deux papillons.

— Ah! s'écria Joos, voici un véritable miracle! Votre Majesté vient de prendre un *Danaïs chrysoppus*, qu'on ne trouve guère que

dans les contrées les plus chaudes, et que je ne savais pas habiter l'Espagne.

Charles-Quint sourit, et recommença de plus belle à poursuivre les papillons.

Il ne tarda point à faire un second prisonnier.

— Bonté du ciel, dit Joos stupéfait, je n'avais encore vu qu'une

fois en ma vie cet insecte! Il est originaire de Java. Comment se
trouve-t-il en Espagne? il n'y a qu'un empereur pour faire ainsi des
chasses que nul autre ne ferait. Les plus grandes conquêtes de Votre
Majesté m'étonnent moins que celle-ci : un drusilia! un drusilia!

— Allons, allons, répliqua Charles-Quint, je vois que si je ne
suis plus bon à prendre des royaumes, je suis du moins bon encore à prendre des papillons. L'univers s'occupera peut-être un
jour de mes chasses à insectes, et après avoir passé pour un grand
empereur, je passerai, qui sait? pour un grand savant.

Et toute la journée il parla du drusilia et se montra de belle
humeur.

Le soir, tandis qu'il se livrait encore à ces enfantillages, deux
moines parurent, saluèrent silencieusement Charles-Quint, s'age-
nouillèrent et récitèrent une courte prière. Ils se relevèrent ensuite, et l'un d'eux déploya une robe de bure qu'il tenait cachée
sous son scapulaire; l'autre prépara une paire de ciseaux.

A leur vue, quoique l'Empereur eût réglé lui-même ces dispositions, il sentit un frisson parcourir tout son corps; une sueur
froide baigna son visage, et il fit signe aux moines de s'éloigner.

Ceux-ci comprirent mal l'ordre qu'on leur donnait, et le père qui tenait les ciseaux, murmura d'une voix lugubre :

— J'apporte la couronne du ciel pour la couronne de la terre.

— Voici la robe du salut en échange de la vaine pourpre impériale, ajouta l'autre religieux.

Charles-Quint tomba machinalement à genoux et sentit bientôt ses cheveux tomber sous les ciseaux grinçants du moine. Sa pâleur devenait extrême ; ses mains, convulsivement agitées, se joignaient dans une pénible étreinte ; ses lèvres essayaient en vain de balbutier des prières. Joos crut un instant que son maître allait défaillir, et il accourut pour lui donner des secours ; mais, à la vue de ce témoin de sa faiblesse, Charles lui fit signe de ne point avancer, et la cérémonie s'accomplit jusqu'au bout. Le monarque se dépouilla ensuite de ses vêtements ; il le fit avec lenteur et presque avec hésitation. Pendant quelques minutes il resta demi-nu, absorbé dans une grande préoccupation. On aurait dit qu'il ne prenait plus garde à ce qui se passait autour de lui, et que sa pensée se reportait vers des temps éloignés et des retours impossibles. Enfin, par un soubresaut brusque, il revint à la réalité, prit la robe de bure, la revêtit, baisa la terre et s'écria :

— O mère commune des hommes ! je suis sorti nu de ton sein, je rentrerai nu dans ton sein !

Il remercia ensuite les moines, demanda leur bénédiction et déclara que, dès le soir, il commencerait à suivre les offices et à pratiquer la règle, comme le dernier des novices. Mais il ne put rien en faire, car à peine s'étaient-ils éloignés que la goutte le ressaisit avec violence ; une fièvre violente se déclara, et Joos, qui passa la nuit au chevet de son maître, crut un instant que cette grande existence allait s'accomplir.

Par un revirement ordinaire chez les malades du tempérament de

Charles-Quint, le lendemain matin l'agonisant s'endormit d'un
profond sommeil. Quand' il s'éveilla, la santé semblait lui être

tout à fait revenue. Il voulut aller travailler au jardin, il commença par rire et s'amuser du peu de disposition que Joos montrait pour manier la bêche et le râteau, et les distractions que lui
donnait chaque papillon qui partait sous ses yeux. Mais il ne
tarda pas lui-même à prendre le jardinage en dégoût ; bientôt,

il jeta, pour ne plus les reprendre, les instruments aratoires. Il se retira dans une de ses cellules et voulut que son valet de chambre le laissât seul. Joos profita de ce désir pour courir dans sa chambre, où les soins de l'Empereur avaient fait placer un tour. Là, avec le bonheur d'un homme privé depuis longtemps d'une habitude bien aimée, il quitta son habit, et se mit à l'œuvre gaiement, de manière à prouver qu'il n'avait rien perdu de sa justesse dans l'exercice de son ancien état. Au plus fort de son travail, il sentit une main qui le frappait doucement sur l'épaule : c'était Charles-Quint ; il souriait et s'amusait beaucoup de l'ardeur de Joos.

Le tourneur façonnait son morceau de bois avec tant d'aisance, qu'il donna envie à Charles d'en faire autant. Joos, avant de confier le ciseau à son maître, voulut, au préalable, lui donner des explications et des conseils sur la manière de procéder. L'indocile et impatient élève n'écouta pas un mot et s'y prit néanmoins avec une telle maladresse, qu'il se fit au doigt une blessure profonde. D'abord exaspéré par la douleur, son premier mouvement fut de jeter au loin le ciseau, avec une exclamation de colère, mais il ne tarda pas à rire de son emportement.

« Allons, dit-il, je vois que pour tourner comme pour régner, les meilleures dispositions ne dispensent pas de l'habitude et du savoir-faire. Mais, que vois-je? interrompit-il tout à coup : la pendule de ton atelier marque quatre heures, et celle de ma cellule un quart d'heure de plus ? Il faut les régler ensemble, sans cela adieu toute ponctualité dans notre manière de vivre.

Avec des prétentions évidentes aux connaissances mécaniques, et, comme il le dit, en véritable élève du célèbre Turriano, sans rival dans la science de l'horlogerie, il allongea les cordes, diminua les poids, démonta et remonta les rouages, non sans expliquer à Joos, avec un sourire de satisfaction, que l'on verrait les heureux résultats de ce travail au sortir de l'office.

Au sortir de l'office, une des horloges devançait l'autre, cette fois, d'une demi-heure. Charles-Quint y retoucha. Quand vint le moment du souper, les aiguilles de l'une tournaient sur elles-mêmes avec rapidité et en grinçant bruyamment, l'autre immobile, ne marchait plus.

L'Empereur ne témoigna pas d'impatience; il se résigna de bonne grâce.

— Insensé! dit-il, j'ai voulu faire agir ensemble des hommes, et je ne puis régler des pendules!

Il est vrai, ajouta-t-il, après un moment de réflexion, que Turriano connaît d'infaillibles moyens de les rendre exactes, et que je savais régner aussi bien que Turriano sait faire les horloges. Joos, va prier le supérieur du couvent de donner les ordres nécessaires pour que l'on fasse venir de Madrid, avec la plus grande promptitude, le mécanicien Turriano. Tu lui demanderas aussi pourquoi mon confesseur, le père Bartholomeo Carranza, ne se trouve point encore près de moi, malgré les ordres que j'ai donnés à cet égard.

Joos revint quelques instants après, la consternation peinte sur la visage.

— Le supérieur écrira demain à maître Turriano de se rendre aux ordres de Votre Majesté.

— Demain! s'écria l'Empereur, demain! Et pourquoi pas aujourd'hui? à l'instant même?... Il a raison, ajouta-t-il, j'oublie toujours que je suis un moine, et il n'oublie pas, lui, qu'il est un supérieur!

— Et le père Carranza, pourquoi n'est-il point ici? d'où te vient cet air effaré? Réponds?

— Sire, la sainte Inquisition l'a fait jeter dans ses prisons.

— Carranza! Mon confesseur! Ils ont osé cela! s'écria Charles-Quint en retombant sur son fauteuil.

## V

### L'ÉPÉE

Charles-Quint resta quelques minutes sous l'accablement du coup qui venait de le frapper. Joos le vit essuyer des larmes et l'entendit tour à tour gémir et se livrer au désespoir. Il proférait des mots à voix basse et s'écriait:

— Je ne suis donc plus rien! rien qu'un pauvre moine que l'on peut insulter impunément, que l'on insulte à plaisir.

Puis il pressa de questions son serviteur et il l'interrogea sur les motifs qui servaient de prétexte à l'arrestation du père Carranza. Quand il apprit que les rigueurs exercées contre le vieux prélat, n'avaient d'autre motif qu'un catéchisme accusé de non-ortho-doxie par l'évêque de Lérida, malgré l'approbation du concile de Trente, sa colère et sa douleur devinrent encore plus violentes. Tout-à-coup, par un puissant effort, il s'arrêta, passa les mains sur son front et parut avoir repris toute la force et toute la volonté de sa jeunesse.

— Joos, dit-il, le père don Carranza est perdu si je ne le sauve pas. Ils le mettront à la torture pour lui arracher les secrets que je lui ai confiés; ou bien ils le tueront, car mon confesseur mourra plutôt que de parler. Il faut le sauver.

— Si Votre Majesté daignait écrire à son fils le roi Philippe II...

— Ne vois-tu pas que tout ceci ne se fait que par son ordre? D'ailleurs il voudrait maintenant sauver Carranza qu'il ne le pour-rait plus! L'Inquisition ne lâcherait point sa proie.

— Que faire alors? Si le roi d'Espagne et des Pays-Bas ne peut lutter avec l'Inquisition.

— Que faire, n'est-ce pas, toi pauvre bourgeois obscur, et moi misérable moine? Écoute! Ce moine et ce bourgeois lutteront avec l'Inquisition et lui arracheront son captif. Joos, je te sais un serviteur éprouvé, intelligent et hardi! Tu vas partir pour Rome en secret. J'écrirai au pape Paul IV. Le Saint-Père ne veut point tu le sais, accepter mon abdication. Pour lui, je suis encore l'Empereur, et puis je le connais ennemi de l'injustice. Ses neveux avaient prévariqué, et il les a chassés de sa présence, comme il l'eût fait du dernier de ses sujets. Tu parviendras jusqu'à lui, tu lui remettras une lettre de moi. Il trouvera les moyens d'évoquer, devant la cour de Rome, l'accusation de Carranza... Si mon confesseur peut quitter l'Espagne, il est sauvé. Je prierai, je supplierai le pape, le fallût-il, pour obtenir de lui cette grâce, et les supplications de celui qui fut l'empereur Charles-Quint ne trouveront point sourd le représentant de Dieu sur la terre.

— Votre Majesté sait que ma vie lui appartient. Je m'estimerai heureux de la sacrifier pour son service. Mais comment pourrais-je gagner Rome sans éveiller l'inquiétude de l'Inquisition? On sait que j'appartiens à votre maison, et en supposant que mon voyage échappât à la vigilance des espions, mon absence....

— Sois sans crainte, répondit Charles-Quint, qui venait d'achever sa lettre pour le Saint-Père.

Il se mit, avec une activité et une adresse qui prouvaient son habitude de pareils déguisements, à préparer de la gomme, du crin qu'il frisa devant le feu, et diverses plantes qu'il alla cueillir dans le jardin. En peu de minutes il tailla de ses mains impériales les cheveux de Joos en couronne de moine; puis il lui façonna une barbe postiche, lui teignit le visage, et quand il l'eut revêtu d'un froc, finit par lui donner les apparences d'un véritable religieux.

Tout en achevant ce déguisement, il répétait à Joos des conseils pleins de finesse et de ruse sur les moyens de dérouter les soupçons, chemin faisant, et de réussir à Rome. Quand il eut terminé, il prit les mains de Joos dans ses deux mains tremblantes d'émotion :

— Joos, dit-il, Dieu m'est témoin de la douleur que j'éprouve à me séparer de toi. S'il ne s'agissait pas de sauver la vie d'un vieux serviteur exposé à la mort par fidélité pour son empereur, jamais je n'aurais consenti à cette séparation. A ton retour de Rome, tu te rendras à Gand pour y passer quelques semaines près de ta femme et de ta mère ; ensuite, si tu n'as pas appris la mort de ton vieux maître, tu viendras le trouver. Adieu, mon enfant, que Dieu te conduise !

Joos s'agenouilla devant Charles-Quint.

— Sire, dit-il, daignez me donner votre bénédiction avant mon départ. Si je meurs dans la mission que je vais tenter, souvenez-vous de ma femme et de ma mère.

— Sois sans crainte, répliqua Charles-Quint ému ; tant qu'il me restera un souffle de vie, elles trouveront en moi un protecteur.

Il imposa les mains sur la tête de Joos, et celui-ci, après avoir caché dans son sein et dans un scapulaire les lettres de l'Empereur, partit de Saint-Just au moment où l'horloge du clocher sonnait minuit.

Charles, aussitôt après le départ de son serviteur se mit à façonner un mannequin qu'il plaça dans le lit de Joos, et veilla toute la nuit à son chevet, comme si réellement son serviteur eût été malade. Le mécanicien Turriano, arrivé trois jours après le départ de Joos, ne tarda point à seconder Charles-Quint dans cette ruse. Il façonna un grand automate qui, vêtu des habits du Flamand, allait et venait près des fenêtres, de manière à laisser croire que le serviteur de Charles-Quint n'avait point quitté le couvent.

Deux moines ou plutôt deux espions déguisés en moines qui se promenaient presque toujours sous les fenêtres de l'Empereur, se laissèrent parfaitement prendre à la ruse de Charles-Quint.

Ces précautions et l'adresse que déploya Joos favorisèrent tellement son départ d'Espagne et son arrivée en Italie, qu'il gagna Rome sans même éveiller les soupçons :

Arrivé sur le territoire du saint-siége, il reprit le costume du laïque et ne trouva point d'obstacle à obtenir du pape l'audience qu'il lui fit demander. Le grand nom de Charles-Quint aplanissait toutes les difficultés.

Paul IV envoya de suite aux commissaires romains qui se trouvaient en Espagne, l'ordre de soulever une question de compétence entre eux et les officiers de l'inquisition. Alors le saint-père évoqua l'affaire à Rome. Carranza y fut conduit, et dès ce moment sa captivité n'eut plus rien de pénible ni de redoutable, quoiqu'on le retint encore prisonnier, au fort Saint-Ange.

La conclusion de cette affaire dura deux années ; tant l'inquisition eut de peine à céder aux volontés du saint-père.

Ces deux années écoulées, Joos, quand il eut heureusement mené à fin la négociation difficile dont l'avait chargé son vieux maître, se mit en route pour Gand. Il comptait retourner ensuite en Espagne, mais, chemin faisant, il apprit la mort de l'Empereur.

Une si triste nouvelle lui fit hâter encore davantage son arrivée dans sa famille. Un soir, le cœur palpitant et les yeux pleins de larmes, il frappa doucement à la porte de la maison natale. Sa femme vint lui ouvrir ; mais au lieu de se jeter dans ses bras, au lieu de témoigner son bonheur, elle se mit à verser des larmes amères et à donner tous les témoignages de la terreur et du désespoir. Dame Nelleke accourut aux cris de sa belle-fille et partagea la douleur de Treske à la vue de Joos.

— Dieu, aie pitié de nous ! s'écria la mère, car c'en est fait de mon fils ! Hélas ! faut-il, après une si longue absence, ne le retrouver que pour le perdre d'une manière cent fois plus cruelle encore !

— Où le cacher ? disait Treske. Ils vont revenir, j'en suis sûre ; il faut le soustraire à leurs recherches.

Et toutes les deux entraînèrent Joos dans la cave, cherchant s'il n'y avait pas quelque autre coin plus sûr où il pût s'abriter.

Ce fut là seulement que Joos put obtenir de savoir le motif de tant de frayeurs. Depuis quatre mois environ, c'est-à-dire depuis la mort de l'empereur Charles-Quint, des alguazils du duc d'Albe vinrent presque chaque jour visiter le logis des pauvres femmes et s'enquérir si le Flamand n'était point de retour ; ils avaient placé des espions dans tous les quartiers, et la maison du boucher elle-même était fréquemment fouillée jusque dans ses recoins.

— Qu'as-tu donc fait, lui demanda sa mère, pour t'attirer le courroux de ce bourreau des Pays-Bas?

— Oh! rien qui ne soit digne d'un chrétien, j'en jurerais sur la tête de mon enfant, n'est-ce pas Joos? interrompit Treske de sa voix douce.

Joos, qui se rappelait le sort de don Carranza, ne savait que trop à quels motifs attribuer les persécutions du duc d'Albe; mais à ce mot d'enfant, il oublia tout.

— Mon enfant! s'écria-t-il, mon enfant, Treske! Oh! que je l'embrasse! que je le serre entre mes bras! et puis que le duc d'Albe vienne ensuite! Mon enfant! hélas! pendant ma longue absence, sans nouvelles de toi, tantôt en Espagne et tantôt en Italie, privé de moyens de communication, j'ignorais que Dieu eût béni notre mariage. Mon enfant! je veux le voir! je veux l'embrasser!

Et malgré les efforts de sa mère et de sa femme, il s'échappa de la cave et courut au berceau où dormait une petite fille de dix-huit mois, qui s'éveilla en sursaut et lui tendit les bras.

Hélas! le pauvre père embrassait encore la jolie créature que les alguazils envahissaient la maison.

« Au nom du duc d'Albe, dit l'officier qui les commandait, Joos, ancien serviteur de Sa Majesté l'empereur Charles-Quint, vous êtes mon prisonnier!

— De quel crime m'accuse-t-on? demanda Joos.

— Liez les mains de cet homme, et attachez ses pieds avec une corde qui, sans lui ôter la possibilité de marcher, lui rende la fuite impossible. Voici longtemps que le duc d'Albe s'impatiente de nos retards à lui amener ce garçon; il ne faut pas qu'il nous échappe. Allons, en route, jeune homme!

— Au moins laissez-moi embrasser ma femme, mon enfant et ma mère.

— Cela est juste, répliqua l'officier; l'absence durera longtemps, selon toute apparence. Dieu veuille que vous vous retrouviez autre part que dans le ciel, — pourvu que vous mouriez en chrétien et que vous trouviez grâce devant la miséricorde de Dieu ! ajouta-t-il en inclinant la tête. Amen ! et en route.

Joos embrassa sa mère et son enfant une dernière fois, porta à ses lèvres la main glacée de Treske évanouie et suivit les alguazils .

Un de ceux-ci le plaça en croupe sur son cheval, et le petit corps militaire se mit en route pour Bruxelles.

Il ne fallut pas moins d'une journée et demie de marche pour faire le chemin. Quand Joos arriva, il était mourant de fatigue ; mais sans s'en inquiéter, on le conduisit sur-le-champ au palais qu'occupait le duc d'Albe.

Le duc d'Albe faisait peser alors sur la Belgique un joug terrible et sanglant dont elle se souvient encore avec terreur aujourd'hui, malgré près de trois siècles écoulés. Armé d'un pouvoir sans borne, et sans autre frein que les caprices de sa cruelle volonté, il mettait tout à feu et à sang, détruisait les priviléges des provinces, abattait les têtes des nobles, emprisonnait les bourgeois et les livrait à la corde du bourreau avec un mépris insoucieux, comme si leur vie n'eût été d'aucune valeur. Il n'avait point encore établi le *conseil des troubles* que les Brabançons appelèrent le conseil de sang ; mais il en préparait la cruelle institution, et son âme damnée, don Juan de Vargas, le secondait avec une féroce activité. La désolation régnait partout. Plus de cent mille Flamands s'expatriaient pour demander asile à l'Angleterre, emportant avec eux leurs immenses richesses et les secrets non moins précieux de leur industrie. Si quelque ville tentait de résister, on la menaçait d'une exécution militaire, et le châtiment suivait de près la menace. L'inquisition servait de prétexte, quand le duc d'Albe daignait donner des prétextes, car, la plupart du temps, il ne connaissait d'autre règle que sa volonté.

On peut juger de la frayeur qu'éprouva Joos quand il se trouva dans le palais ducal, attendant que le terrible lieutenant de Philippe II décidât de son sort.

La nuit commençait à jeter son obscurité dans les vastes salles que l'on n'avait point encore éclairées ; aucun bruit ne troublait le silence qui régnait dans ces lugubres lieux, si ce n'est des cliquetis d'armure. Accablé de fatigue, les mains douloureusement gonflées par les nœuds des cordes, mourant de soif et de faim, Joos attendit pendant près de quatre heures, en proie à de funestes pensées.

Enfin la porte du fond s'ouvrit, et don Juan de Vargas, éclairé par un valet vêtu de noir et qui portait une torche, parut sur le seuil. Il fit un signe de la main. Aussitôt l'officier des alguazils saisit son prisonnier et le poussa sans bruit vers le secrétaire du duc d'Albe.

Don Juan de Vargas ordonna à l'officier de ne pas aller plus loin, et montra du doigt le chemin à Joos. Ce dernier obéit silencieusement et en recommandant son âme à Dieu.

Après avoir marché quelques minutes dans un grand corridor, Joos se trouva tout à coup à l'entrée d'une vaste salle. Le duc d'Albe, assis devant un bureau et entouré de cinq ou six personnes, lisait des papiers et dictait des ordres. Quand Joos et don Vargas entrèrent, à peine leva-t-il la tête, pour attacher sur les nouveaux venus les regards sombres de ses yeux verdâtres.

— Joos Claës ! murmura don Juan de Vargas.

— Faites venir un moine et que cet homme se confesse, répondit le duc d'Albe. Il faut qu'il soit en état de grâce pour ce qui va suivre.

Puis il reprit avec tranquillité son travail, sans prêter la moindre attention à la pâleur de Joos.

Un moine parut presque aussitôt et emmena le pauvre Gantois dans un oratoire voisin.

— Je vais donc mourir? demanda avec angoisse le mari de Treske, qui ne pouvait encore croire à la réalité de son fatal sort.

— Hélas! mon fils, reprit le moine, rarement ceux qui viennent dans cette chapelle afin de se réconcilier avec Dieu, en sortent pour rentrer dans la vie. Le bourreau, pas plus que moi, ne quitte ni jour ni nuit le palais du duc d'Albe.

— Quoi! sans me faire connaître ce dont on m'accuse? sans me donner le moyen de me justifier, de me défendre!

— Mon fils, mettons le temps à profit, reprit le moine. Les instants qu'ici l'on accorde à ceux qui entrent dans la chapelle ne sont jamais de longue durée. Recommandez votre âme à Dieu ; renoncez à toute pensée terrestre, et ne tournez plus vos espérances que vers le ciel.

— Ma femme! ma mère! mon enfant!

— Dieu vous les rendra dans le ciel. Au nom du Christ, mon frère, songez à votre salut.

Joos s'agenouilla devant le moine et lui fit la confession de toutes les fautes qu'il avait pu commettre.

— Ne me cachez rien, lui dit le prêtre: songez que Dieu vous entend et que vous allez paraître devant lui.

— Mon père, j'ai tout dit.

— Recevez donc l'absolution, pauvre jeune homme. Offrez à Dieu en holocauste, vos souffrances et votre mort ; remerciez-le de vous donner le martyre.

Mais Joos ne se sentait point la force d'accepter avec résignation une mort aussi injuste : malgré lui, le souvenir de sa mère, de sa femme et de sa fille le rattachait à la terre.

Cependant, une heure s'écoula sans que l'on vînt chercher Joos. On amena au moine, sur ces entrefaites, successivement deux nouveaux prisonniers, et quelques minutes après leur entrée dans la chapelle, don Juan de Vargas suivi d'un homme à mine rébarbative, vint les reprendre. Minuit sonna, que le Gantois attendait encore que l'on décidât de son sort.

Accablé de fatigue, le moine avait fini par s'endormir dans le confessionnal. Je vous laisse à penser ce que souffrit durant ces éternelles heures le malheureux Joos.

A la fin, vers une heure du matin, don Juan de Vargas reparut, et ordonna au prisonnier de le suivre. Il ne restait plus dans la salle voisine que le duc d'Albe ; les bougies à demi consumées touchaient à leur fin ; quelques-unes même s'étaient éteintes, les autres ne jetaient plus qu'une lueur sombre et vacillante.

— Cet homme est-il confessé ? demanda le duc d'Albe. Et il tira sa longue et large épée à lame doublement tranchante qu'il plaça nue sur la table.

— Il est confessé, répéta d'une voix à peine perceptible don Juan de Vargas.

— Comment te nommes-tu ? continua le duc d'Albe de sa voix à la fois sourde et rauque, qui ressemblait à l'aboiement d'une hyène. Comment te nommes-tu ? reprit-il avec impatience.

— Joos Claës.

— Quel est ton pays natal ?

— La ville de Gand.

— N'as-tu pas été attaché au service de feu Sa Majesté Catholique l'empereur et roi Charles-Quint?

— Je l'ai servi avec fidélité et dévouement.

— N'as-tu pas été chargé par lui d'une mission près de notre saint-père le pape?

— Je m'en suis acquitté à la satisfaction du saint-père et de mon illustre maître.

— Jures-tu de rester fidèle jusqu'à la mort à la sainte Église catholique, apostolique et romaine?

— J'ai toujours été et je serai toujours un pieux catholique.

— A genoux!

Joos obéit, le duc d'Albe prit son épée :

— Écoute-moi bien, dit-il, car ceci est la volonté de mon auguste maître, l'empereur Charles-Quint. Joins les mains, incline la tête et prie de toute la ferveur de ton âme.

— Il leva son épée qu'il tenait la pointe appuyée contre terre, mais elle lui échappa des mains et vint tomber à ses pieds.

— Je ne le puis! dit-il : mes forces me trahissent. Jamais la goutte ne m'a torturé si violemment et affaibli à pareil point. Don Juan, remplis mon office.

Don Juan prit l'épée d'une main jeune et forte. Joos ferma les yeux, recommanda son âme à Dieu, et attendit le coup mortel. A sa grande surprise, l'épée le frappe rudement, il est vrai, mais du plat de la lame seulement et sur les deux épaules.

— Au nom de la très-sainte Trinité, dit le duc d'Albe, au nom de Sa Majesté Catholique le roi Philippe II, et en souvenir de feu mon illustre maître l'empereur Charles-Quint, qui m'a fait mander à son lit de mort pour me le recommander expressément, Joos Claës, bourgeois de Gand, je t'anoblis et te fais chevalier. Souviens-toi de te conduire en tout loyalement et de rester digne de l'honneur qui récompense tes bons et fidèles services. Relève-toi et viens recevoir de moi l'accolade. »

Joos, à cette heureuse et inattendue conclusion, pensa ne point trouver, pour ce bonheur, une force qu'il avait gardée dans le péril.

Un instant ses yeux se troublèrent et il faillit s'évanouir; mais ce ne fut là qu'une faiblesse passagère dont il lui suffit d'un moment pour triompher.

— Eh quoi! demanda le duc d'Albe, quand il l'eut embrassé, ainsi que l'exigeait le cérémonial, ils t'ont garrotté, comme s'il se fût agi de te retenir prisonnier dans les cachots de l'inquisition! Don Juan, coupez ces cordes avec votre poignard. Maintenant que vous voilà libre, sire Joos Claës, recevez les titres de propriété du château et du domaine de Steen, qui se trouve à quelques lieues d'Anvers et de Bruxelles. Voici, en outre, un bon de quatre cent mille piastres payables par le trésor royal. Donnez-moi votre main, avant de nous séparer, car vous avez été un bon et loyal serviteur de feu mon maître bien-aimé.

Joos s'éloignait aussi joyeux qu'il était désespéré en entrant, lorsque le duc d'Albe le rappela.

— Chevalier de Steen, lui demanda-t-il, si vous vous vouliez vous attacher à ma personne, vous trouveriez en moi un maître généreux, comme j'aurais en vous un serviteur dévoué?

Joos baissa les yeux et ne répondit point.

— Allons, reprit le duc d'Albe, je comprends que vous me refusez. Allez en paix.

Puis se tournant vers don Juan de Vargas :

— Je viens, dit-il de mettre un collier d'or au cou d'un oison. Le chien de basse-cour ne saura jamais défendre que son maître. Mettez-le en face d'un cerf, il ne s'en souciera point et retournera se coucher dans sa niche.

Il n'est point besoin de dire avec quelle joie et quel bonheur Joos fut reçu dans son logis par sa mère et par sa femme. Treske et dame Nelleke n'avaient point assez de prières pour bénir Dieu. Quant à Joos, il embrassait sa femme, il embrassait sa mère, il embrassait sa fille, il riait et pleurait tout à la fois, et remerciait, du fond du cœur, son maître l'empereur Charles-Quint, qui, du haut du ciel, le protégeait encore et veillait sur lui.

A quelques jours de là, l'heureuse famille partit pour aller prendre possession du domaine de Steen, dont Pierre-Paul Rubens devait plus tard devenir l'héritier.

Je n'ai pas besoin d'ajouter que la collection de papillons de Joos s'enrichit et devint la plus précieuse que l'on connut alors. Cette collection fut léguée, près d'un siècle après, à la ville de Gand, par un des arrière-petits-fils de Joos.

Il en résulte que le héros de l'histoire qu'on vient de lire, fut le premier à posséder un exemplaire longtemps unique du célèbre *Papilio Ulysse* provenant des îles Moluques, découvertes en 1511 par les Portugais.

Ce magnifique insecte, d'après une note écrite de la main de Joos, coûta cinq cents florins d'argent, somme considérable, surtout pour l'époque ; le florin vaut un peu plus de deux francs.

Les ailes de Papilio Ulysse sont à la fois d'un bleu métallique, d'un noir de velours et d'un brun éclatant dont rien ne saurait donner une idée. Enfin il est le plus grand papillon connu.

# CHAPITRE XXIII

## OU SURVIENT MON CHAT TONTON

ssurément, peu de personnes, en France, objectai-je, savent l'histoire de l'entomologiste Joos Claes. Jusqu'à un certain point, l'époque reculée à laquelle il vivait les rend excusables; mais combien n'est-il pas de savants contemporains, qui se sont consacrés à l'étude des insectes et dont nous ignorons les travaux, et même les noms!

Je le tiens pour certain, bien peu de nous, par exemple, connaissent Jung Stilling, conseiller aulique, médecin célèbre, entomologiste non moins célèbre, l'ami le plus intime de Gœthe, et dont on vient de publier à Leipzig des *Mémoires* dont je vais vous résumer les plus curieux passages.

Il y a cent ans à peu près, le village de Florenburg, caché et comme enseveli dans une vallée de Westphalie, entre les montagnes du Giller et du Geisemberg, comptait parmi le petit nombre de ses habitants Eberhard Stilling, grand-père de Jung Stilling.

Simple charbonnier, celui-ci passait six jours de la semaine dans les bois du Geisemberg à travailler, venait retrouver sa famille le samedi soir, passait le dimanche avec sa femme, ses deux garçons et ses quatre filles, faisait provision de vivres pour six jours et repartait le lundi matin.

Or, comme un samedi soir, le vieux charbonnier descendait gaiement et en chantant la pente boisée du Geisemberg, un voisin l'arrêta au passage.

— Savez-vous, père Eberhard, ce qui arrive à votre fils Wilhem, le tailleur?

— Seigneur! aurais-je à craindre quelque malheur pour ce brave et laborieux garçon?

— Pas précisément, mais il est utile de vous avertir qu'il aime la fille de notre plus pauvre voisin, ce marchand venu de la ville voi-

sine, autrefois si riche, et qui laisse une orpheline dans la misère.
Doris a ensorcelé Wilhem, qui veut l'épouser.

— S'il l'aime, il a raison de le faire, répondit Eberhard, qui n'en
revint pas moins soucieux au logis.

Il y trouva la vieille Marguerite, sa femme. Elle y faisait cuire,
au milieu des cendres chaudes, un gâteau de froment destiné à
prendre bientôt place sur la table, entre une vaste écuelle de lait et
un pot d'étain brillant comme de l'argent.

— Où donc est Wilhem? demanda Eberhard après avoir embrassé
ses autres enfants.

— Je ne sais, répondit la mère, il se montre triste et il revient
tard depuis quelque temps.

Elle parlait encore, que parut Wilhem, rêveur, embarrassé. Il s'assit tristement près du foyer et cacha son front dans ses deux mains.

— Mon fils, lui dit Eberhard, avec la volonté et le travail, on se
rit de la pauvreté, et si tu en veux une preuve, je te dirai que moi,
simple bûcheron, je puis donner à chacun de mes six enfants cent
pièces d'or pour se mettre en ménage. Relève donc la tête, épouse
Doris et amène-la à ta mère et à tes sœurs, qu'elle secondera dans
les soins du ménage.

— A la bonne heure! s'écria Marguerite en embrassant son fils,
nous aimerons Doris et elle vivra avec nous! Va, Wilhem, et puisse
Dieu donner à toi et à ta femme tout le bonheur qu'on peut trouver
en ce monde!

Wilhem, les yeux pleins de larmes, serra les main d'Eberhard
et de sa mère. Sans pouvoir répondre une parole, il se retira dans sa
petite chambre.

Le vieillard, aussi ému, ferma le loquet de bois de la porte, demanda à sa femme si elle avait visité l'étable, et alla se coucher.

A peu de temps de là se fit la cérémonie des noces, où les cuil-
lers de bois, la vaisselle d'étain, les cruches blanches aux anses

bleues, les assiettes de bois tourné, la bonne grosse bière et des gâ-
teaux de toutes les formes et de tous les goûts jouèrent un rôle important pendant toute la journée. Le soir venu, Wilhem prit la main
de Doris, ses frères et ses sœurs les suivirent, et le père et la mère
restèrent seul en face d'un broc de bière blanche.

« Ah! s'écrie John Stilling, à qui nous empruntons ce récit des
noces de son père, si la vie humaine n'était pas si dure, s'il n'y
avait ni gelée ni pluie, on pourrait sans peine faire de ce monde un
paradis! »

Par malheur, le mariage de Wilhem, commencé par une églogue,
ne tarda pas à dégénérer en élégie. Doris, à peine mère, succomba à
une maladie de langueur, Wilhem tomba dans un morne chagrin,
et abandonna son fils à son grand-père qui ne tarda pas lui-même
à mourir.

L'enfant, sans autre protecteur et sans autre guide que sa vieille
grand'mère, tour à tour tailleur comme son père, maître d'école,
précepteur et oculiste, finit par arriver un soir dans la ville de Rosenheim sans avoir mangé de la journée.

A peine s'y trouvait-il qu'on l'envoya chercher pour un petit

garçon qu'on croyait menacé d'ophthalmie, et il se fiança d'une façon assez bizarre avec la sœur du jeune malade.

Laissons parler Jung Stilling :

« Tout était calme dans cette maison. Elle respirait l'ordre, la simplicité et l'aisance. C'était un édifice à trois étages, situé au milieu
d'un beau jardin, et que le propriétaire, marchand retiré, avait fait
bâtir trois années auparavant. Je trouvai cet honnête homme, mo-
dèle de la bourgeoisie allemande, au milieu de ses neuf enfants,
tous bien vêtus, la physionomie candide et qui m'accueillirent avec
une cordialité dont je fus charmé. Il régnait dans cet intérieur une
sorte d'harmonie et d'activité qui faisait plaisir à voir. M. Friedenberg m'invita à dîner, et je ne tardai pas à devenir un des intimes
de la maison. Tous les dimanches, j'allais passer la journée avec
cette excellente famille. La fille aînée de M. Friedenberg avait vingt
et un ans, et se nommait Christine ; elle était malade. Pendant les
quinze premiers jours de ma liaison avec les Friedenberg, tous les
médecins s'accordaient à dire que sa situation était dangereuse et
son existence compromise. Je n'avais encore eu aucune occasion de
la voir ; mais le soir d'un jour où j'avais été parrain d'un nouveau
fils de mon ami, il me dit après souper, tout en remplissant sa grande
pipe :

« — Voulez-vous venir voir ma fille? Son état m'inquiète ; j'ai
confiance en vous, et, tout modeste que vous soyez, vous en savez
plus en médecine que beaucoup de fiers médecins. Je vous préviens
qu'elle est timide, qu'elle n'a jamais vu le monde. Si elle ne vous
fait pas grand accueil, ne vous en formalisez pas, cette pieuse et
excellente enfant a toujours aimé la retraite et la dévotion.

« Nous montâmes ; Christine était au lit, pâle et très-faible. Elle était
jolie, mais maigre, et avait l'air souffrant. A mon approche, elle ne
se montra point effrayée, quoi que m'eût dit son père ; au contraire,
un sourire effleura ses lèvres ; elle me tendit la main et me pria de

m'asseoir. Nous causâmes familièrement, et nous parlâmes surtout de poésie et de religion. Sa voix était douce, sa conversation agréable, et de temps à autre un rayon d'enthousiasme animait ses grands yeux bleus. Condamnée à de fréquentes insomnies, souvent quelqu'un de ses parents passait la nuit auprès d'elle. Nous étions restés deux heures à causer, et j'allais me retirer, lorsqu'elle dit à son père :

« — Mon père, voulez-vous que M. Stilling veille auprès de moi ?

« — Très-volontiers, à moins que cela ne dérange M. Stilling.

« J'y consentis avec plaisir. J'étais charmé de prouver à la famille ma reconnaissance pour l'accueil aimable qu'elle m'avait fait. Un de ses frères resta près de nous pendant une demi-heure ; il descendit ensuite pour demander du café, qui devait me tenir éveillé. Il était une heure du matin ; mes paupières s'abaissaient, et l'état d'immobilité où je me trouvais m'invitait au sommeil. Je dormis près d'une heure ; puis un mouvement de la malade m'éveilla. Nous étions seuls. Je craignis qu'elle ne se trouvât mal, et j'entr'ouvris légèrement le rideau.

« — Avez-vous un peu dormi ? lui demandai-je.

« — Non, me répondit-elle, j'ai rêvé ! Quelque chose d'important a traversé mon esprit. Cela vous regarde, et je vous en parlerai plus tard.

« Je ne sais quelle émotion subite me frappa ; je gardai le silence. La voix de cette jeune malade si paisible, si innocente, et qui paraissait inspirée, était pour moi la voix de Dieu. Une sensation singulière remplit mes yeux de larmes, et je me penchai sur son lit.

« — Dites, oh ! dites-moi, chère enfant, quelle pensée vous est venue ? ce sera pour moi un avertissement d'en haut.

« — Le croyez-vous ? me dit-elle en se levant sur son séant et me tendant la main.

« Je serrai la sienne avec ardeur, et je m'écriai :

« — Nous sommes unis pour toujours !

« Elle répondit :

« — Pour toujours !

« Le frère entra, apportant la tasse de café.

« Mes fiançailles, auxquelles le père et la mère consentirent sans peine, suivirent immédiatement la convalescence de Christine. »

Fiancé d'une façon si bizarre et si imprévue, Stilling partit pour Strasbourg, afin d'y compléter ses études médicales.

Voici le portrait qu'en trace Gœthe dans ses propres Mémoires :

« En 1770, nous vîmes arriver à l'université un jeune paysan qui m'intéressa beaucoup. Il s'appelait Jung Stilling. Il portait un costume à l'ancienne mode, des cheveux sans poudre et sans bourse. Sa voix, naturellement douce, devenait sonore et forte quand il était ému. Sa physionomie était agréable et sa tournure élégante dans sa rusticité même. Je reconnus en lui une intelligence forte, dirigée par un vif enthousiasme pour tout ce qui est bon, juste et vrai. Dans la simplicité de sa vie, il y avait eu beaucoup d'événements et beaucoup de souffrances, qu'il avait combattues avec énergie : le principe de cette énergie était sa confiance en Dieu, qui l'avait toujours protégé d'une manière providentielle, et nous l'admirions tous, car il ne savait jamais comment il subsisterait dans un mois. »

A huit ou dix mois de là, Jung Stilling reçut de son beau-père futur une lettre qui lui annonçait que sa fiancée Christine était retombée malade.

Gœthe était présent quand Stilling apprit cette triste nouvelle; il le vit pleurer, et Stilling lui montra la lettre. « Cher Stilling! » s'écria Gœthe. Et aussitôt il alla s'entendre avec un autre étudiant. Tous deux placèrent dans le porte-manteau du jeune homme l'argent qui lui était nécessaire. Le retour de Stilling fut pour Christine un signal de joie et de convalescence. On les maria, et quand Jung revint à Strasbourg, la première personne qu'il alla voir, ce fut Gœthe. Le poëte lui sauta au      et l'embrassa.

— Et ta fiancée, bon Stilling ?

— Ma fiancée n'existe plus... elle est ma femme.

Quand il fut question de conférer à Stilling le doctorat, il en écrivit à son beau-père ; les diplômes coûtaient fort cher, et, malgré l'économie de Stilling, l'argent lui manquait encore.

Le beau-père ne savait où trouver cette somme. A dîner, quand tous les enfants se trouvèrent réunis autour de la table, il leur dit :

— Enfants, votre beau-frère a besoin de tant de rixdallers pour obtenir son diplôme. Que dites-vous de cela ? Les lui enverriez-vous, si vous les aviez ?

Tous répondirent unanimement :

— Oui, oui ! quand même nous devrions mettre en gage ce qui nous appartient !

Le père fut ému jusqu'aux larmes ; on envoya l'argent, qu'on réunit par toutes sortes de moyens, et Stilling subit ses examens avec beaucoup de succès.

Il reprit la route de Rosenheim et trouva dans une auberge de Cologne son beau-père, sa femme Christine et ses deux beaux-frères,

qui l'attendaient; l'heureuse Christine, la tête appuyée sur une table, pleurait.

— Pourquoi pleurez-vous? lui demanda Stilling.

— Oh! c'est que je me sens incapable de remercier Dieu de
toute sa bonté.

Quinze ans après, Stilling était un médecin célèbre dont l'Allemagne entière vantait le génie et le savoir. D'innombrables élèves se
disputaient l'honneur d'assister aux cours d'histoire naturelle qu'il
professait, et on citait partout la manière noble et élégante avec
laquelle Christine faisait les honneurs de la grande fortune de
son mari.

Stilling a publié plusieurs ouvrages sur les insectes. Le premier,
en Allemagne, il laissa de côté les classifications; au lieu de se
perdre dans les méandres de la méthode, il étudia et dépeignit avec
une rare patience, et il raconta avec un bonheur plus rare encore les mœurs, à peu près inconnues jusqu'à lui, de ces êtres
charmants. Aussi, quand il parle des papillons, ne le fait-il point

d'après un individu mort et tristement attaché par une épingle sur
une plaque de liége, mais il le montre vif, alerte, gai, voletant au-

tour des fleurs et picorant de sa trompe le miel que renferment, comme dans une urne, leurs corolles.

Pour vous donner une idée de la manière de Stilling, je prends au hasard dans son livre l'observation suivante sur le *chelifer cancroïdes*.

« Qu'est-ce que le *chelifer cancroïdes*, me demanderez-vous? En grec, χηλή veut dire pince; φέρω, porter; et εἶδος, forme; quant à *cancer*, il est latin et signifie crabe.

« Donc le *chelifer cancroïdes* est un être qui porte des pinces et qui ressemble à un crabe.

« Voilà ce que les entomologistes vous disent laborieusement, dans leur langue barbare, sans compter qu'ils ajoutent que le chelifer cancroïdes appartient à l'ordre des Trachéennes et à la famille des Scorpions; sans compter qu'il a fallu près d'un siècle et huit célèbres entomologistes : Linné, Geoffroy, Degeer, Latreille, Fabricius, Hermann, Illiger, le docteur Leach, pour déterminer et consacrer cette classification, encore quelque peu contestée à l'heure qu'il est.

« Eh bien, le *chelifer cancroïdes* est tout bonnement la *pince*, c'est-à-dire cette espèce de petite araignée que vous trouvez partout, dans vos rideaux, dans vos livres, dans vos armoires, dans vos vêtements en laine, et que vous écrasez impitoyablement, sans vous douter que vous détruisez le plus implacable ennemi des insectes parasites qui vous incommodent tant et qui exercent parfois chez vous de trop sérieux ravages. Si vous protégiez la pince au lieu de la détruire, vous n'auriez plus à redouter ni la puce, que le plus galant homme est exposé à rapporter chez lui lorsqu'il monte dans une voiture publique, ni la teigne des laines, qui ne respecte même pas les plus beaux cachemires de l'Inde, et à qui sept ou huit jours suffisent pour les diaprer de trous.

« La pince, grosse à peine comme une graine d'œillet, n'a que deux yeux, tandis que l'araignée, avec laquelle, au premier abord, elle présente de la ressemblance, en compte de six à huit. Vous la reconnaîtrez à la dureté de son test, à ses huit robustes pattes, revêtues d'un duvet noir, et terminées par des ongles luisants et aigus, à sa bouche armée de mâchoires composées de lames cornées et tranchantes, et surtout à son allure rapide et décidée.

« En une seconde, si quelque proie se présente ou si quelque danger la menace, elle franchit un espace immense relativement à sa petite taille, et se trouve soit hors de péril, soit aux prises avec l'insecte qu'elle veut combattre; elle s'avance ou plutôt elle se jette sur lui à la manière du scorpion et du crabe, c'est-à-dire de n'importe de quel côté elle se trouve et sans avoir besoin de se retourner. Elle marche, selon les besoins, en avant, en arrière ou sur les côtés; elle saisit sa proie dans ses griffes, elle l'éventre avec ses mandibules, et enfin elle la dévore comme fait le tigre, en s'accroupissant dessus.

« Si vous voulez vous donner un curieux spectacle, mettez une pince sous une forte loupe, dans un de ces petits baquets de verre si commodes pour un pareil genre d'observation. L'insecte, qui vous apparaîtra gros comme le poing et dans la liberté de ses mouvements, se montrera d'abord inquiet du lieu inconnu dans lequel il se trouve brusquement placé. Il parcourra en tous sens le petit baquet de verre qui lui sert de prison, et il en scrutera scrupuleusement et anxieusement les moindres recoins.

« Mais glissez tout à coup une puce dans le petit baquet; aussitôt la pince oubliera son inquiétude, et l'instinct de la chasse s'emparera d'elle à l'exclusion de toute autre préoccupation. Vous la verrez se préparer à l'attaque. De ses deux yeux blancs qui se détachent d'une façon bizarre sur son corps noir, elle suit et fascine la puce. qui bondit effrayée; elle profite, pour s'élancer sur elle, du moment où celle-ci touche le sel, et lui enfonce ses longs ongles dans les flancs, au défaut des lames écailleuses qui lui servent de cuirasse. La

puce qui, elle aussi, a des griffes et un dard, se défend en héroïne.
Souvent même elle parvient à s'élancer, par un bond brusque, à deux
ou trois centimètres de haut. La pince se laisse enlever avec sa
proie, retombe avec elle, se roule avec elle, se débat avec elle, et
finit par l'éventrer et par la dévorer vivante et palpitante.

« La pince fait tout aussi bon marché, soit de la larve argentée
de la teigne des laines, dix fois plus grosse qu'elle, soit même du
papillon grisâtre de cette larve. Aussi suffirait-il d'enfermer une
vingtaine de pinces dans un coffre pour tenir à l'abri des ravages
des insectes destructeurs les étoffes qu'il contient.

« La pince n'assainit pas que nos habitations ; elle rend le même
service à nos jardins ; on la trouve en abondance, surtout sous l'é-
corce des pommiers qui font en France, une des richesses de la
Normandie et de la Picardie. Là, après avoir détruit presque jusqu'au dernier, les pucerons et les poux de bois (*psocus pulsatorius*)
épargnés par l'automne, elle s'engourdit jusqu'au printemps, se
réveille dès que la température s'adoucit, et recommence à faire
un carnage incessant d'insectes nouveau-nés.

« Par malheur, les préjugés qui règnent contre tout ce qui ressemble à l'araignée en font méconnaître les services, et on la détruit avec plus d'acharnement peut-être qu'on ne le fait pour les
animaux nuisibles dont elle débarrasse les horticulteurs.

« Un préjugé fatal accueilli d'abord par Linné, mais dont plus tard
il a proclamé lui-même l'absurdité, contribue beaucoup à la guerre
qu'on fait à la pince. En dépit des efforts et des rétractations de
l'illustre naturaliste, l'erreur involontaire qu'il a commise subsiste
et subsistera longtemps encore, toujours peut-être, hélas !

« Un certain docteur Bergius était venu conter à Linné qu'une
pince, introduite frauduleusement sous la peau de la cuisse d'un
paysan, y avait déterminé une pustule grosse comme une noisette et
fort douloureuse.

« Linné, sans réfléchir qu'une arachnide ne possède point les moyens de pénétrer sous la peau, — et un peu légèrement, il l'avoue lui-même, — mentionna le fait plus que douteux signalé par Bergius.

« Il eut beau le démentir plus tard, il n'est point en Europe un cultivateur qui ne croie encore aujourd'hui que la pince *vit dans le corps de l'homme*, comme me le disait, il y a huit jours, un jardinier qui, d'un seul coup, massacrait une femelle de pince avec toute sa famille, réfugiées sous un morceau d'écorce.

« Car la pince, à l'exemple de certaines autres arachnides, est une excellente mère ; elle porte, soigneusement attachée, sous son ventre ou sur son dos un paquet de petits œufs verdâtres qu'elle couve et qu'elle protége ainsi tout à la fois. Avant de se mettre en chasse, elle dépose en lieu sûr ce précieux trésor, et vient ensuite le reprendre, pour s'en charger de nouveau.

« Une fois les petits sortis de l'œuf, la sollicitude de la pince, déjà si grande, devient plus tendre encore et ne connaît plus de bornes. Elle veille sur eux comme une poule sur ses poussins, elle les approvisionne de nourriture, les rassemble sous elle à la moindre apparence de danger, et les défend jusqu'à la mort contre des ennemis dix fois plus gros qu'elle.

« On peut s'en convaincre en mettant devant la mère et sa couvée un staphylin de petite taille, tel qu'il s'en trouve beaucoup sur les fleurs de serre. Le staphylin, fort avide de jeunes pinces, attaque brutalement les nouveau-nés ; mais il ne peut parvenir à eux qu'après avoir passé sur le corps mutilé et inanimé de la pauvre et héroïque mère.

« Une fois que les petits atteignent assez de développement et de force pour subvenir seuls à leurs besoins, la mère-pince, à l'exemple de la mère du Petit-Poucet, va perdre ses enfants non dans les bois, mais dans les brins d'herbe. Elle ne se défait pourtant point d'eux brusquement et tout à la fois, comme la charbonnière du conte bleu.

Un jour, elle laisse le plus robuste à l'écart et s'enfuit brusquement avec tous les autres; un second jour, elle en agit de même envers chacun des plus adultes, et elle renouvelle cette manœuvre jusqu'à ce qu'elle demeure seule.

« Souvent, du reste, elle n'a pas besoin de recourir à cette dure extrémité, car les petits vagabonds prennent d'eux-mêmes la clef des champs. »

Vous voyez combien Stilling est pittoresque et intéressant. Voulez-vous le voir maintenant sous un autre point de vue. Prenons, ses observations sur les abeilles...

J'allais continuer ma lecture, mais, tout à coup, une petite émeute d'abord peu bruyante et qui finit cependant par dégénérer en cris aigus se manifesta sur le coussin placé devant ma cheminée, où maître Flock et mademoiselle Mine dormaient naguère paisiblement.

Mon chat Tonton s'était glissé sournoisement dans mon cabinet, puis ensuite près de la cheminée, entre ses deux amis, pour prendre sa part du coussin dont il appréciait fort, par le temps rigoureux qu'il faisait au dehors, là triple couche d'édredon.

Il commençait à jouir béatement de la chaleur que projetait le foyer, car Flock, avec son excellent caractère, s'était amicalement reculé pour lui faire place; mais il n'en fut pas ainsi de mademoiselle Mine. Mademoiselle Mine, vous le savez, a la main légère et le réveil peu gracieux. Elle se prit donc à glapir de toutes ses forces, comme s'il lui fût arrivé un grand malheur, et elle accompagna ces cris de huit ou dix soufflets que Tonton reçut avec une bénignité apparente mais démentie cependant par l'éclat vitreux des regards qu'il attachait sur celle qui le traitait si mal. Je vis même ses ongles sortir de ses pattes fourrées et menacer Mine.

— Holà! holà! Tonton! s'écria en riant le père Dominique, toujours prêt à prêcher la paix. Holà! ne vous fâchez point! Est-ce à un habile diplomate comme vous et au descendant du célèbre Coquelin de commettre une pareille faute?

Tonton comprit ce conseil et il en profita. Se montrant en cela beaucoup plus sage que la plupart des hommes, il sut, non-seulement recevoir, mais encore suivre un bon avis. Il rentra donc ses ongles, donna à ses yeux de tigre un regard doux et conciliant, et, au lieu d'égratigner mademoiselle Mine, il se mit doucement à la lécher.

Touchée de ce témoignage affectueux et comprenant sans doute, en qualité de bête irascible, combien il faut savoir gré à un chat de dompter sa colère, mademoiselle Mine reçut d'une manière charmante les avances du chat et mêla bientôt ses ronrons aux ronrons de Tonton.

— Bravo! bravo! dit de nouveau le père Dominique; bravo! Tonton, tu te montres le digne petit-fils de Coquelin!

— Petit-fils de Coquelin? demanda Melchior. Qu'était-ce donc que ce Coquelin?

— Rien moins que le chat du premier président Jean de Popincourt, dont Tonton descend en ligne directe.

Jean de Popincourt, qui contribua considérablement à l'amélioration de la ville de Paris au seizième siècle, avait acquis des marais infects dans le voisinage de Montfaucon : il les dessécha et il les livra à la culture après y avoir fait construire un village dont il loua presque toutes les maisons aux maraîchers, qui déjà, à cette époque, fournissaient Paris de primeurs et de légumes.

Il s'était lui-même fait bâtir, au milieu de ces terrains, une maison de campagne où il venait passer, avec sa famille et ses amis, les fêtes de Pâques, de la Pentecôte et tout le temps des vacances.

La colonie ne tarda point à prospérer et eût prospéré bien plus encore sans les ravages qu'y causaient les bandes de rats qui peuplaient le gibet de Montfaucon et qu'attiraient les légumes frais cultivés dans leur voisinage.

Ne sachant comment résister à des pillards aussi voraces, le premier président se procura à grands frais d'argent plusieurs chats angoras, de la fière race desquels Jehan Clopinel parle déjà dans son *Roman de la Rose*, et dont l'origine, dit-il, est asiatique.

Ces chats, renommés autant pour la beauté de leur pelage que pour leur vaillance, ne tardèrent point, grâce aux soins dont on les entourait, à se multiplier dans la colonie de Jean de Popincourt, et à former une véritable armée, qui, non-seulement tint tête aux envahisseurs, mais encore finit par les repousser et par leur inspirer une si grande terreur, que ceux-ci cédèrent bientôt et peu à peu la place à leurs adversaires emmitouflés.

Cependant, ils y revenaient quelquefois, sans s'en trouver mieux, ainsi que l'atteste un historien contemporain.

Un jour, pendant les vacances de Pâques, le premier président de Popincourt avait invité à dîner le procureur général Denys de Maunoy et plusieurs présidents de parlement.

Comme à cette époque on dînait à onze heures du matin, les magistrats, au sortir de table, c'est-à-dire vers une heure de l'après-midi, passèrent dans une salle basse où ils se mirent à deviser et à se réconforter aux bons rayons du nouveau soleil d'avril.

Tout à coup on entendit un grand bruit de vaisselle brisée et de clameurs de valets, et un énorme rat noir s'élança au milieu même de la salle où se trouvaient les magistrats.

Aussitôt un magnifique chat angora, qui dormait sur les genoux du président de Popincourt, s'élança à la poursuite du rat.

Le président ordonna de fermer la porte et recommanda que personne n'intervînt dans la querelle.

— Vous allez voir, messieurs, dit-il avec une satisfaction évidente et à laquelle se mêlait un peu de vanité, vous allez voir de quelle façon mon chat Coquelin fera bonne et franche justice de ce voleur qui, depuis près de six mois, ravage mon office et mon garde-manger, sans compter ce qu'il y brise.

Cependant le chat, replié sur lui-même, se tenait prêt à combattre son adversaire, qui jetait autour de lui des regards effarés et qui comprit qu'il ne lui restait aucune chance de fuite. Alors, poussé par ce *beau désespoir* dont parle Corneille dans *Horace*, il s'arrêta, se jeta avec rage sur Coquelin, et un véritable duel judiciaire, puisqu'il se passait devant les plus hauts magistrats du royaume commença entre les deux champions.

Les Anglais, qui trouvent tant de plaisir à faire combattre leurs petits griffons écossais contre les robustes surmulots qui, depuis un siècle, ont envahi l'Europe, payeraient assurément bien cher un spectacle semblable à celui dont jouirent alors le président et ses amis, et ils n'eussent point manqué d'engager, soit pour Coquelin, soit pour son adversaire, des paris considérables.

Le chat et le rat montraient tous les deux une égale bravoure et une force égale. Il fallait voir Coquelin recourir à la ruse, et le rat, au contraire, ne chercher qu'à vendre chèrement sa vie et ne s'appliquer qu'à blesser son ennemi. Loin d'éviter le péril, il allait au-devant ; peu lui importait de recevoir des blessures, pourvu qu'il en pût faire lui-même.

De temps à autre, Coquelin, cruellement mordu, battait en retraite ; mais le rat ne reculait pas d'un pouce : l'œil en feu, la gueule entr'ouverte, couvert de poussière et de sueur, la queue brisée, les oreilles en lambeaux, une patte hors de combat, il ne laissait point une seconde de répit à Coquelin, et lui faisait à chaque instant pousser des miaulements de rage et de douleur.

Le président ne pouvait s'empêcher de le comparer à Hector combattant Achille, et le procureur général Denys de Maunoy, habitué cependant à requérir la torture et le gibet contre les coupables, ému d'admiration et touché de miséricorde pour tant de vaillance, demanda s'il ne fallait pas laisser la vie sauve à un si brave rat.

— Non, non! répondit gravement le président : jamais, dans un combat judiciaire, on n'a fait de merci à l'un des requérants du *jugement de Dieu*. Et puis, ce coquin de rat a commis trop de ravages en ma maison pour qu'on l'épargne.

Le combat continua donc, et il ne dura pas moins d'une heure.

A la fin, Coquelin se rua sur le rat, par un bond désespéré, lui saisit la tête dans ses griffes, et, s'aidant en outre de ses dents, il ne le lâcha qu'après avoir mis à mort, sans miséricorde, son vaillant et malheureux adversaire.

— *A bon chat, bon rat*, s'écria le procureur général Denys de Maunoy, qui applaudissait de ses deux mains plus bruyamment qu'aucun des spectateurs.

Le mot a fait proverbe, vous le savez. Et si Tonton, qui descend, je vous l'ai dit, en ligne directe de Coquelin, avait un blason et des armoiries, il ne pourrait placer au-dessous de son écu à champ d'hermine une plus glorieuse devise que celle-là.

En ce moment, ma pendule sonna minuit.

— Minuit! s'écrièrent en chœur tous mes amis! minuit! Avec quelle rapidité le temps a passé et l'heure nous a surpris.

Et chacun se hâta de prendre son paletot, son chapeau, sa canne, et surtout d'allumer un dernier cigare.

— Il est minuit, en effet, dis-je ; mais nous n'avons pas lu la moitié du paquet de manuscrits trouvé par mon petit Flock.

— Nous reviendrons un autre soir! répondirent-ils; mais aujourd'hui il est trop tard.

— Pourquoi, demandai-je, ne consacrerions-nous pas encore une heure, sinon à lire, du moins à feuilleter le reste des manuscrits? Nous ne courons pas risque de nous fatiguer beaucoup en nous couchant un peu plus tard.

— Demain n'est-il pas là? répondit Melchior, le plus jeune d'entre nous.

— Qui donc est sûr du lendemain? objecta le père Dominique. Notre ami a raison; restons ici encore une heure.

— Ma foi! non, dit Frantz. Je demeure à l'autre bout de Paris: et si fort que puisse se hâter la voiture que je vais prendre, elle ne me mènera point à ma porte, pour le moins, avant trois quarts d'heure.

— Qui peut savoir si, dans une heure, nous trouverons encore des voitures? objecta Pietro de son côté. Demain, la semaine prochaine, nous continuerons l'examen des manuscrits. Nous nous réservons ainsi une bonne soirée de plus. D'ailleurs, mademoiselle Mine tombe de sommeil; le petit chien Flock éprouve tellement le besoin de dormir qu'il ne peut tenir les yeux ouverts, et j'avoue que je ne me sens guère plus éveillé que lui. Au revoir donc! A bientôt!

— A bientôt! répéta chacun en chœur ; à bientôt !

Malgré ma résistance, ils sortirent tous à la fois, riant de mon désappointement et me faisant encore leurs adieux ironiques, non-seulement dans l'escalier, mais encore dans la rue.

A bientôt! disaient-ils... Et le reste des manuscrits gît là mélancoliquement au fond d'un carton. Car ce rendez-vous, qui semblait si certain et si prochain, ce rendez-vous n'a jamais eu lieu !

Le père Dominique parcourt aujourd'hui l'Afrique centrale où il enseigne l'Évangile à des peuplades sauvages qu'il convertit surtout par sa charité sans bornes. Frantz occupe en Asie un consulat important. Pietro est à Turin, Melchior au Mexique.

De tous ceux qui se trouvaient chez moi ce soir-là, il ne reste à Paris que mademoiselle Mine, maître Flock, l'angora Tonton et l'auteur du *Monde des insectes*.

# TABLE DES MATIÈRES

# TABLE

## DES GRAVURES D'HISTOIRE NATURELLE

CONTENUES DANS CE VOLUME

# CLASSEMENT

## DES GRAVURES HORS TEXTE

---

PARIS. — IMP. SIMON RAÇON ET COMP., RUE D'ERFURTH, 1.